仿生抗冲蚀功能表面
设计理论与技术

韩志武　张俊秋　著

科学出版社

北京

内 容 简 介

冲蚀磨损给工业发展和社会进步造成巨大的经济损失，给人类和自然环境带来了严重的安全威胁。现阶段冲蚀磨损大都停留在被动防护阶段，并且在实际应用过程中还存在一定的局限性。实际上，抗冲蚀问题在生物界已得到完美的解决。本书受生物启发，揭示典型沙漠生物和海洋生物自适应主动抗冲蚀功能形成机理、特征规律与多因素作用机制，并进行抗冲蚀功能表面综合仿生设计和仿生控制成型，为抗冲蚀研究提供新的理论基础。

本书可作为仿生学、摩擦学、应用生物学、生物摩擦学、生物工程、生物医学工程、机械工程、材料工程和农业工程等学科专业教师、本科生、研究生的教学或科学研究的参考书，也可供相关学科专业的科研人员、技术人员和设计人员参考。

图书在版编目(CIP)数据

仿生抗冲蚀功能表面设计理论与技术 / 韩志武，张俊秋著. —北京：科学出版社，2024.3

ISBN 978-7-03-076068-5

Ⅰ. ①仿… Ⅱ. ①韩… ②张… Ⅲ. ①机械元件-冲刷磨损-抗磨损-表面-仿生设计 Ⅳ. ①TH13

中国国家版本馆CIP数据核字(2023)第144306号

责任编辑：裴 育 陈 婕 罗 娟 / 责任校对：任苗苗
责任印制：肖 兴 / 封面设计：蓝 正

科学出版社 出版
北京东黄城根北街 16 号
邮政编码：100717
http://www.sciencep.com
三河市春园印刷有限公司印刷
科学出版社发行 各地新华书店经销
*
2024 年 3 月第 一 版 开本：720 × 1000 1/16
2024 年 3 月第一次印刷 印张：21 1/2
字数：433 000
定价：198.00 元
(如有印装质量问题，我社负责调换)

前　言

冲蚀磨损的研究始于 20 世纪 40 年代，在随后的 30 年内，其理论逐渐成形，抗冲蚀磨损的研究随之展开。为解释或预测机械结构表面的冲蚀行为，研究者提出了一系列关于冲蚀的模型，但到目前为止，尚未完整、全面地揭示机械结构表面冲蚀的内在机理。为提高零部件表面的抗冲蚀特性，研究者从材料组成、表面结构等方面，提出了一系列冲蚀防护措施，但大都停留在被动防护阶段，并且在实际应用过程中还存在一定的局限性，如成本高、涂层易脱落、受环境因素影响比较大等。因此，创新和有效的抗冲蚀理论及技术研究越来越受到人们的重视。实际上，抗冲蚀问题在生物界已得到完美的解决，利用自然界中的沙漠生物或海洋生物的抗冲蚀机理来解决异相介质的冲蚀难题成为新的研究热点。此外，仿生抗冲蚀技术有望在新一轮军备升级中提升核心零部件的性能，同时也可以为提升民用高速过流曲面构件的寿命与效能提供新的理论和技术支持。

全书共七章，分别从抗冲蚀基本理论与工艺、自然界生物抗冲蚀的启示、典型生物抗冲蚀机理、功能表面抗冲蚀过程数值模拟、仿生抗冲蚀功能表面模型建立与设计原理、仿生抗冲蚀功能表面的制造与测试及应用等方面进行仿生抗冲蚀功能表面设计理论与技术、仿生抗冲蚀原理与技术的总结分析，对提高机械部件表面使用性能、延长使用寿命、解决日益严峻的能源短缺和环境破坏给人类带来的生存压力问题具有重要的指导和启示作用。

作者在项目研究和撰写本书的过程中，得到吉林大学任露泉院士的悉心指导和帮助，在此表示衷心而诚挚的感谢！

本书的研究内容得到了国家重点研发计划"变革性技术关键科学问题"专项项目"大型复杂过流曲面构件仿生设计制造基础"（2018YFA0703300）、国家自然科学基金创新研究群体项目"机械系统仿生理论与技术基础"（52021003）和国家自然科学基金杰出青年基金项目"机械仿生学"（51325501）的资助。

本书内容主要基于作者及其团队近年来的科研成果、学位论文和科技论文。姚永明教授、于海跃博士后、尹维博士、张帅军博士、朱斌博士、戈超硕士、江佳廉硕士、孙楚萍硕士、封海龙硕士、杨明康硕士、陈文娜硕士等对研究工作做出重要贡献。姚永明教授、于海跃博士后、张帅军博士，研究生陈豫、刘莉莉、伊韶静、高骥琪、张雪萍等在本书编著过程中做了大量图片处理、文献查阅和文字校对的辛苦工作！在成书之际，特向他们表示诚挚的谢意！此外，本书在撰写过程中参阅和引用了国内外许多相关文献资料，在此向所有原作者表示衷心感谢。

由于作者水平有限，书中难免会有疏漏及不当之处，恳请读者批评指正！

韩志武　张俊秋

2023 年 7 月吉林大学

目　　录

第1章 绪 论

1.1 摩擦与磨损

1.1.1 摩擦

两个互相接触的物体在外力作用下发生相对运动或具有相对运动的趋势时，在接触面间产生切向的运动阻力，这种阻力称为摩擦力，这种现象称为摩擦[1]。只与两物体接触部分的表面相互作用有关，与物体内部状态无关的摩擦称为外摩擦；而阻碍同一物体各部分间相对运动的摩擦定义为内摩擦[2]。

摩擦的分类方法有很多，常见的有以下几种。

按摩擦副的运动状态分类：在产生宏观位移之前的微观位移时两物体接触面间的摩擦称为静摩擦；做相对运动时两物体之间的摩擦称为动摩擦。

按摩擦副的运动形式分类：两个接触表面相对滑动时的摩擦称为滑动摩擦；在力矩作用下，物体沿接触面滚动时的摩擦为滚动摩擦。

按摩擦副表面的润滑状况分类：无润滑的摩擦称为干摩擦；被具有体积特征的流体层隔开的两相对运动的摩擦称为流体摩擦；两固体接触表面被存在一层极薄的润滑膜隔开的摩擦称为边界摩擦[3]。

此外，还有一些特殊工况的摩擦，如高速摩擦、高温摩擦、低温摩擦、真空摩擦等[4]。利用摩擦生热的原理进行生火，这是人类对摩擦早期的应用之一。在生活和生产中，可以利用摩擦力为人类服务，如摩擦传动装置、摩擦制动装置、摩擦切削和螺栓连接等。但大多数情况下，摩擦的存在对机械是有害的，在克服摩擦力的过程中会造成能量损失并降低效率，摩擦的存在还会影响机械的正常运转，如引起振动和噪声，缩短机械使用寿命。总之，摩擦在人类的文明建设中具有重要作用，人类不仅利用有益摩擦，同时也需要避免有害摩擦，减少磨损，提升机械效能[3]。

1.1.2 磨损

磨损是指在机械作用或者伴有化学作用、电作用下，物体工作表面材料在相对运动中不断损耗的现象。磨损并不仅限于机械作用，由化学作用而产生的腐蚀磨损、界面放电作用引起的电火花磨损、伴同热效应而造成的热磨损等现象都在磨损的范围内[2]。磨损是普遍存在且无法消除的现象。

生产中所使用的机器都是由许多零件组成的，在零件相互连接的部位（如齿轮连接、孔轴配合、轴承连接等），以及机器在工作环境中与外界介质接触时（如开采煤矿的机器、离心机、输油或输气管道等），总要产生摩擦和磨损。据不完全统计，一次能源的 1/3～1/2 消耗于摩擦与磨损；约 80%的机器零件失效是由磨损引起的[5]。常根据以下三个方面对磨损进行分类：表面的作用（如机械运动形式和表面分子作用形式等）、表层的变化（物理性能、化学性能、表层结构和组织成分的变化）、破坏形式（磨屑和表面磨损形式）[3]。磨损不仅是材料消耗的主要原因，同时也会影响机器的使用寿命。

1.2 冲 蚀 磨 损

冲蚀是指材料受到小而松散的流动粒子冲击时表面出现破坏的一类磨损现象。一般而言，冲蚀磨损中粒子直径小于 1mm，其冲击速度在 550m/s 内[6]。造成冲蚀磨损的粒子硬度通常比被冲蚀的材料的硬度大，但当流动较快时，硬度较小的粒子甚至水滴也会产生冲蚀破坏。例如，排料泵中叶轮和泵体受物料磨损，蒸汽机叶片被凝结的水滴撞击，火箭发动机尾部喷嘴受燃气冲蚀等[7]。冲蚀主要是由多相流动介质冲击材料表面造成的。根据颗粒及其携带介质的不同，可将冲蚀磨损划分为气流喷砂冲蚀及液流或水滴式冲蚀；而流动介质中携带的第二相有固体颗粒、液滴和气泡几种类型，将第二相与介质种类排列组合，可将冲蚀划分为喷砂冲蚀、泥浆冲蚀、气蚀和雨蚀四种类型[6]。

在自然界和工业生产中，存在大量的冲蚀磨损现象。冲蚀磨损广泛存在于机械、冶金、能源、建材、航空、航天等领域，对国防及工农业生产有巨大影响。

在军事领域，沙尘对高速旋转的直升机发动机和旋翼的冲蚀损伤会降低其90%的寿命；目前，我国各型涡轴发动机均无沙尘防护措施，仅在中部和东部等沙尘浓度小于 530mg/m³ 的地区具备起降能力，而在西北戈壁沙漠等沙尘浓度大于4000mg/m³ 的边境地区无法形成作战能力，这极大地限制了军用直升机全域作战的服役能力[8]。

在能源领域，管道输送物料的气动运输装置中，弯头处的冲蚀磨损比直通部分磨损严重 50 倍[9]；火力发电厂煤粉锅炉燃烧尾气对换热器管路冲蚀而造成的破坏占管路破坏的 1/3[6]；我国大型水电站中 29.7%机组出现中等以上的磨损损伤，运行效率下降 1.5%～6.0%，黄河干流上的大中型水轮机因磨损而损失的容量约为63.8%；约 40%的风机用于输送气-固两相流，固体颗粒的冲蚀会降低其工作效率甚至造成重大事故，平均运行三个月或者半年就需要对风机叶片进行补焊[10]；在风沙环境下运行的风力机，冲蚀会导致翼型的升力系数减小和阻力系数增大，对于大功率变速风力机，每年损失的发电量高达 25%。

在化工领域，冲蚀磨损导致的化工管道的管壁穿孔或破裂，会引发管道泄漏甚至爆炸，造成严重的能源浪费和经济损失，同时对人类和自然环境产生巨大的安全和污染威胁。以 2013 年青岛市"11·22"中石化东黄输油管道泄漏爆炸事故为例，根据《国务院安委会关于山东省青岛市"11·22"中石化东黄输油管道泄漏爆炸特别重大事故的通报》，该事故导致 62 人死亡、136 人受伤，直接经济损失 75172 万元，原油泄漏量约 2000t，约 3000m^2 海面被污染[11]。

抗冲蚀研究符合《中共中央　国务院关于推进安全生产领域改革发展的意见》"安全发展"基本原则，有利于促进社会经济绿色、安全、高效发展，因此深入研究冲蚀现象及影响因素，充分揭示冲蚀机理迫在眉睫。

1.2.1 喷砂冲蚀

喷砂冲蚀是指气体携带固体物料以一定速度和冲击角度撞击靶材，造成其表面材料流失的现象[12]。在烟气轮机和锅炉管道等机械中，喷砂冲蚀严重影响机械的工作效率并降低其使用寿命。对喷砂冲蚀的研究可以追溯到 20 世纪 40 年代，而关于冲蚀磨损的理论是 60 年代之后才得以重视和发展的。许多研究者针对喷砂冲蚀提出了相关理论和模型，其中影响较大的有 Finnie 提出的微切削磨损理论[5]、Bitter 提出的变形磨损理论[13,14]、Hutchings 提出的绝热剪切与变形局部化磨损理论和 Levy 的薄片剥落理论等[15,16]。

1.2.2 泥浆冲蚀

泥浆冲蚀是由液体介质携带固体粒子冲击到材料表面而产生的磨损现象[6]。该类冲蚀的孕育期较长，材料在受泥浆冲蚀的初期不一定立即发生磨损现象，而是以加工硬化为主，经过一定时间后才会发生材料的流失并逐渐达到冲蚀稳定阶段。其中，典型的例子是水轮机叶片在多泥沙河流中受到的冲蚀。同时，泥浆冲蚀现象在地质行业、煤炭行业、建筑行业、火力发电行业、石油开采与运输行业等广泛存在。在液-固多相流系统中，固体粒子相的沉积、聚集行为，极易对被冲击材料表面产生损伤，轻者会造成减薄，影响效率，重者会磨穿引发重大安全事故。

1.2.3 气蚀

气蚀是指流体在压力变化和高速流动条件下，与流体接触的固体表面发生空洞状腐蚀破坏的现象[17]。空化效应是气蚀产生的主要原因：液体内局部压力降低时，在液体内或液/固界面上形成真空或空穴，这时形成的真空被液体中的气体或蒸汽填充形成气泡。当气泡流入超过临界压力的区域时，气泡收缩并被湮灭[6]。

气泡收缩速度极快，会对固体表面产生局部高压高温与液压冲击，在这种影响的长期作用下，固体表面形成破坏区。气泡的体积变化很大，小到立方毫米量级，大到立方米量级。与此同时，气泡的破灭会分离出空气中的氧气，在高温高压的条件下会强化氧气的氧化性，致使工件表面氧化腐蚀加剧，从而进一步加快气蚀速度。气蚀现象常出现在水轮机叶片、高压阀门密封面上。

1.2.4 雨蚀

雨蚀(水滴冲蚀)是指高速液滴通过流体动力作用冲击固体材料表面造成损伤的现象。雨蚀与气蚀相似，两者均有流体动力作用于固体材料表面；同时，与气-固冲蚀也相似，两者的流动介质均为气体。低速冲击下，液滴对固体表面几乎无法造成破坏，所以未引起人们的广泛关注。近些年，雨蚀的危害不断被发现，例如，导弹飞行穿过大气层及雨区时，在导弹的鼻锥、防热罩、飞行器的迎风面上出现了大量的蚀坑，材料损伤严重[6]。

1.3 抗冲蚀研究现状与进展

冲蚀磨损的研究始于 20 世纪 40 年代，在随后的 30 年内，冲蚀磨损的理论逐渐成形，抗冲蚀的研究随之展开。研究人员从材料组成、表面结构等方面，对提高零部件表面的抗冲蚀特性提出了诸多解决方法。近年来，随着仿生学理论的不断完善，仿生制造技术飞速发展，研究思路逐渐从"向自然索取"转变为"向自然学习"，利用自然界中的沙漠生物和海洋生物的抗冲蚀机理来解决异相介质的冲蚀难题成为新的研究热点。

1.3.1 抗冲蚀材料

1969 年，Tilly[18]首次公布了包含尼龙、玻璃纤维和碳纤维等的复合材料，经过试验证实此类材料具有一定的抗冲蚀特性，开启了应用复合材料提高抗冲蚀特性研究的篇章。Patnaik 等[19-21]在复合材料中依次添加 Al_2O_3 和 SiC 等化合物组成了新的复合材料，使其抗冲蚀特性得到进一步提升。碳纤维增强聚苯硫醚(polyphenylene sulfilde, PPS)复合材料的半塑性性质也使这种材料在抗冲蚀方面有较好的表现[22]。Ti-Ni 合金在一定温度下具有超弹性、超塑性、耐疲劳性、自适应性，具有良好的抗冲蚀效果。环氧树脂具有优异的黏结性、低固化收缩率、良好的化学稳定性、涂膜坚硬稳定等性能，在抗冲蚀应用方面具有很大潜力，尤其是利用有机化合物和填料改性后，其抗冲蚀性能可进一步强化。目前，通过复合材料来提高抗冲蚀特性的研究工作取得了较好的效果。冲蚀环境的复杂性和苛刻性对材料的综合性能提出了更高的要求。

Bao 等[23]以不饱和聚酯树脂为基底,以单向碳纤维和聚乙烯纤维为增强体,通过真空辅助模塑技术制成了碳纤维增强塑料(carbon fiber reinforced plastics, CFRP)和聚乙烯纤维增强塑料(dyneema fiber reinforced plastics, DFRP),其抗冲蚀性能明显优于基底,其中 DFRP 的抗冲蚀性能最好。在机械搅拌器的作用下,将乙烯基树脂分别与不同含量的碳纤维(carbon fiber, CF)、玻璃纤维(glass fiber, GF)进行均匀混合得到相应的混杂复合材料,发现其最大冲击角为 45°,且当 CF∶GF∶乙烯基酯树脂=10∶10∶80 和 15∶15∶70(多组分间的质量比值)时,材料的抗冲蚀性能最好[20]。采用压制烧结工艺将白云母粉末添加到超高分子量聚乙烯(ultra-high molecular weight polyethylene, UHMWPE)中制成微晶白云母/UHMWPE 复合材料,发现白云母的填充量为 5%时,复合材料的抗冲蚀性能最好,且抗冲蚀性能较基体材料提高了约 30%,稳定冲蚀率也只有 45 钢的 8%左右。将体积分数为 40%的 $AlMgB_{14}$ 粉末与体积分数为 60%的 TiB_2 粉末通过热压烧结形成 $AlMgB_{14}$-TiB_2 复合材料,如图 1.1 所示。研究发现,硼化物复合材料的稳定冲蚀率比 WC-Co 高 15~20 倍,这可能与 TiB_2 颗粒对复合材料微观结构的影响有关[24]。Yang 等[25]研究了氧化铝基耐火材料(高铝砖(high alumina brick, HAB)、刚玉-莫来石砖(corundum-mullite brick, CMB)、铬刚玉砖(chrome corundum brick, CCB))在 25~1400℃范围内的抗冲蚀性能,发现三种氧化铝基耐火材料的最小冲蚀温度为 1200℃,最大冲击角为 30°,CCB 由于具有最高的 Al_2O_3 含量、最大的硬度、致密度及物相结合度,因而比 HAB 和 CMB 具有更好的抗冲蚀性能。

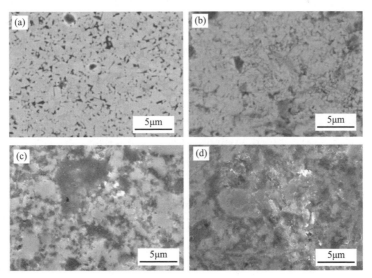

图 1.1 WC-6%Co 与 $AlMgB_{14}$-60%TiB_2 冲蚀前后的表面组织形态[24]

(a)WC-6%Co 冲蚀前;(b)WC-6%Co 冲蚀后;(c)$AlMgB_{14}$-60%TiB_2 冲蚀前;(d)$AlMgB_{14}$-60%TiB_2 冲蚀后

1.3.2　抗冲蚀涂层

涂层技术是现阶段解决冲蚀磨损问题最为广泛的手段之一。适当的喷涂方法可以增强涂层系统和基底材料的连接强度，更好地发挥涂层的效果，如热喷涂、静电喷涂、粉末喷涂、离子喷涂、气相沉积等。结合冲蚀机理，抗冲蚀涂层按其相关材料性质基本可分为硬质涂层、弹性涂层、自润滑涂层三类。

硬质涂层的应用最早且最为广泛。目前，TiN[26,27]作为应用最多的抗冲蚀涂层材料，可以有效地提高航空发动机的抗冲蚀特性。而且，以 TiN 为基的 NiTi/NiAl 混合涂层因同时具有高硬度和高韧性，其抗冲蚀性能优于单一 TiN 涂层。Deng 等[28]用电弧喷涂的方法将 TiAlN 涂层加工到零部件表面，得到了较大的 H^3/E^2（H 为控制材料抗塑性变形的参数，即平均硬度；E 为弹性模量）数值，还发现 H^3/E^2 同样对涂层系统的抗冲蚀特性有很大的影响。Xu 等[29]制备了 Al_2O_3-TiB_2-TiC/Al 复合涂层，该涂层不仅与基体结合良好，而且具有极高的硬度和优异的抗冲蚀特性。Cai 等[30]用电磁喷涂的方法将 CrSiCN 涂层涂覆到零部件表面，该涂层不仅具有摩擦系数较低、塑性更好和断裂强度较高等优势，而且提升了 CrN 涂层系统的硬度。

关于弹性和自润滑抗冲蚀涂层的研究相对较少。弹性涂层可以将冲蚀过程的冲击能量转换成其本身的弹性势能，从而保护基体不受冲蚀危害。徐建新等[31]分析了冲蚀密度、颗粒间距、冲蚀次数对涂层和黏结层应力分布的影响规律，为弹性涂层的设计提供了理论依据。郭源君等[32]提出基于同步波动原理的抗冲蚀弹性涂层的设计方法，该方法不仅可以发挥弹性涂层的优势，还可以使边壁主动回避冲蚀粒子的撞击。自润滑涂层可将部分粒子对材料表面的冲击转换成相对滑动，从而提升工件的抗冲蚀特性。自润滑涂层是将固体润滑剂（MoS_2、石墨、软金属、金属氧化物和稀土化合物等）添加到合金、陶瓷、金属三元氧化物中制造出固体润滑膜，可表现出优异的耐磨性能，而且在高温环境中表现尤为突出。Tian 等[33]制备了氧化石墨烯/WC-12%Co 自润滑涂层，该涂层的摩擦系数相对于 WC-12Co 降低了 50%，起到了良好的减阻效果。

涂层技术可以有效提高材料表面的抗冲蚀性能，对零部件起到良好的保护作用。但对于长期工作在恶劣环境中的零部件，其表面涂层可能会失效，造成零部件局部磨损严重甚至失效，所以对零部件的表面涂层需要定期检查，重新喷涂。

1.3.3　仿生抗冲蚀技术

自 Wahl 和 Harstein 在 20 世纪 40 年代发表了第一篇系统阐述冲蚀现象的文献以来，冲蚀研究一直持续至今。研究者提出了一系列关于冲蚀的模型，试图解释或预测机械结构表面的冲蚀行为，但到目前为止，尚未完整、全面地揭示机械结构表面冲蚀的内在机理。研究者采用了一系列冲蚀防护措施，但是大都停留在被动防护阶段，并且在实际应用过程中还存在一定的局限性，如成本高、涂层易脱

落、受环境因素影响比较大等，因此创新和有效的抗冲蚀理论及技术研究越来越
受到人们的重视。

实际上，抗冲蚀问题在生物界已得到完美的解决。典型沙漠生物如沙漠蜥蜴、
沙漠蝎子、沙漠红柳等在风沙冲蚀频繁发生的环境中生存，如图 1.2 所示。经过长
期的自然选择和进化，其中不利于抗风沙冲蚀的变异不断被淘汰，有利于抗风沙冲
蚀的变异则逐渐积累，这导致典型沙漠生物的基因频率发生定向改变，逐渐朝着抗
冲蚀的方向进化。最终，典型沙漠生物对风沙、水沙具有优异的耐受力[34-43]，这
是一种全新的抗冲蚀机理。揭示典型沙漠生物自适应抗冲蚀功能的形成机理、特
征规律与多因素作用机制，进行抗冲蚀功能表面综合仿生设计和仿生控制成型，
是异相混合介质作用下高速过流曲面抗冲蚀仿生研究亟待解决的关键问题。仿生
抗冲蚀技术有望在新一轮军备升级中提升核心零部件的性能，同时可以为提升民
用高速过流曲面构件的寿命与效能提供新的理论和技术支持。

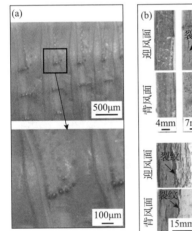

图 1.2 具有抗冲蚀特性的典型生物[34-43]

(a)沙漠蝎子背板凸包形态；(b)沙漠红柳体表形态及内部偏心结构；(c)沙漠蜥蜴皮肤双层结构

1.4　力学性能优异的功能表面

众所周知，材料表面优异的性能不仅取决于化学组成，还与其特征结构有密切的关系。自然界中的生物经过亿万年的自然选择和进化，逐渐形成了性能优异的体表形态。这些天然形态为设计开发新型仿生功能表面提供了新思路和新借鉴。运用功能表面仿生可以解决高空中寒冷潮湿环境下飞行器表面发生结冰、强太阳辐照条件下屏幕表面存在眩光、干旱少雨地区面临的水资源短缺以及异相混合介质作用下的冲蚀等问题。因此，人们对新型功能表面的需求日益增加，新一代功能表面的设计与开发成为当下人类技术革新的重中之重。本节将着重介绍几种典型的受生物体生存策略及体表形态启发的力学性能优异的功能表面。

1.4.1　超亲水/疏水功能表面

超亲水表面一般是指液体能完全扩散，液体的静态接触角等于或接近0°的表面[44]。该表面对水分子具有极强的亲和力，在玻璃防污、设备防雾、医学设备及材料、油水分离等方面有广阔的应用前景。超亲水表面的形成主要分为两种：一种由于光滑表面材料分子与液体分子的强大引力而形成；另一种则是在粗糙或多孔表面由化学组分和结构的双重驱动形成。其中，第二种超亲水表面是仿生超亲水表面的主要研究对象。研究人员受猪笼草启发，研制出一种可以牢牢锁住水分的多孔液体注入式的超亲水表面，该表面对液体具有极强的抗黏附能力。将该表面应用在手术刀上，发现具有仿生超亲水表面的手术刀不仅对血液具有抗黏附作用，还有很好的抗菌性能[45]。

当水在物体表面的接触角大于150°时，该表面通常称为超疏水表面[46]。该类表面具有防雾化、防结冰、建筑外墙与玻璃的自清洁、轮船外壳防污与防腐及水油分离等功能，在国防和民生领域均有广泛的应用。然而，受成本及加工精度的限制，传统设计方法和制造工艺尚无法生产出理想的超疏水表面并完美地实现上述功能。

近年来，科学家在自然界中找到了灵感，生物体在超疏水方面的表现令人惊叹，受此启发的仿生超疏水表面继承了生物体表优异的超疏水特性。在植物界，关于超疏水最为典型的例子便是著名的"荷叶效应"。德国波恩大学的植物学家Barthlott教授等[47]在20世纪90年代发现了荷叶表面的超疏水自清洁性能，随后的深入研究逐渐揭示了该性能与荷叶表面微纳结构之间的关系，即荷叶的超疏水性得益于其表面的微米级乳突结构、纳米级丝状结构以及表面蜡质层的协同作用[48]，如图1.3中的扫描电子显微镜(scanning electron microscope, SEM)照片所示，在荷叶表面和液滴间形成不连续的三相接触线，实现了荷叶表面的超疏水特性。由此引发了关于荷叶体表超疏水性研究的热潮，随之涌现了一系列仿生超疏水功能表面[49]。

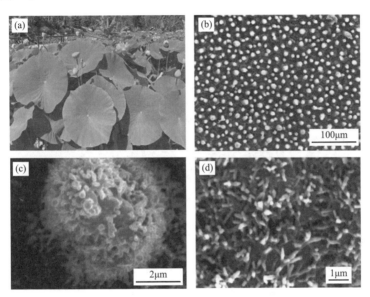

图 1.3 荷叶体表形态[49]

(a)池塘荷叶照片；(b)荷叶表面的乳突结构 SEM 照片；(c)单个乳突结构 SEM 照片；(d)叶面底层结构 SEM 照片

此外，某些昆虫如蚊子[50]和蜉蝣[51]的复眼等也表现出优异的超疏水特性，这一特性可以使生活在极度潮湿环境中的蚊子和蜉蝣始终保持清晰的视野。对蚊子而言，其复眼精妙复杂的微纳分级结构为这一特性的实现提供了结构基础。一方面，复眼微米级的突起结构以六边形密堆积的形式均匀排布，可以有效防止尺度较大的液滴在小眼的间隙里驻留；另一方面，小眼中纳米级的乳突结构在避免小尺度水汽凝结上发挥了关键作用，在两者的协同作用下，最终实现了蚊子复眼疏水防雾的效果。结合超疏水防雾和防结冰理论，科学家将昆虫复眼表面微纳结构映射到低表面能材料上，得到了性能优异的防雾和防结冰仿生功能表面[52]。

1.4.2 黏附/脱附功能表面

生物界中，很多动物能在复杂的环境中自由运动，奥秘在于其足垫上的显微结构。壁虎可以轻而易举地飞速爬上垂直的墙体，甚至可以倒挂在天花板上。研究发现，其足趾上有数百万根极细的刚毛，刚毛的末端呈抹刀状，上面又有 400～1000 根更细的分支[53]。当微绒毛的顶端与壁面接触时，抹刀状结构进入壁面的细微结构中，产生范德瓦耳斯力，数百万根刚毛产生的范德瓦耳斯力累积起来可以支撑 1225N 的物体[54]，足以使壁虎牢固地抓住固体表面。当抹刀型结构与壁面成

30°时，壁虎足趾与壁面开始分离，实现脱附，如图 1.4 所示[53,55,56]。生活在潮湿环境下的树蛙能够在任何表面上行走。研究发现，树蛙的足垫由许多六边形凸起单元组成，且单元之间被沟槽所分隔。当沟槽内的腺体分泌黏液时，黏液顺着沟槽流出并浸润整个足掌表面，在接触区域与足掌之间形成毛细作用力，从而实现与基底的湿性附着[57,58]。

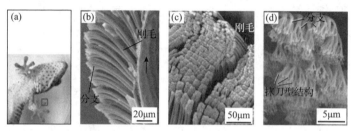

图 1.4　壁虎足趾刚毛形貌及黏附/脱附示意图[53,55,56]

(a)壁虎；(b)～(d)刚毛分级结构

1.4.3　减阻/降噪功能表面

鲨鱼作为海洋中游动很快的动物之一，除了有流线型体形外，其皮肤的特殊结构也备受关注。研究结果表明，鲨鱼体表覆盖有一层细小的盾鳞，盾鳞上有脊状凸起的肋条状结构，肋条之间形成纵向圆弧形沟槽，如图 1.5 所示。在高速流体流动状况下，圆弧形沟槽改变了浊流边界层的流体状态，减少了光滑表面通过时液体所产生的涡流，从而有效地减小了流体的剪切压力，进而达到良好的减阻效果[59-61]。

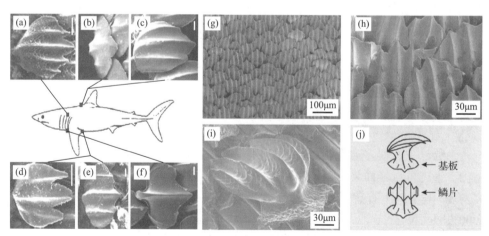

图 1.5　鲨鱼皮微纳结构[60]

(a)～(f)盾鳞 SEM 图像；(g)～(j)鲨鱼鳞片的肋条结构

鸟类在空气中飞行时具有低阻力和低噪声特性。研究发现,这种特性与其体表的形态密切相关。在飞行状态下,鸟儿将翅膀展开,并将一些羽毛放置在前翅边缘前侧,这样做有利于降低飞行时的阻力,避免噪声的产生,从而实现超静音飞行[62,63]。长耳鸮在捕食过程中可实现高速无声飞行。通过对长耳鸮的翼进行信息提取,发现其前缘呈圆滑过渡的近似正弦线状连续突起形态;噪声测量试验表明,翼前缘圆弧齿状非光滑形态对长耳鸮飞行噪声影响显著,其平均降噪量约为7dB。计算结果表明,仿生前缘非光滑翼型与光滑翼型相比可降噪 5~12dB,仿生前缘非光滑形态可有效抑制气流噪声源的形成[64]。鸥鸮是鸟类中无声飞行的典型代表,其翼前缘上的锯齿和天鹅绒状表面对噪声的降低具有重要作用。研究发现,当鸥鸮由静止转为运动状态时,相邻羽毛间的相对运动使得羽翼后部形成单一后缘。由于后缘是主要的噪声源,后缘数目的减少使得噪声源数量相应减少,从而达到降噪效果[65,66]。

1.4.4 防雾/减反射功能表面

在自然界中,蚊子即使在雾蒙蒙和潮湿的环境中也能拥有非凡的视力。2007 年,Gao 等首次揭开了蚊子复眼的防雾特征之谜[50],这主要得益于蚊子复眼自身的微纳分级结构。如图 1.6 所示,蚊子的复眼是由无数个半球状的小眼组成的,其平均直径在 26μm 左右,呈紧密六角形(hexagonal close-packed, HCP)排列,每个微米

图 1.6 蚊子复眼结构及仿生复眼表面形态

(a)暴露在雾蒙蒙的环境中的蚊子复眼照片;(b)HCP 小眼阵列的 SEM 图像;(c)小眼表面所覆盖的
NCP 乳突阵列的 SEM 图像;(d)仿生复眼表面的光学显微镜图像;(e)与蚊子复眼相似的
微半球阵列的 SEM 图像;(f)仿生复眼表面的接触角测试图

级的小眼表面覆盖着非紧密排列(non-close-packed, NCP)的纳米级乳突结构,其平均直径为(101.1±7.6)nm,分布间隔为(47.6±8.5)nm。研究结果表明,正是这种独特的微纳结构导致复眼具有超疏水性。纳米级尺度的 NCP 乳突阵列可以防止微尺度雾滴在小眼表面凝结,而微米级尺度的 HCP 阵列可以有效地防止雾滴陷入小眼的孔隙中。通过软光刻法制造具有防雾性能的人造复眼表面,然后用氟硅烷对表面进行改性,并提出了一种"干式"防雾策略,该发现对未来设计新型超疏水防雾材料有一定的启发作用。

减反射功能表面是指能够削弱入射光线的强度,降低反射光线强度的功能性表面。减反射功能表面可以对光波的折射或反射起到一定的控制作用,从而达到所需效果,在光学成像系统、光电转化设备、军事隐身防护、纤维纺织等方面均有广阔的应用前景。

自然界中存在大量具有减反射特性的生物原型,蝴蝶、叶蝉、飞蛾等昆虫便是其中的典型代表。蝴蝶翅膀具有规律性排列的鳞片,同时鳞片表面分布有精巧的微纳结构,从而使蝶翅成为一套无与伦比的集成式天然光学系统。吉林大学韩志武等从结构仿生学角度出发,以典型的红颈鸟翼凤蝶翅膀的绿色和蓝色鳞片区为研究对象,揭示了其翅鳞减反射的内在机理,如图 1.7 所示。在此基础上,以蝴蝶翅鳞本身为原始生物模板,以高透性的玻璃为基底材料,融合溶胶-凝胶法和选择性腐蚀技术的湿化学方法,成功设计并制造出一种仿生减反射功能表面,在

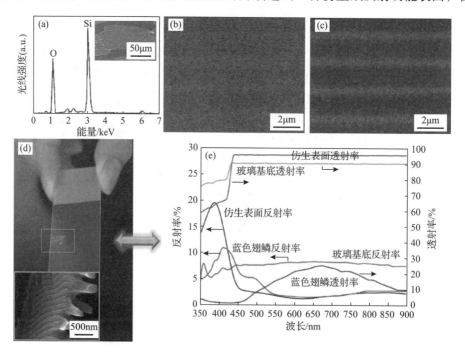

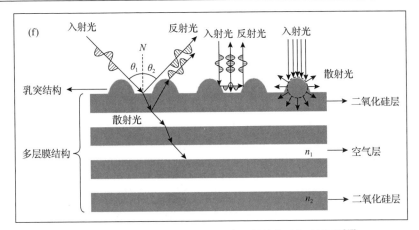

图 1.7 仿生减反射功能表面的减反射性能及机理分析[67]

(a)仿生减反射表面 EDS 能谱图;(b)硅元素分布图;(c)氧元素分布图;(d)仿生复制品区结构色;
(e)三组样品反射率和透射率对比;(f)复合结构高透减反射机理示意图

不损失基底材料透射率的同时,显著提升其表面的减反射性能[67]。这种减反射功能表面的设计制造对于防眩光表面的设计、视频隐身技术的开发等均具有重要的参考价值和实用意义。

美国宾夕法尼亚大学 Yang 等[68]对小绿叶蝉分泌的布氏体微粒研究发现,这种布氏体微粒具有类似足球的形状,而在微米尺度的颗粒表面密集分布着周期性的纳米级凹痕,并呈蜂窝状排列[69],如图 1.8 所示[70]。生活在不同区域的小绿叶蝉会分泌产生几何形状、直径和凹坑数各异的布氏体微粒,这种布氏体微粒不仅可以发挥明显的防黏附作用,而且其精细的纳米结构和三维周期性的特点呈现出减反射等光学特性,这在随后的仿生减反射功能表面的光学性能测试中得到了充分的印证。

图 1.8 小绿叶蝉及其分泌的布氏体微粒结构

(a)小绿叶蝉个体;(b)分泌产生的布氏体微粒[70]

1.4.5 抗菌功能表面

自然界中许多植物和昆虫的表面具有抗菌特性,可以保护它们免受致病菌的侵害。天然的纳米结构表面通过破坏细胞壁来杀死细菌的方式称为接触杀灭机制[71]。蝉翼表面借助天然的物理结构就可以实现有效杀菌[72-74]。如图 1.9(a) 所示，蝉翼表面结构呈现出高度和间距约为 200nm 的规则排布的纳米柱，顶点曲率半径为 25～30nm。研究结果表明，蝉翼纳米柱结构对杀死铜绿假单胞菌细胞非常有效，在 3min 之内就能够杀死细胞。如图 1.9(b) 所示，蝉翼只能有效地杀死革兰氏阴性细菌，但不能杀死革兰氏阳性细菌，这归因于它们的肽聚糖细胞壁厚度的不同[75]。蝉翼的杀菌机制为：当细菌与表面接触时，表面纳米柱将细菌表皮捕获黏附，将细菌慢慢拉伸开来，导致其细胞膜逐步破裂，下陷至表面纳米柱底部，最终使细菌死亡。因此，蝉翼表面的杀菌能力主要取决于物理机械效应，这也为新型抗菌功能

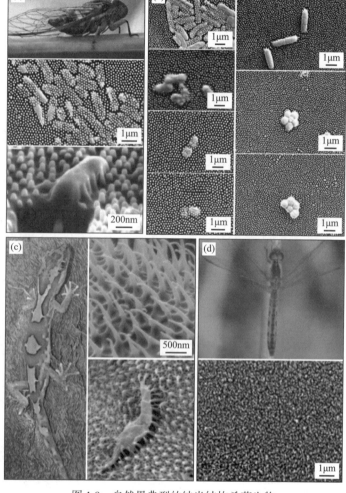

图 1.9　自然界典型的纳米结构杀菌生物

(a)、(b)蝉翼；(c)壁虎皮肤；(d)蜻蜓翅膀

表面的制备提供了生物学模本。

Watson 等[76]证明具有微米/纳米结构的壁虎皮肤具有杀菌性质，微米/纳米结构由曲率半径小于 20nm、间隔为亚微米量级的小刺组成，如图 1.9(c)所示。研究发现，细菌细胞壁在与纳米结构壁虎皮肤接触时被拉伸，产生破裂，使得壁虎皮肤对牙龈卟啉单胞菌产生显著的抗菌作用。

Linklater 等[77]和 Ivanova 等[78]研究了蜻蜓翅膀表面的杀菌功效。如图 1.9(d)所示，与蝉翼不同，蜻蜓翅膀上的纳米结构在形状、大小和分布上是随机的。蜻蜓翅膀上的纳米柱直径小于 90nm，呈 S 形分布。研究结果表明，蜻蜓翅膀对于杀死革兰氏阴性菌(铜绿假单胞菌)、革兰氏阳性菌(金黄色葡萄球菌和枯草芽孢杆菌)及内生孢子(枯草芽孢杆菌)是非常有效的，杀灭速率约为 $4.5 \times 10^5 \mathrm{cfu}/(\mathrm{min \cdot cm^2})$。

1.4.6　油水分离功能表面

在人类的日常生活和工业生产中，会产生大量的生活污水及工业废水，这些被污染的水资源中主要含有厨房用油和工业用混合有机物，如甲苯、己烷和氯仿等[79-83]。因此，如果能够设计制备出高效低成本的油水分离器，将油水混合物分离开来，即可得到清洁的可利用的水资源，从而形成一个水资源良性利用的循环系统，避免水资源的大量浪费。

在石油泄漏的海域，海鸟的羽毛因黏附有大量的油污而飞行困难，但水中生存的鱼却不受油污的影响，在其体表没有任何油滴的黏附。江雷院士团队[84,85]发现鱼类这种防油污黏附的能力与其体表鱼鳞的结构息息相关。如图 1.10 所示，在鱼的体表密集生长着扇形的鳞片，在鳞片上生长着大量的微纳米乳突结构。这些由微纳尺度构成的分层结构和体表的亲水黏液赋予鱼鳞超亲水/水下超疏油的特性。受鱼鳞结构启发，研究人员以鱼鳞为模板，仿生制备出具有水下超疏油性的聚丙烯酰胺水凝胶[84]。

红颈鸟翼凤蝶蝶翅具有典型的超浸润特性，对其超浸润多尺度分级结构进行形貌观察及成分分析，通过液滴弹跳行为观测装置表征蝶翅表面的超浸润现象，测试蝶翅的油水分离功能。受此启发，研究者运用仿生学的设计思想，采用一种简便高效的化学沉积法与适当化学改性相结合的制备方法，成功地制备出仿生油水分离复合材料，表征了仿生材料表面的多尺度超浸润结构，并对其进行了成分分析。李博[86]利用上述自建液滴弹跳行为观测装置，对仿生材料表面多尺度结构的超浸润性进行了研究，证实了仿生材料表面具有优异的超疏水、超亲油以及快速的自恢复特性；搭建了基于仿生材料的重力驱动的油水分离装置，测试了该装置的油水分离效率；根据仿生材料表面微纳结构的尺寸参数，构建了可视化模型并对潜在的油水分离机理进行了阐述。

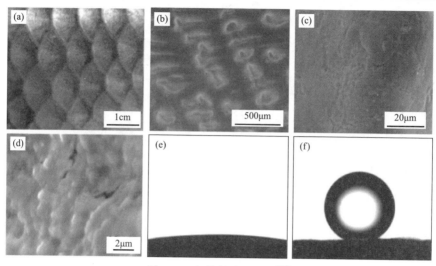

图 1.10 鱼鳞的表面结构[84]

(a)鱼鳞的光学图像；(b)、(c)鱼鳞的 SEM 图像；(d)乳突的 SEM 图像；(e)在空气环境中，向鱼鳞体表滴加油滴，
鱼鳞显示出超亲油性；(f)在水中，向鱼鳞表面滴加油滴，鱼鳞显示出超疏油性

　　仿生油水分离复合材料表面的化学基团与物理多尺度分级结构的协同作用实现了铜网的高效油水分离功能，如图 1.11 所示。在分子水平上，由疏水的多烷基链($CH_3(CH_2)_{16}COO$—)组成的硬脂酸铜三维网络对水分子具有很强的抵抗能力，而对油品分子具有很强的亲和能力，表现为有利于排斥水滴而允许油滴通过。这些硬脂酸铜三维网络充当了使不同液体选择性通过的智能开关。在纳米尺度上，受蝴蝶鳞片上褶皱条纹结构的启发，制备了纳米级的树状结构，配合硬脂酸铜三

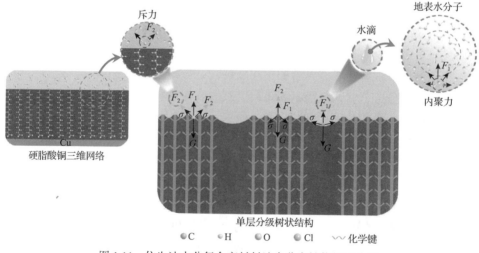

图 1.11 仿生油水分复合离材料油水分离性能机理分析

维网络, 这些树状结构间的空间就形成了液体的选择性通过通道。在微米尺度上, 纳米级的树状结构一起组成了这种微米级的铜簇结构, 铜簇结构类似于蝴蝶鳞片表面的平行脊, 对油和水表现出不同的特性。微米级的铜簇结构和纳米级的树状结构共同形成了仿生材料的油水分离功能表面结构。通过水分子和油分子在铜网分级结构表面的静力学分析可知, 在分子间作用力 (F_1)、多烷基链斥力 (F_2)、表面张力 (σ) 和自身重力 (G) 的综合作用下, 液滴最终达到力学平衡, 在铜网分级结构表面形成了稳定的水膜。

1.4.7　集水/运输功能表面

水资源短缺一直是困扰人类生存和社会发展的全球性问题, 尤其是在沙漠等极端干旱地区, 如何解决水资源短缺的困难, 开发有效利用水资源的技术和功能材料成为颇具挑战性的工作, 也吸引了国内外学者的广泛关注。集水和运输功能表面能够凝集雾气或液滴并定向地将所收集液体运输至目的地, 在解决水资源短缺危机方面具有巨大的潜力。

中国科学院化学研究所 Ju 等[87]对生活在墨西哥奇瓦瓦沙漠的仙人掌进行了研究, 这种沙漠植物能够在极度干旱缺水的环境下生存, 得益于其体表集成式的连续雾水收集系统。对仙人掌体表特征结构进行研究发现, 这套独特的集雾系统是由仙人掌茎上均匀分布的锥刺和毛状体共同组成的。每根锥刺均包含三个部分, 根据其各自的表面结构特点, 它们分别在集雾行为中扮演不同的角色: 锥刺的顶端覆盖着单向排列的小刺, 主要进行雾水的凝结和收集; 锥刺的中间部分是直径逐渐增大的沟槽结构, 用于所收集雾滴的定向转移和输运; 最末端则覆盖着条带状的绒毛结构, 用于快速吸收液滴, 使整个集雾系统恢复至原始状态, 继续完成 "凝结—收集—输运—吸收" 的集雾循环, 从而实现连续集雾的功能。随后, 研究人员对仙人掌连续集雾机理进行深入研究, 分析后认为, 仙人掌能够高效连续集雾的主要原因包括两个方面: 一方面, 仙人掌刺体的锥形结构导致梯度拉普拉斯压强的产生; 另一方面, 沿着刺体沟槽纵轴方向, 其半径逐渐增大, 导致梯度表面张力的产生。在两者的协同作用下, 驱使在刺体顶端形成的雾滴快速向底部传输、移动, 最终达到高效连续集雾的目的, 如图 1.12 所示。Ju 等对耐旱植物仙人掌刺体分级结构和集雾功能的研究, 为设计开发新颖的集雾材料和相关的功能表面提供了崭新的思路。

北京航空航天大学的 Chen 等[88]对自然界中的 "昆虫捕手" 翼状猪笼草进行了系统研究, 发现其口缘表面的多级微纳结构与液膜连续定向流动具有密切关系。对猪笼草口缘区的微观特征结构进行表征, 其表面具有独特的二级微槽结构特征。每个初级沟槽大约包含 10 个次级沟槽, 次级沟槽具有拱形的边缘和鸭嘴形的微腔, 鸭嘴形微腔的边缘锋利, 顶端闭合, 形成楔形盲孔结构, 外表面具有一定的斜度，而且相邻的微腔相互重叠，每一个鸭嘴形的微腔都具有梯度变化的楔角，如图 1.13 所示。这种多级微纳结构为"水往高处流"的反常现象提供了必要的条件。后续通过对液体在猪笼草口缘流动进行微观动态观察和测试，研究人员提出了基于楔形盲孔和拱形边缘梯度复合结构的液膜无动力定向流动新机理，并通过理论推导和计算，进一步发展了传统的 Taylor 毛细理论。上述工作可以为微流控设备和器件、医用防黏附器械、军用无人机表面润湿防护和超滑材料等设计制造提供参考。

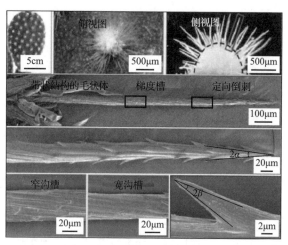

图 1.12　仙人掌外观及其毛状体锥刺显微结构[87]

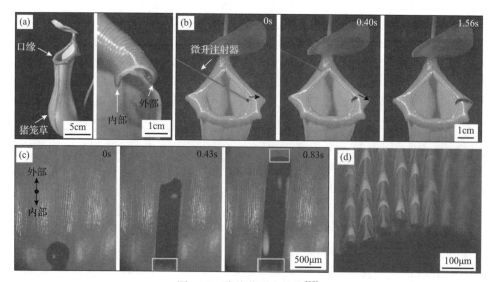

图 1.13　猪笼草形态结构[88]

(a)～(d)翼状猪笼草原型及其无动力定向输水的原位观察

1.4.8 高硬度/韧性功能表面

工业生产及日常生活中所涉及的各类机械产品，其表面的主要失效形式为磨损。通常，提高产品表面硬度可以有效地减少磨损程度，但传统材料在提高表面硬度的同时，难以兼具良好的韧性、刚度及弹性等力学性能，无法满足部分实际工况对产品力学性能的高要求，这限制了机械工业发展以及影响人类日常生活。

从机械科学与工程的角度，自然界中的生物体可以看作高度智能化的机械。在亿万年漫长的自然选择及进化过程中，生物体不断地与周围环境中的介质相互作用，尤其在应对各种机械量刺激的过程中，逐渐形成了多种优异的力学特性，如强韧性、耐磨性以及抗疲劳性等。上述优异特性在生物体与环境中机械量刺激持续相互作用下产生，是量变到质变的进化结果。受生物体表优异力学性能启发，近年来诞生了众多高硬高韧仿生材料。

基于自然界中"螳螂虾锤击贝壳"的捕食行为，中国科学技术大学倪勇研究团队结合螳螂虾的"扭转"结构与贝壳珍珠层内的"砖泥"交错结构，开发设计出一种具有高硬度和高韧性的非连续纤维扭转复合结构[89]。捕食者螳螂虾螯棒内的"扭转"结构，可促使裂纹偏转增韧；被捕食者贝壳内的"砖泥"交错构型则通过砖块滑移促进裂纹桥联增韧，这两种微结构是高韧性生物材料的代表性结构。受此启发，研究人员将"扭转"结构与"砖泥"交错结构组合，利用 3D 打印技术设计制备出一种非连续纤维扭转复合结构。该结构的断裂耗能对初始裂纹取向不敏感，同时在临界螺旋角方向断裂耗能最优。断裂力学分析表明，对裂纹取向不敏感的高韧性，源于非连续纤维扭转结构中裂纹偏转和桥联协同的混合增韧机制；临界螺旋角、裂纹偏转和桥联模式间的协同效应实现了最优断裂耗能；通过调控螺旋角、纤维长度、扭转角分布和桥联韧性参数，可设计出适应各方向载荷的高硬度高韧性纤维复合结构。该工作不仅揭示了生物材料优异韧性的实现机理，也为高硬度和高韧性先进复合材料制备提供了新的仿生思路。

巨骨舌鱼是一种生活在亚马孙河流域的淡水鱼，其鳞片经过不断进化形成了一种独特的"软硬相间"结构，具有优异的强度和韧性，在其体表用鳞片编织了一层天然的盔甲，能够成功抵御同一水域中食人鱼的利齿，如图 1.14 所示。巨骨舌鱼鳞片的外壳由坚硬的矿化物质组成，使鳞表面具有良好的硬度；中心区域则是由排列整齐的片层结构构成的，这种片层结构的主要成分为矿化胶原纤维。特征组分和片层结构的协同效应赋予中心区域良好的韧性。扭转胶合型的结构允许片层结构根据加载环境重新定向，大多数片层结构重新定向到拉伸轴并在拉伸滑动机制作用下发生形变，而未处于加载环境中的片层结构则在远离拉伸轴的位置发生旋转并进一步压缩，从而提高鳞片的延展性和韧性，防止断裂[90]。

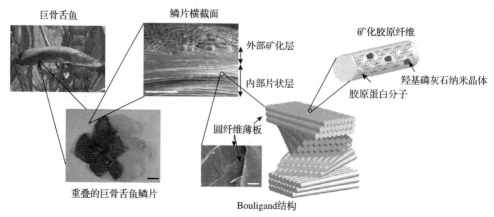

图 1.14　巨骨舌鱼鳞片及扭转胶合型结构示意图[90]

参 考 文 献

[1] 瓦伦丁 L 波波夫. 接触力学与摩擦学的原理及其应用[M]. 李强, 雒建斌, 译. 北京: 清华大学出版社, 2011.

[2] 邵荷生, 曲敬信, 许小棣, 等. 摩擦与磨损[M]. 北京: 煤炭工业出版社, 1992.

[3] 刘启跃, 王文健, 何成刚, 等. 摩擦学基础及应用[M]. 成都: 西南交通大学出版社, 2015.

[4] 温诗铸, 黄平, 田煜, 等. 摩擦学原理[M]. 北京: 清华大学出版社, 2018.

[5] Han Z W, Zhu B, Yang M K, et al. The effect of the micro-structures on the scorpion surface for improving the anti-erosion performance[J]. Surface and Coatings Technology, 2017, 313: 143-150.

[6] 李诗卓, 董祥林. 材料的冲蚀磨损与微动磨损[M]. 北京: 机械工业出版社, 1987.

[7] 徐滨士. 表面工程与维修[M]. 北京: 机械工业出版社, 1996.

[8] 张宇航. 耦合仿生抗冲蚀的试验研究及其应力波传导机制与规律的模拟分析[D]. 长春: 吉林大学, 2014.

[9] 张俊秋. 仿生形态表面气固冲蚀的性能研究[D]. 长春: 吉林大学, 2008.

[10] 朱先俊. 含尘离心风机叶片磨损机理与减磨途径的研究[D]. 济南: 山东大学, 2012.

[11] 潘之望. 青岛"11·22"爆燃事故调查报告提交国务院. http://news.sohu.com/20140110/n393260171.shtml[2014-1-10].

[12] Lin Z, Sun X W, Yu T C, et al. Gas-solid two-phase flow and erosion calculation of gate valve based on the CFD-DEM model[J]. Powder Technology, 2020, 366: 395-407.

[13] Bitter J G A. A study of erosion phenomena: Part I [J]. Wear, 1963, 6(1): 5-21.

[14] Bitter J G A. A study of erosion phenomena: Part II [J]. Wear, 1963, 6(3): 169-190.

[15] Levy A V. The platelet mechanism of erosion of ductile metals[J]. Wear, 1986, 108(1): 1-21.

[16] Bellman Jr R, Levy A. Erosion mechanism in ductile metals[J]. Wear, 1981, 70(1): 1-27.

[17] 黄继汤. 空化与空蚀的原理及应用[M]. 北京: 清华大学出版社, 1991.

[18] Tilly G P. Erosion caused by airborne particles[J]. Wear, 1969, 14(1): 63-79.

[19] Patnaik A, Tejyan S. A Taguchi approach for investigation of solid particle erosion response of needle-punched nonwoven reinforced polymer composites: Part II[J]. Journal of Industrial Textiles, 2014, 43(3): 458-480.

[20] Kumar S, Satapathy B K, Patnaik A. Thermo-mechanical correlations to erosion performance of short glass/carbon fiber reinforced vinyl ester resin hybrid composites[J]. Computational Materials Science, 2012, 60: 250-260.

[21] Patnaik A, Satapathy A, Chand N, et al. Solid particle erosion wear characteristics of fiber and particulate filled polymer composites: A review[J]. Wear, 2010, 268(1-2): 249-263.

[22] Arjula S, Harsha A P, Ghosh M K. Solid-particle erosion behavior of high-performance thermoplastic polymers[J]. Journal of Materials Science, 2008, 43(6): 1757-1768.

[23] Bao L M, Kameel H, Kemmochi K. Effects of fiber orientation angles of fiber-reinforced plastic on sand solid particle erosion behaviors[J]. Advanced Composite Materials, 2016, 25(sup1): 81-93.

[24] Cook B A, Peters J S, Harringa J L, et al. Enhanced wear resistance in $AlMgB_{14}$-TiB_2 composites[J]. Wear, 2011, 271(5-6): 640-646.

[25] Yang J Z, Fang M H, Huang Z H, et al. Solid particle impact erosion of alumina-based refractories at elevated temperatures[J]. Journal of the European Ceramic Society, 2012, 32(2): 283-289.

[26] Wang Q Z, Zhou F, Yan J W. Evaluating mechanical properties and crack resistance of CrN, CrTiN, CrAlN and CrTiAlN coatings by nanoindentation and scratch tests[J]. Surface and Coatings Technology, 2016, 285: 203-213.

[27] Tang L M, Xiong J, Wan W C, et al. The effect of fluid viscosity on the erosion wear behavior of Ti(C, N)-based cermets[J]. Ceramics International, 2015, 41(3): 3420-3426.

[28] Deng J X, Wu F F, Lian Y S, et al. Erosion wear of CrN, TiN, CrAlN, and TiAlN PVD nitride coatings[J]. International Journal of Refractory Metals and Hard Materials, 2012, 35: 10-16.

[29] Xu J Y, Zou B L, Tao S Y, et al. Fabrication and properties of Al_2O_3-TiB_2-TiC/Al metal matrix composite coatings by atmospheric plasma spraying of SHS powders[J]. Journal of Alloys and Compounds, 2016, 672: 251-259.

[30] Cai F, Huang X, Yang Q. Mechanical properties, sliding wear and solid particle erosion behaviors of plasma enhanced magnetron sputtering CrSiCN coating systems[J]. Wear, 2015, 324-325: 27-35.

[31] 徐建新, 朱晓红, 郭巧荣, 等. 基于内聚力单元的弹性涂层多颗粒冲蚀机理[J]. 中国民航大学学报, 2020, 38(1): 60-64.

[32] 郭源君, 肖华林, 徐大清, 等. 基于同步波动原理的抗冲蚀弹性涂层设计[J]. 中国工程科学, 2008, 10(9): 60-63.

[33] Tian H L, Wang C L, Guo M Q, et al. Microstructures and high-temperature self-lubricating wear-resistance mechanisms of graphene-modified WC-[12]Co coatings[J]. Friction, 2021, 9(2): 315-331.

[34] Han Z W, Feng H L, Yin W, et al. An efficient bionic anti-erosion functional surface inspired by desert scorpion carapace[J]. Tribology Transactions, 2015, 58(2): 357-364.

[35] Zhang J Q, Han Z W, Ma R F, et al. Scorpion back inspiring sand-resistant surfaces[J]. Journal of Central South University, 2013, 20(4): 877-888.

[36] Han Z W, Zhang J Q, Ge C, et al. Erosion resistance of bionic functional surfaces inspired from desert scorpions[J]. Langmuir, 2012, 28(5): 2914-2921.

[37] Han Z W, Yin W, Zhang J Q, et al. Active anti-erosion protection strategy in Tamarisk (*Tamarix aphylla*)[J]. Scientific Reports, 2013, 3: 3429.

[38] Tian L M, Tian X M, Hu G L, et al. Effects and mechanisms of surface topography on the antiwear properties of molluscan shells (*Scapharca subcrenata*) using the fluid-solid interaction method[J]. The Scientific World Journal, 2014, 2014: 185370.

[39] Tian L M, Gao Z H, Ren L Q, et al. The study of the efficiency enhancement of bionic coupling centrifugal pumps[J]. Journal of the Brazilian Society of Mechanical Sciences and Engineering, 2013, 35(4): 517-524.

[40] Tian X M, Han Z W, Li X J, et al. Biological coupling anti-wear properties of three typical molluscan shells—*Scapharca subcrenata*, *Rapana venosa* and *Acanthochiton rubrolineatus*[J]. Science China Technological Sciences, 2010, 53(11): 2905-2913.

[41] 张帅军. 形态-材料耦合仿生抗冲蚀功能表面的制备与性能研究[D]. 长春: 吉林大学, 2021.

[42] Zhang S J, Zhang J Q, Zhu B, et al. Progress in bio-inspired anti-solid particle erosion materials: Learning from nature but going beyond nature[J]. Chinese Journal of Mechanical Engineering, 2020, 33(1): 1-27.

[43] Zhang S J, Chen W N, Li B, et al. Optimum anti-erosion structures and anti-erosion mechanism for rotatory samples inspired by scorpion armor of *Parabuthus transvaalicus*[J]. Journal of Bionic Engineering, 2021, 18(1): 92-102.

[44] Feng X J, Jiang L. Design and creation of superwetting/antiwetting surfaces[J]. Advanced Materials, 2006, 18(23): 3063-3078.

[45] Wong T S, Kang S H, Tang S K Y, et al. Bioinspired self-repairing slippery surfaces with pressure-stable omniphobicity[J]. Nature, 2011, 477(7365): 443-447.

[46] Yong J L, Chen F, Yang Q, et al. Superoleophobic surfaces[J]. Chemical Society Reviews, 2017, 46(14): 4168-4217.

[47] Barthlott W, Neinhuis C. Purity of the sacred lotus, or escape from contamination in biological surfaces[J]. Planta, 1997, 202(1): 1-8.

[48] Feng L, Li S, Li Y, et al. Super-hydrophobic surfaces: From natural to artificial[J]. Advanced Materials, 2002, 14(24): 1857-1860.

[49] Liu X J, Liang Y M, Zhou F, et al. Extreme wettability and tunable adhesion: Biomimicking beyond nature?[J]. Soft Matter, 2012, 8(7): 2070-2086.

[50] Gao X, Yan X, Yao X, et al. The dry-style antifogging properties of mosquito compound eyes and artificial analogues prepared by soft lithography[J]. Advanced Materials, 2007, 19(17): 2213-2217.

[51] Han Z W, Guan H Y, Cao Y Y, et al. Antifogging properties and mechanism of micron structure in *Ephemera pictiventris* McLachlan compound eyes[J]. Chinese Science Bulletin, 2014, 59(17): 2039-2044.

[52] Sun Z Q, Liao T, Liu K S, et al. Fly-eye inspired superhydrophobic anti-fogging inorganic nanostructures[J]. Small, 2014, 10(15): 3001-3006.

[53] Gao H J, Wang X, Yao H M, et al. Mechanics of hierarchical adhesion structures of geckos[J]. Mechanics of Materials, 2005, 37(2-3): 275-285.

[54] Autumn K, Liang Y A, Hsieh S T, et al. Adhesive force of a single gecko foot-hair[J]. Nature, 2000, 405(6787): 681-685.

[55] Tian Y, Pesika N, Zeng H B, et al. Adhesion and friction in gecko toe attachment and detachment[J]. Proceedings of the National Academy of Sciences of the United States of America, 2006, 103(51): 19320-19325.

[56] Stark A Y, Palecek A M, Argenbright C W, et al. Gecko adhesion on wet and dry patterned substrates[J]. PLoS One, 2015, 10(12): e0145756.

[57] Federle W, Barnes W J P, Baumgartner W, et al. Wet but not slippery: Boundary friction in tree frog adhesive toe pads[J]. Journal of the Royal Society, Interface, 2006, 3(10): 689-697.

[58] Drotlef D M, Stepien L, Kappl M, et al. Insights into the adhesive mechanisms of tree frogs using artificial mimics[J]. Advanced Functional Materials, 2013, 23(9): 1137-1146.

[59] Dean B, Bhushan B. Shark-skin surfaces for fluid-drag reduction in turbulent flow: A review[J]. Philosophical Transactions of the Royal Society of London. Series A: Mathematical, Physical and Engineering Sciences, 2010, 368(1929): 4775-4806.

[60] Pu X, Li G J, Liu Y H. Progress and perspective of studies on biomimetic shark skin drag reduction[J]. ChemBioEng Reviews, 2016, 3(1): 26-40.

[61] Bixler G D, Bhushan B. Fluid drag reduction with shark-skin riblet inspired microstructured surfaces[J]. Advanced Functional Materials, 2013, 23(36): 4507-4528.

[62] Aldheeb M A, Asrar W, Sulaeman E, et al. A review on aerodynamics of non-flapping bird

wings[J]. Journal of Aerospace Technology and Management, 2016, 8 (1): 7-17.

[63] Ge C J, Zhang Z H, Liang P, et al. Prediction and control of trailing edge noise based on bionic airfoil[J]. Science China Technological Sciences, 2014, 57 (7): 1462-1470.

[64] Chen K, Liu Q P, Liao G H, et al. The sound suppression characteristics of wing feather of owl (*Bubo bubo*)[J]. Journal of Bionic Engineering, 2012, 9 (2): 192-199.

[65] Wagner H, Weger M, Klaas M, et al. Features of owl wings that promote silent flight[J]. Interface Focus, 2017, 7 (1): 20160078.

[66] Weger M, Wagner H. Morphological variations of leading-edge serrations in owls (*Strigiformes*)[J]. PLoS One, 2016, 11 (3): e0149236.

[67] Han Z W, Mu Z Z, Li B, et al. A high-transmission, multiple antireflective surface inspired from bilayer 3D ultrafine hierarchical structures in butterfly wing scales[J]. Small, 2016, 12 (6): 713-720.

[68] Yang S K, Sun N, Stogin B B, et al. Ultra-antireflective synthetic brochosomes[J]. Nature Communications, 2017, 8: 1285-1288.

[69] Day M F, Briggs M. The origin and structure of brochosomes[J]. Journal of Ultrastructure Research, 1958, 2 (2): 239-244.

[70] Rakitov R, Gorb S N. Brochosomes protect leafhoppers (Insecta, Hemiptera, Cicadellidae) from sticky exudates[J]. Journal of the Royal Society, Interface, 2013, 10 (87): 20130445.

[71] Ivanova E P, Hasan J, Webb H K, et al. Natural bactericidal surfaces: Mechanical rupture of *Pseudomonas aeruginosa* cells by cicada wings[J]. Small, 2012, 8 (16): 2489-2494.

[72] Li X L. Bactericidal mechanism of nanopatterned surfaces[J]. Physical Chemistry Chemical Physics, 2016, 18 (2): 1311-1316.

[73] Kelleher S M, Habimana O, Lawler J, et al. *Cicada* wing surface topography: An investigation into the bactericidal properties of nanostructural features[J]. ACS Applied Materials & Interfaces, 2016, 8 (24): 14966-14974.

[74] Pogodin S, Hasan J, Baulin V A, et al. Biophysical model of bacterial cell interactions with nanopatterned *Cicada* wing surfaces[J]. Biophysical Journal, 2013, 104 (4): 835-840.

[75] Hasan J, Webb H K, Truong V K, et al. Selective bactericidal activity of nanopatterned superhydrophobic *Cicada Psaltoda claripennis* wing surfaces[J]. Applied Microbiology and Biotechnology, 2013, 97 (20): 9257-9262.

[76] Watson G S, Green D W, Schwarzkopf L, et al. A gecko skin micro/nano structure-A low adhesion, superhydrophobic, anti-wetting, self-cleaning, biocompatible, antibacterial surface[J]. Acta Biomaterialia, 2015, 21: 109-122.

[77] Linklater D P, Juodkazis S, Rubanov S, et al. Comment on "bactericidal effects of natural nanotopography of dragonfly wing on *Escherichia coli*"[J]. ACS Applied Materials & Interfaces,

2017, 9(35): 29387-29393.

[78] Ivanova E P, Hasan J, Webb H K, et al. Bactericidal activity of black silicon[J]. Nature Communications, 2013, 4: 2838.

[79] Li K, Ju J, Xue Z X, et al. Structured cone arrays for continuous and effective collection of micron-sized oil droplets from water[J]. Nature Communications, 2013, 4: 2276.

[80] Wang B, Liang W X, Guo Z G, et al. Biomimetic super-lyophobic and super-lyophilic materials applied for oil/water separation: A new strategy beyond nature[J]. Chemical Society Reviews, 2015, 44(1): 336-361.

[81] Wang B, Guo Z G. Superhydrophobic copper mesh films with rapid oil/water separation properties by electrochemical deposition inspired from butterfly wing[J]. Applied Physics Letters, 2013, 103(6): 063704.

[82] Hou X, Hu Y H, Grinthal A, et al. Liquid-based gating mechanism with tunable multiphase selectivity and antifouling behaviour[J]. Nature, 2015, 519(7541): 70-73.

[83] Kota A K, Kwon G, Choi W, et al. Hygro-responsive membranes for effective oil-water separation[J]. Nature Communications, 2012, 3: 1025.

[84] Liu M J, Wang S T, Wei Z X, et al. Bioinspired design of a superoleophobic and low adhesive water/solid interface[J]. Advanced Materials, 2009, 21(6): 665-669.

[85] Cai Y, Lin L, Xue Z X, et al. Filefish-inspired surface design for anisotropic underwater oleophobicity[J]. Advanced Functional Materials, 2014, 24(6): 809-816.

[86] 李博. 基于蝶翅液控功能的仿生材料设计制备及性能研究[D]. 长春: 吉林大学, 2020.

[87] Ju J, Bai H, Zheng Y M, et al. A multi-structural and multi-functional integrated fog collection system in cactus[J]. Nature Communications, 2012, 3: 1247.

[88] Chen H W, Zhang P F, Zhang L W, et al. Continuous directional water transport on the peristome surface of *Nepenthes alata*[J]. Nature, 2016, 532(7597): 85-89.

[89] Wu K J, Song Z Q, Zhang S S, et al. Discontinuous fibrous Bouligand architecture enabling formidable fracture resistance with crack orientation insensitivity[J]. Proceedings of the National Academy of Sciences of the United States of America, 2020, 117(27): 15465-15472.

[90] Zimmermann E A, Gludovatz B, Schaible E, et al. Mechanical adaptability of the Bouligand-type structure in natural dermal armour[J]. Nature Communications, 2013, 4: 2634.

第2章 抗冲蚀基本理论与工艺

2.1 冲蚀的影响因素

当固体粒子或液滴撞击材料表面时，会对其表面造成冲蚀破坏，冲击速度一般在 550m/s 内，而粒径一般小于 1mm。对于喷砂冲蚀，材料的冲蚀率定义为单位重量的粒子造成材料流失的重量或体积。对于液滴冲蚀或气蚀，破坏除用单位时间的失重表示外，还可用平均破坏深度，即一定面积上冲蚀的平均深度表示，该值可以根据材料冲蚀失重量、材料密度、冲蚀面积计算得到。材料的冲蚀率是一个受工作环境影响的系统参数，它不仅受入射粒子的速度、粒度、硬度及形状的影响，而且也受材料物理性能影响。对于同一种材料制造的零件，环境参数或使用工况稍加改变，就可能大幅度改变其抗冲蚀特性。因此，必须全面了解影响材料抗冲蚀特性的各种因素，并深入揭示材料的冲蚀规律，才能充分挖掘材料自身的潜力。所以，需要从冲击角度、冲击速度、时间、环境温度以及磨粒性能等多个方面对冲蚀进行研究。

2.1.1 冲击角度

冲击角度是指粒子入射轨迹与表面水平方向的夹角。大量试验结果表明，材料冲蚀率与冲击角度大小密切相关。塑性材料在 20°~30°冲击角度时的冲蚀率出现最大值，而脆性材料的最大冲蚀率一般出现在接近 90°冲击角度处。

2.1.2 冲击速度

冲击速度对材料冲蚀率的影响是研究冲蚀机理的关键因素。基于材料受不同粒子冲蚀得到的大量试验结果，材料冲蚀率和粒子的冲击速度的关系可以归结为

$$\varepsilon = k v_{p粒}^{n} \tag{2.1}$$

式中，ε 为材料冲蚀率；$v_{p粒}$ 为颗粒的冲击速度；n 及 k 均为常数。

如果用 ε 与 $v_{p粒}$ 的对数作图，可得到直线关系，其斜率为 n。当粒子的冲击速度低至某一下限时，冲击时只出现弹性变形而无材料流失，此速度下限称为门槛速度。

2.1.3　时间

冲蚀磨损与黏着磨损、磨粒磨损相比，呈现出较长的潜伏期或孕育期，对于液滴冲蚀或气蚀，这种情况显得尤为突出。冲蚀时间对冲蚀的影响是较为复杂的：冲蚀开始时，首批粒子冲击到材料表面时主要造成加工硬化和表面粗糙化，冲蚀磨损变化并不稳定，不一定立刻出现材料流失，反而可能发生增重现象。例如，对于喷砂冲蚀，冲蚀初期可能因粒子嵌入而呈现"增重"。在小冲击角度的情况下，"增重"现象明显小于大冲击角度的情况。随着冲蚀时间的延长，冲蚀表面经过一定的累积损伤后才能逐渐过渡到稳定冲蚀阶段。

2.1.4　环境温度

环境温度对材料冲蚀的影响难以用简单规律加以描述。某些试验结果表明，随着温度升高，材料冲蚀率上升。但温度过高时，材料表面可能氧化。氧化膜的出现反而会提高材料的抗冲蚀性能，从而改善其抗冲蚀特性。

2.1.5　磨粒性能

冲蚀产生的原因是入射粒子包括液滴或气泡对表面的冲击。因为固体和液体性质差异很大，所以相应的冲蚀过程和冲蚀结果都不尽相同。固体粒子的形状和粒度对冲蚀有很大影响，此前研究观察到的"粒度效应"至今尚未得到完满的解释。当粒子超过临界尺寸时，冲蚀率趋于平稳；尖角颗粒造成的破坏要比球形粒子严重；硬粒子产生的冲蚀破坏比软粒子严重。另一个需要指出的因素是粒子的可碎性，即在冲击时粒子发生破裂碎化的趋势。传统研究在讨论冲击角度对材料冲蚀的影响时只注意到平整的原始表面与尺寸完整、粒度均匀的粒子。但实际上，随着冲击角度的增大，脆性粒子冲击后发生破碎的概率增大，破碎粒子将会对凹凸不平的表面产生二次冲蚀。液滴体积对于液滴磨损是一个重要的影响因素。在液滴直径为 1.0～2.5mm 时，相对冲蚀率几乎不变，连续的射流可以按喷嘴直径计算。液滴大小对材料冲蚀孕育期和破坏门槛速度均有影响[1]。

2.1.6　靶材性质

材料的性质，如硬度和断裂韧性，也会对其冲蚀磨损过程产生重要影响。一般认为，具有较高硬度的材料表现出更好的抗冲蚀性能。例如，具有较高硬度的 AISI316 钢在受到硅砂粒子的冲蚀时表现出更好的抗冲蚀性能，硬度较高的表面材料可以更好地抵抗塑性变形进而提升其抗冲蚀性能[2]。另外，根据脆性材料的冲蚀理论，脆性材料的断裂韧性和其抗冲蚀性能也有关，断裂韧性降低会引起材料脆性增加，材料脆性增加导致裂纹更易出现和扩展，最终导致材料的冲蚀率上升[3,4]。另外，材料的微观组织结构可以改善材料的硬度和断裂韧性，进而影响材料的抗冲蚀性能。不同微观组织结构具有不同的抵抗外物损伤的能力，这也决定了它们在抗冲蚀性能方面的差异[3]。

2.2　冲　蚀　模　型

2.2.1　颗粒反弹模型

计算气-固两相流中颗粒对材料表面的冲蚀问题时，颗粒的轨迹是需要考虑的重要因素。如图 2.1 所示，颗粒与材料表面发生碰撞之后，其轨迹发生改变，从表面反弹到流场。颗粒在流场中运动时往往会与材料表面发生多次碰撞，导致材料表面的磨损。颗粒的反弹特性依赖于冲击角度、冲击速度、颗粒物性和几何形状、材料表面的特性和几何形状。颗粒与材料表面碰撞前的运动状态会影响其反弹回流场的状态。将颗粒碰撞前后的速度比定义为反弹系数。反弹系数确定了颗粒与壁面发生碰撞前后动量和能量的变化，同时也反映了颗粒反弹回流场的初始轨迹[5]。

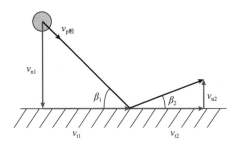

图 2.1　颗粒与材料表面碰撞-反弹示意图

不同属性的颗粒和靶材在不同的速度条件下，颗粒对壁面的反弹系数都不相同。Grant 等对颗粒碰撞金属材料表面的冲蚀问题做了大量的研究，提出了计算反弹系数的式(2.2)，该公式只和冲击角度相关[6-9]：

$$\frac{v_{n2}}{v_{n1}} = 1.0 - 0.4159\beta_1 - 0.4994\beta_1^2 + 0.292\beta_1^3$$

$$\frac{v_{t2}}{v_{t1}} = 1.0 - 2.12\beta_1 + 3.0775\beta_1^2 - 1.1\beta_1^3$$

(2.2)

式中，v_n 和 v_t 分别为颗粒碰撞材料表面速度的法向分量和切向分量；下标 1、2 分别表示碰撞前后的量；β_1 为颗粒撞击到材料表面时速度和表面之间形成的冲击角度。根据 v_{n2} 和 v_{t2}，由式(2.3)可以求出颗粒碰撞后的反弹角度 β_2：

$$\beta_2 = \arctan \frac{v_{n2}}{v_{t2}} \tag{2.3}$$

2.2.2 冲蚀率计算模型

在靶材和颗粒属性确定的情况下，冲蚀率主要取决于颗粒的冲击速度和冲击角度[10]。Grant 等利用 West Virginia 煤质作为冲蚀颗粒，对不同金属材料进行冲蚀试验，根据试验结果归纳拟合出了冲蚀率关于冲击速度和冲击角度的半经验公式，并且针对不同试验条件确定了相应的系数[9,11,12]：

$$\varepsilon = K_1 \left[1 + C_K \left(K_{12} \sin\left(\frac{90}{\beta_0} \beta_1 \right) \right) \right]^2 v_{p粒}^2 \cos^2 \beta_1 \left(1 - R_T^2 \right) + K_3 \left(v_{p粒} \sin \beta_1 \right)^4 \tag{2.4}$$

式中，ε 为单位质量颗粒引起的磨损质量，即冲蚀率，mg/g；β_1 为颗粒撞击到材料表面时速度和表面之间形成的冲击角度，（°）；β_0 为最大冲击角（产生最大冲蚀率的冲击角度），（°）；$v_{p粒}$ 为颗粒冲击速度，m/s；R_T 为切向恢复比，$R_T = 1 - 0.0016 v_{p粒} \sin \beta_1$；$C_K$ 为系数，C_K 的取值为

$$C_K = \begin{cases} 1, & \beta_1 \leqslant 2\beta_0 \\ 0, & \beta_1 > 2\beta_0 \end{cases} \tag{2.5}$$

不同材料和磨粒的经验常数 K_1、K_{12}、K_3 和 β_0 不同，分别取值如下：

对于煤灰和不锈钢，

$$K_1 = 1.505101 \times 10^{-6}, \quad K_{12} = 0.296077, \quad K_3 = 5.0 \times 10^{12}, \quad \beta_0 = 25°$$

对于石英砂和不锈钢，

$$K_1 = 5.225 \times 10^{-6}, \quad K_{12} = 0.266799, \quad K_3 = 5.49 \times 10^{11}, \quad \beta_0 = 25°$$

2.2.3 冲蚀的仿生模型

在自然界中，一些典型的生物材料时常需要抵御冲蚀损伤，这为仿生抗冲蚀设计提供了新思路。如图 2.2 所示，为了抵御沙尘环境下的风沙冲蚀，沙漠蝎子和沙漠红柳体表进化出了特殊的体表结构，这种特殊体表结构通过改变冲蚀粒子的运动状态来提高生物材料的抗冲蚀特性[13,14]。具有特殊内部结构的龙虾外壳和贝壳珍珠层是典型的高强高韧材料，龙虾外壳内部特殊的纤维排布形式和贝壳珍珠层的"砖泥"结构可以显著提升生物材料的断裂韧性，以此来改善材料的抗冲

蚀特性[15-17]。沙漠蜥蜴皮肤的刚柔耦合结构可以有效地缓释部分粒子冲击能量，从而很好地抵御风沙的侵蚀[18-20]。动物的皮肤与骨骼在受到损伤后，会将修复物质输送到损伤部位，防止损伤进一步恶化，这种自愈合结构同样有利于提高材料的抗冲蚀特性[21,22]。相关研究表明，仿生模型在抗冲蚀中展现出巨大的潜力，有助于进一步拓展抗冲蚀理论，为仿生抗冲蚀研究奠定重要的理论和技术基础。

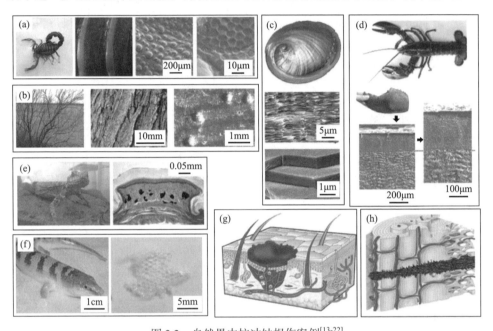

图 2.2　自然界中抗冲蚀损伤案例[13-22]

(a)沙漠蝎子与其特殊表面结构；(b)沙漠红柳的特殊表面结构；(c)贝壳珍珠层与其砖泥结构；
(d)龙虾壳与其扭曲纤维排布结构；(e)沙漠蜥蜴与其皮肤的刚柔耦合结构；(f)砂鱼蜥与其体表鳞片；
(g)、(h)皮肤和骨骼的自愈合过程示意图

2.3　抗冲蚀方法

国内外学者主要从材料学角度出发，通过热处理技术改变材料内部组织结构，利用相关技术在表面增加耐磨涂层以及增加强化相制备复合材料等方法，提高材料表面的抗冲蚀性能。

2.3.1　表面改性

对金属材料进行热处理，可显著改变材料内部的显微组织，提高强度及韧性，进而优化材料抗冲蚀性能[23,24]。如图 2.3 所示，对 0Cr17Ni7Al 钢进行热处理后，发现经过 1040℃固溶+520℃时效处理后的 0Cr17Ni7Al 钢具有最佳的抗冲蚀性能，

且低角度下 0Cr17Ni7Al 的抗冲蚀性能远优于 H13 钢，这主要是因为热处理后的 0Cr17Ni7Al 发生了马氏体相变强化和沉淀硬化，其力学性能有了大幅度的提升。将热处理后的铬锰铜合金白口铸铁与铸态铬锰铜合金白口铸铁进行冲蚀对比，发现热处理后的两种铬锰铜合金白口铸铁的抗冲蚀性能分别是铸态的 1.14 倍和 1.35 倍，这主要是由于前者的硬度更高，同时基体中分布有二次碳化物，具有弹塑性的残余奥氏体反过来保护了碳化物，有效减缓了试样表面材料的流失。对超低碳热轧钢板进行热处理，并在相同条件下考察贝氏体、珠光体和马氏体钢的抗冲蚀性能，发现珠光体和马氏体因强度和韧塑性较低，其抗冲蚀性能较弱；薄膜状 M/A 贝氏体的应力集中位置不利于试样表面裂纹的扩展，因而抗冲蚀性能更强。

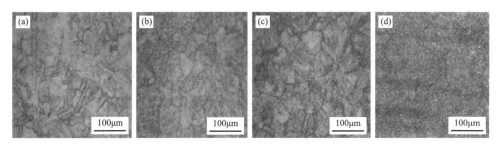

图 2.3　不同热处理工艺下 0Cr17Ni7Al 钢及 H13 钢金相组织

(a)1040℃固溶；(b)1040℃固溶+520℃时效；(c)1040℃固溶+640℃时效；(d)H13 钢调制处理

2.3.2　表面涂层

为提高材料抗冲蚀性能，较为常见的方法是涂覆具有一定特性的防护涂层，从而延长材料的使用寿命，提高工作可靠性。最为常见和有效的抗冲蚀涂层制备工艺应属离子束技术，该技术主要有三种类型：磁控溅射技术、多弧离子镀技术和磁过滤阴极真空弧技术，下面分别进行简要介绍。

磁控溅射技术：该技术是利用氩气或其他工作气体电离产生的离子轰击靶材表面，进而溅射到基材表面形成涂层的方法。与传统的溅射方法相比，磁控溅射方法使用磁场来增加电子和工作气体的碰撞频率，提高等离子体密度，其优点在于涂层质量较好、组织致密、工艺简单，有利于工业生产的自动化控制。该方法可制备 ZrN、CrN、TiN、ZrSiCN、TiSiCN 等单层涂层以及 TiAlN/CrAlN、TiAlN/TaN 等多层涂层，可有效提升基材的抗冲蚀特性[25-27]。针对磁控溅射离化率低、膜基结合力较差等缺点，采用高脉冲电源作为磁控溅射的供电方式，可以提升涂层的致密度、附着力和均匀度，从而进一步提升基材抗冲蚀特性[28]。

多弧离子镀技术：该技术是利用电弧蒸发作为离子源，在惰性气体中利用弧光放电产生高离化、高能量的等离子体，进而实现元素沉积。目前，多弧离子镀是压气机叶片表面防护领域应用最多的离子束技术，其优点在于离化率高、膜基结合力强、沉积速率快和绕射性好，有利于外形复杂、遮挡严重部件的涂层制备。该工艺可以制备出兼具高硬度和高韧性的涂层，使涂层具有良好的抗冲蚀特性。

磁过滤阴极真空弧技术：在真空阴极电弧沉积技术的基础上，发展了磁过滤阴极真空弧技术。利用异面双弯过滤器以及高能电场和磁场耦合作用，去除多余宏观粒子和中性粒子。同时，弯管内壁的连续凹槽很好地避免粒子因碰撞反射进入真空室，进一步提高了过滤效果。电磁场对等离子体的限制和引导，使其离化率较高，从而获得均匀致密的涂层。该技术中的离子能量精准可控的特点也有利于融合应用多种致硬增韧机制，实现定制化调控涂层微结构和性能，从而获得高性能抗冲蚀涂层[29,30]。

抗冲蚀涂层制备常用工艺还有超声速火焰热喷涂技术。该技术基本原理是由小孔进入燃烧室的液体燃烧，如煤油经雾化与氧气混合后点燃，发生强烈的气相反应，燃烧放出的热能使产物剧烈膨胀，此膨胀气体流经喷嘴时受喷嘴的约束形成超声速高温焰流，加热加速喷涂材料至基体表面，形成高质量抗冲蚀涂层。

堆焊、激光熔敷、气相沉积和聚氨酯涂层制备等工艺也可以制备抗冲蚀涂层。但对于涂层抗冲蚀工艺需要设备精良，而且存在金属离化率低、沉积速率慢、膜基结合力低和抑制缺陷扩展能力等不足。这些不足限制了抗冲蚀涂层的工业化生产与大规模应用。

2.3.3 改进设计

生产过程中不同设备部位受到的冲蚀磨损工况不完全相同，这就造成设备中的某些特定部位的冲蚀磨损会相对严重，冲蚀磨损在这些部位不断积累最终会导致整个设备无法正常工作[31,32]。通过经验总结与合理分析，可以找出不同工况下设备中易被冲蚀损伤的部位，有针对性地对这些部位进行改进设计来提高它们的抗冲蚀性能，进而达到提高整个设备抗冲蚀性能的效果。

例如，能源行业中需要将石油进行长距离的运输，输油管道的高压活动弯头容易遭受冲蚀而失效。利用数值模拟手段可以得到高压活动弯头的冲蚀规律，结合高压活动弯头在使用过程中出现的冲蚀损伤形式，对高压活动弯头壁厚和滚道结构进行改进设计，可以改善其受力分布，进而延长高压活动弯头的工作可靠性和使用寿命[33,34]。

深层油井的压裂管柱在长时间大量砂浆的冲蚀下会发生严重的冲蚀磨损，进而导致完全失效。通径式压裂工艺下，伞槽滑套是整套压裂管柱中最易发生冲蚀失效的零件，伞槽滑套抗冲蚀性能对整套压裂管柱的工作性能产生重要影响。通过数值模拟可以得到混砂液在伞槽结构中的分布规律，根据流场分布结果进行阻流结构设计，即伞键内部增加挡板结构来改变内部流场，改进后伞键结构的抗冲蚀性能得到大幅提升，如图 2.4 所示[35]。

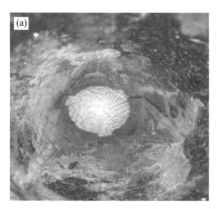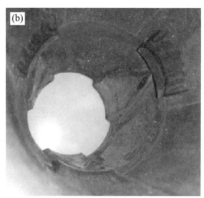

图 2.4　改进前、后伞键的冲蚀磨损情况[35]

(a) 改进前；(b) 改进后

由于钻井液的冲蚀作用，工作一段时间后，钻井液防喷装置的密封性会明显下降。通过流场分析软件对防喷装置内部流场进行模拟分析，根据数值模拟结果，对钻井液防喷装置内部结构进行改进优化，改进后的钻井液防喷装置使用寿命提升了约三成[36]。

2.3.4　复合材料

复合材料是 20 世纪材料科学领域中重大发明之一，纤维增强和陶瓷增强复合材料因同时具有基体和增强相的特性，具有高比强度、高比模量、良好耐磨性、低膨胀系数、高尺寸稳定性等优异的综合性能，常被国内外学者用来制造抗冲蚀部件[37-39]。聚合物基 SiC 填充玻璃纤维增强复合材料在填料和纤维的协同作用下，可实现更高的弹性模量和较低的材料成本，展现出较好的抗冲蚀性能[40-42]。金属基 WC-Co 复合材料、TiC 等陶瓷基增强复合材料具有高弹性模量、高强度等性能，也具有良好的抗冲蚀性能[43]。

2.4　经典冲蚀基本理论

从 20 世纪 60 年代中期的微切削理论诞生开始，科研工作者提出了一系列关于冲蚀的模型，力求预测材料的冲蚀行为，揭示材料的冲蚀机理，但至今还没有一种模型能完整、全面、合理地揭示材料冲蚀的机理。现对几种代表性冲蚀理论进行阐述。

2.4.1 微切削理论

1958 年，Finnie[44]研究了刚性粒子对塑性金属的冲蚀，提出了第一个定量描述冲蚀的完整理论——微切削理论，式(2.6)为体积冲蚀率 ε_V 随冲击角度 β_1 变化的表达式：

$$\varepsilon_V = \frac{Mv_{p粒}^n}{p} f(\beta_1) \qquad (2.6)$$

式中，ε_V 为体积冲蚀率；M 为粒子的质量；$v_{p粒}$ 为粒子冲击速度；p 为粒子与靶材之间的流动压力；n 为常数；β_1 为冲击角度。

该模型经过试验检验，可以很好地揭示低冲击角度下塑性材料受刚性粒子冲蚀的规律，但该模型对大冲击角或脆性材料的计算结果与实际冲蚀结果偏差很大，特别是冲击角度为 90°时，相对冲蚀体积为零，与实际情况严重不符。

此外，微切削理论还存在一个问题：刚性粒子撞击靶材时的冲击速度与靶材失重率之间的二次方关系，与大量试验数据有一定的差距（一般认为 n 为 2.2～2.4 而不是 2），Finnie[45]后来对该模型进行了相关修正：

$$\varepsilon_V = \frac{cM}{p} f(\beta_1) v_{p粒}^n \qquad (2.7)$$

式中，c 为粒子分数，其余参数含义与式(2.6)相同。

2.4.2 变形磨损理论

1963 年，Bitter 以冲蚀过程中的能量平衡为出发点，提出了冲蚀的变形磨损理论。该理论认为，大冲击角下的冲蚀磨损与靶材的变形之间存在密切关系。该理论认为粒子冲击靶材表面时，靶材表面发生弹性变形或塑性变形取决于是否达到靶材的屈服极限，同时指出粒子反复冲击导致靶材表面产生加工硬化，提高了靶材的弹性极限。经过推导得出，总磨损量为变形磨损量和切削磨损量之和。该理论在单个粒子冲蚀磨损试验机上得到了验证，可以很好地解释有关塑性材料的冲蚀问题，但该理论缺乏相关的物理模型支持[46,47]。

2.4.3 锻造挤压理论

近些年来，研究者将关注点更多地转移到粒子的法向冲击，并提出锻造挤压理论，也称"成片(platelet)"理论。该理论可以简单地概括为：当粒子冲击靶材表面时对靶材表面施加一定的压力，靶材表面出现凹坑及凸起，随后粒子对其进行连续"锻打"，在严重的塑性变形后，靶材表面出现片状磨屑流失。同时，冲蚀过程中靶材表面会吸收粒子的动能而产生一定的热量，材料冲蚀率的大小取决于畸变层的性质[48]。

2.4.4　二次冲蚀理论

一般的冲蚀模型均将冲蚀粒子视作刚体进行研究。但设定属于理想假设，在实际冲蚀过程中，脆性粒子撞击靶材表面时会发生破碎，破碎后的粒子将对靶材表面再次冲蚀。Tilly 根据冲蚀粒子的破碎性，提出了二次冲蚀理论。利用高速摄像机、筛分法和立体扫描电子显微镜，研究了粒子破碎对塑性靶材表面冲蚀的影响，得出粒子碎裂程度与其粒度、速度及冲击角有关。该理论指出只有粒子粒度和速度达到一定数值时，二次冲蚀才会发生。该模型把冲蚀过程分成两个阶段：粒子入射造成的一次冲蚀和破碎粒子碎片造成的二次冲蚀，总冲蚀量应为两次冲蚀之和。该理论可以很好地解释脆性粒子的高冲击角度冲蚀问题[49,50]。此外，Tilly 提出当粒径小于某个临界值时，冲蚀不再发生，而此前的模型尚未考虑。通过一些推导，Tilly 得到的冲蚀模型如下：

$$\varepsilon = \varepsilon_1 \left(\frac{V_{粒}}{V_{\mathrm{r}}} \right)^2 \left[1 - \left(\frac{d_0}{d} \right)^{\frac{3}{2}} \frac{V_0}{V_{粒}} \right]^2 + \varepsilon_2 \left(\frac{V_{粒}}{V_{\mathrm{r}}} \right)^2 F_{d,v} \tag{2.8}$$

式中，ε 为单位质量颗粒造成的磨损质量，即冲蚀率；ε_1 为测试颗粒速度下最大的一次冲蚀率；V_{r} 为测试时的颗粒速度；$V_{粒}$ 为计算条件下的颗粒速度；d_0 为可以造成冲蚀的颗粒最小粒径(Tilly 的测试条件下认为小于 5μm)；d 为计算条件下的颗粒粒径；V_0 即为起始碰撞速度；ε_2 为最大二次冲蚀率，在所有颗粒均破碎时产生；$F_{d,v}$ 为计算条件下颗粒破碎比例。因此，使用这一模型计算冲蚀前，首先需要进行一次测试试验以确定 V_{r} 下的 ε_1 和 ε_2。

2.4.5　低周疲劳理论

Hutchings[51] 在 1981 年提出了低周疲劳理论，该理论是根据低周疲劳的 Manson-Coffin 公式，通过研究球状粒子以 90° 冲击角度正向冲击材料而得出。该公式没有考虑冲蚀过程中的温度效应，且只适用于 90° 冲击时的冲蚀。因此，该模型在使用过程中具有一定的局限性。

$$\varepsilon = 0.033 \frac{r \rho \rho_{\mathrm{p}}^{1/2} v_{\mathrm{p}粒}^3}{\varepsilon_{\mathrm{c}}^2 p_{抗}^{3/2}} \tag{2.9}$$

式中，ε 为材料冲蚀率；r 为冲击粒子压入半径；ρ 为靶材密度；ρ_p 为冲击粒子密度；$v_{p粒}$ 为粒子的冲击速度；ε_c 为靶材临界塑性应变；$p_{抗}$ 为靶材对冲击粒子的压入抗力。

参 考 文 献

[1] Desale G R, Gandhi B K, Jain S C. Effect of erodent properties on erosion wear of ductile type materials[J]. Wear, 2006, 261(7-8): 914-921.

[2] Lan H Y, Wen D C. Improving the erosion and erosion-corrosion properties of precipitation hardening mold steel by plasma nitriding[J]. Materials Transactions, 2012, 53(8): 1443-1448.

[3] Nguyen Q B, Nguyen V B, Lim C Y H, et al. Effect of impact angle and testing time on erosion of stainless steel at higher velocities[J]. Wear, 2014, 321: 87-93.

[4] Ruiz-Rios A, López-García C, Campos-Silva I. The solid particle erosion on borided X12CrNiMoV12-3 stainless steel[J]. Materials Letters, 2020, 277: 128381.

[5] 戈超. 离心风机叶片抗冲蚀磨损仿生研究[D]. 长春: 吉林大学, 2011.

[6] Wang Z L, Fan J R, Luo K. Numerical study of solid particle erosion on the tubes near the side walls in a duct with flow past an aligned tube bank[J]. AIChE Journal, 2010, 56(1): 66-78.

[7] Fan J R, Yao J, Zhang X Y, et al. Experimental and numerical investigation of a new method for protecting bends from erosion in gas-particle flows[J]. Wear, 2001, 251(1-12): 853-860.

[8] Yao J, Zhang B Z, Fan J R. An experimental investigation of a new method for protecting bends from erosion in gas-particle flows[J]. Wear, 2000, 240(1-2): 215-222.

[9] Grant G, Tabakoff W. Erosion prediction in turbomachinery resulting from environmental solid particles[J]. Journal of Aircraft, 1975, 12(5): 471-478.

[10] Tabor D. The Hardness of Metals[M]. Oxford: Oxford University Press, 2000.

[11] Tabakoff W, Kotwal R, Hamed A. Erosion study of different materials affected by coal ash particles[J]. Wear, 1979, 52(1): 161-173.

[12] Tabakoff W. Investigation of coatings at high temperature for use in turbomachinery[J]. Surface and Coatings Technology, 1989, 39-40(1): 97-115.

[13] Zhang J Q, Chen W N, Yang M K, et al. The ingenious structure of scorpion armor inspires sand-resistant surfaces[J]. Tribology Letters, 2017, 65: 110.

[14] Han Z W, Yin W, Zhang J Q, et al. Erosion-resistant surfaces inspired by *tamarisk*[J]. Journal of Bionic Engineering, 2013, 10(4): 479-487.

[15] Heinemann F, Launspach M, Gries K, et al. Gastropod nacre: Structure, properties and growth—Biological, chemical and physical basics[J]. Biophysical Chemistry, 2011, 153(2-3): 126-153.

[16] Wu J R, Qin Z, Qu L L, et al. Natural hydrogel in American lobster: A soft armor with high toughness and strength[J]. Acta Biomaterialia, 2019, 88: 102-110.

[17] Raabe D, Sachs C, Romano P. The crustacean exoskeleton as an example of a structurally and mechanically graded biological nanocomposite material[J]. Acta Materialia, 2005, 53(15): 4281-4292.

[18] Zhang Y H, Huang H, Ren L Q. Erosion wear experiments and simulation analysis on bionic anti-erosion sample[J]. Science China Technological Sciences, 2014, 57(3): 646-650.

[19] Maladen R D, Ding Y, Li C, et al. Undulatory swimming in sand: Subsurface locomotion of the sandfish lizard[J]. Science, 2009, 325(5938): 314-318.

[20] Wu W B, Lutz C, Mersch S, et al. Characterization of the microscopic tribological properties of sandfish (*Scincus scincus*) scales by atomic force microscopy[J]. Beilstein Journal of Nanotechnology, 2018, 9(1): 2618-2627.

[21] Gurtner G C, Werner S, Barrandon Y, et al. Wound repair and regeneration[J]. Nature, 2008, 453(7193): 314-321.

[22] Hamilton A R, Sottos N R, White S R. Self-healing of internal damage in synthetic vascular materials[J]. Advanced Materials, 2010, 22(45): 5159-5163.

[23] Foley T, Levy A. The erosion of heat-treated steels[J]. Wear, 1983, 91(1): 45-64.

[24] O'Flynn D J, Bingley M S, Bradley M S A, et al. A model to predict the solid particle erosion rate of metals and its assessment using heat-treated steels[J]. Wear, 2001, 248(1-2): 162-177.

[25] Barshilia H C, Deepthi B, Rajam K S, et al. Growth and characterization of TiAlN/CrAlN superlattices prepared by reactive direct current magnetron sputtering[J]. Journal of Vacuum Science & Technology A: Vacuum, Surfaces, and Films, 2009, 27(1): 29-36.

[26] Romero E C, Macías A H, Nonell J M, et al. Mechanical and tribological properties of nanostructured TiAlN/TaN coatings deposited by DC magnetron sputtering[J]. Surface and Coatings Technology, 2019, 378: 124941.

[27] Wei R H, Langa E, Rincon C, et al. Deposition of thick nitrides and carbonitrides for sand erosion protection[J]. Surface and Coatings Technology, 2006, 201(7): 4453-4459.

[28] Ma D, Harvey T J, Wellman R G, et al. Cavitation erosion performance of CrAlYN/CrN nanoscale multilayer coatings deposited on Ti6Al4V by HIPIMS[J]. Journal of Alloys and Compounds, 2019, 788: 719-728.

[29] Deng Y, Chen W L, Li B X, et al. Physical vapor deposition technology for coated cutting tools: A review[J]. Ceramics International, 2020, 46(11): 18373-18390.

[30] Chen W L, Yan A, Meng X N, et al. Microstructural change and phase transformation in each individual layer of a nano-multilayered AlCrTiSiN high-entropy alloy nitride coating upon annealing[J]. Applied Surface Science, 2018, 462: 1017-1028.

[31] 任露泉, 梁云虹. 耦合仿生学[M]. 北京: 科学出版社, 2012.

[32] Chen W, Mo J, Du X, et al. Biomimetic dynamic membrane for aquatic dye removal[J]. Water

Research, 2019, 151: 243-251.

[33] Gong X J, Gao X F, Jiang L. Recent progress in bionic condensate microdrop self-propelling surfaces[J]. Advanced Materials, 2017, 29(45): 1703002.

[34] Chen B C, Zou M, Liu G M, et al. Experimental study on energy absorption of bionic tubes inspired by bamboo structures under axial crushing[J]. International Journal of Impact Engineering, 2018, 115: 48-57.

[35] Yuan Y, Yu X, Yang X, et al. Bionic building energy efficiency and bionic green architecture: A review[J]. Renewable and Sustainable Energy Reviews, 2017, 74: 771-787.

[36] Wang Z Z, Zhang Z H, Sun Y H, et al. Wear behavior of bionic impregnated diamond bits[J]. Tribology International, 2016, 94: 217-222.

[37] Lv G C, Zhang N, Huang M, et al. The remarkably enhanced particle erosion resistance and toughness properties of glass fiber/epoxy composites via thermoplastic polyurethane nonwoven fabric[J]. Polymer Testing, 2018, 69: 470-477.

[38] Vigneshwaran S, Uthayakumar M, Arumugaprabu V, et al. Influence of filler on erosion behavior of polymer composites: A comprehensive review[J]. Journal of Reinforced Plastics and Composites, 2018, 37(15): 1011-1019.

[39] Bagci M, Imrek H. Application of Taguchi method on optimization of testing parameters for erosion of glass fiber reinforced epoxy composite materials[J]. Materials & Design(1980—2015), 2013, 46: 706-712.

[40] 朱斌. 活体蝎子体表抗冲蚀特性机理及评价模型[D]. 长春: 吉林大学, 2018.

[41] Deliwala A A, Peter M R, Yerramalli C S. A multiple particle impact model for prediction of erosion in carbon-fiber reinforced composites[J]. Wear, 2018, 406-407: 185-193.

[42] Mishra S K, Biswas S, Satapathy A. A study on processing, characterization and erosion wear behavior of silicon carbide particle filled ZA-27 metal matrix composites[J]. Materials & Design, 2014, 55: 958-965.

[43] Hussainova I. Microstructure and erosive wear in ceramic-based composites[J]. Wear, 2005, 258(1-4): 357-365.

[44] Finnie I. The mechanism of erosion of ductile metals[C]. Proceedings of the Third National Congress on Applied Mechanics, New York, 1958.

[45] Finnie I. Erosion of surfaces by solid particles[J]. Wear, 1960, 3(2): 87-103.

[46] Bitter J G A. A study of erosion phenomena part I[J]. Wear, 1963, 6(1): 5-21.

[47] Bitter J G A. A study of erosion phenomena: Part II[J]. Wear, 1963, 6(3): 169-190.

[48] Bellman Jr R, Levy A. Erosion mechanism in ductile metals[J]. Wear, 1981, 70(1): 1-27.

[49] Jahanmir S. The mechanics of subsurface damage in solid particle erosion[J]. Wear, 1980, 61(2): 309-324.

[50] Tilly G P. A two stage mechanism of ductile erosion[J]. Wear, 1973, 23(1): 87-96.

[51] Hutchings I M. A model for the erosion of metals by spherical particles at normal incidence[J]. Wear, 1981, 70(3): 269-281.

第3章　自然界生物抗冲蚀的启示

路甬祥院士指出："人的创造欲是科技创新的根本动力，自然和社会是我们认知和创新服务的对象，也是我们学习的最好老师"[1]。从古至今，人类的大部分思维和行为都是师法自然，从自然生态系统中领悟到自身生存、发展和进步的真谛。生物在自然选择的法则下，经过亿万年优胜劣汰的进化历程，为满足生存、自卫、竞争和发展等需求，进化出了许多优异的结构和特殊功能。对于抗冲蚀的研究，很多生物原型都给予了我们极大的启发。

自然界生物的特性与其所处环境是紧密联系、统一而不可分割的。环境因素不仅对生物的形态和构造产生影响，而且对其生命活动也有深远的影响。例如，沙漠环境十分恶劣，夹带着大量沙粒的强风会对沙漠中的生物造成严重的侵害，但是仍有一部分动植物能够适应沙漠里的恶劣环境，在沙漠中顽强地生存下来，如沙漠蝎子、沙漠蜥蜴、沙漠植物等。这些生物经过亿万年的进化，对有利于自身生存的生理功能进行了保留，具有特殊的功能结构，表现出优异的抗冲蚀性能，能够应对恶劣的风沙冲蚀环境。本章将以典型的沙漠生物为代表，探究生物对抗冲蚀研究的启示。

3.1　沙　漠　蝎　子

蝎目(Scorpiones)属节肢动物门(Arthropoda)、螯肢动物亚门(Chelicerata)、蛛形纲(Arachricla)。蝎类历史悠久，是蛛形动物中较早登陆且又比较原始的类群[2,3]。蝎类的栖息地包括沙漠、戈壁、草原、落叶阔叶林、常绿阔叶林以及热带雨林等多种自然环境。在经历漫长的自然进化后，部分蝎类种群成功适应了沙漠的生存环境，演变出一系列特征以适应沙漠环境，主要体现在形态、结构、生理功能和行为特征等方面。沙漠蝎子在风沙冲蚀频繁发生的环境中生存，经过长期的自然选择和进化，不利于风沙冲蚀的变异被不断淘汰，有利于抵抗风沙冲蚀的变异逐渐积累，导致沙漠生物基因频率发生定向改变，朝着抗冲蚀的方向逐渐进化。为抵御风沙冲蚀，沙漠蝎子在背板表面进化出许多脊和颗粒，背板连接处由节间膜形成凹槽，背板整体呈弧形结构。上述表面形态和结构可以改变沙漠蝎子体表边界层流场的状态，改变风沙来流中粒子的速度和运动轨迹，对风沙冲蚀产生主动防御。同时，背板节间膜的伸缩性柔性连接特征可以缓释粒子碰撞瞬间产生的能量。此外，背甲由十分坚韧的几丁质膜构成，可以减少犁削、铲削的破坏，最终使沙漠蝎子对风沙具有优异的耐受性。本节以黄肥尾蝎和黑粗尾蝎等蝎子为例，对其相关特性进行阐述。

黄肥尾蝎属于中小型毒蝎，体长 7～12cm，体色呈茶褐色或黄褐色，身体分为三部分：头胸部、前腹部和后腹部，如图 3.1 所示。头胸部和前腹部总称为躯干部；后腹部呈尾状，又称为尾部。蝎子的整个躯体由 14 个体节组成，每个体节由背板和腹板构成，各体节之间通过节间膜连接，能自由伸缩[4-6]。整个身体表面覆盖着角质膜，这层膜由几丁质构成，十分坚韧，又称作几丁质外骨骼。

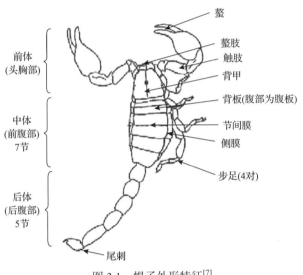

图 3.1 蝎子外形特征[7]

前体(头胸部)短宽，整体呈四边形，背面是 1 块坚硬的背甲。头胸部具有 6 对附肢，包括 1 对螯肢、1 对触肢和 4 对步足。触肢关节灵活，末端呈钳状。触肢侧面有成排的黑色疣粒，钳部掌节呈椭圆状，颜色从深褐色渐变为黑色，钳爪有成排细密的锯齿状齿突。螯肢和触肢表皮的角质化程度较高，尤其体现在钳爪末端。步足强健有力，末端具有钩状爪。

中体(前腹部)分为 7 节，各节短而宽，每一节由背板和腹板构成，节间由节间膜连接，可以自由伸缩。腹板和背板两侧通过侧膜连接，侧膜具有伸缩性，与身体的肥瘦变化相适应。背板坚硬，中部有 3 条纵脊，包括一条位于中央的中脊和其两侧对称分布的两条纵脊。

后体(后腹部)又称尾部，由 5 个圆柱形节组成，尾节肥厚结实，强壮有力。背板与腹板合成一体，形成由几丁质构成的环节，节上分布明显的深色条纹状棱脊。自尾节第 4 节以下呈黑色且逐渐加深，毒囊与尾刺呈黑色[8,9]。

沙漠蝎子表皮由高度角质化的几丁质组成，背板、触肢、螯肢、后体等处的角质层比身体其他部位厚[3]。加厚的角质化表皮能增强体表抵抗拉伸、切削和冲击等外来破坏的能力。蝎子背板和背甲表面密布大小不一的颗粒和脊，可使局部表皮增厚，增强表皮的局部力学性能。生活在不同地域的蝎子，其体表的角质层厚度也不同，生活在沙漠、荒漠地区的蝎子比生活在湿润、半湿润地区的蝎子拥有更厚的角质层[3]。沙漠蝎子在沙漠中生存，不可避免地会遭受沙粒对其体表的冲蚀，故而进化出较厚的角质层，以及特殊的形态和结构，以防止沙粒冲蚀对体表的伤害。本节选取雨林蝎作为对比，来分析沙漠蝎子的抗冲蚀特性。

3.1.1　沙漠蝎子背部体表的形态

黑粗尾蝎的背部大面积暴露于风沙环境中，是其体表与风沙接触面积最大的区域，也是承受风沙冲蚀的主要部位[10]。因此，选取蝎子的背部作为研究对象来探究其抗冲蚀特性的机理。

针对蝎子背部的形态特征，采用显微分析手段依次从以下四个层次进行研究：第一层次是肉眼所能观察到的宏观整体构造；第二层次是在体视显微镜下观察背板、节间膜以及凸包的整体排布数据信息；第三层次是在 SEM 下观察到背板表面微观结构的形态、分布规律等二维平面信息，在原子力显微镜（atomic force microscope, AFM）下观察到背板表面微观结构形貌、特征尺寸等三维结构信息；第四层次是在场发射扫描电子显微镜（field emission scanning electron microscope, FESEM）下观察背板横截面的形貌特征。

1. 蝎子背部体表形态的体视显微镜观察

1）体视显微镜观察试样制备

选择 6 龄成年体的黑粗尾蝎（*Parabuthus transvaalicus*）、彼得异蝎（*Heterometrus petersii*）各 3 只。取 6 只 250mL 烧杯，用镊子将活体蝎子分别放入其中，并向烧杯中滴加一定量的乙醚溶液，然后用保鲜膜将烧杯口密封，直至蝎子不再动弹；接着，用蘸有无水乙醇的脱脂棉擦拭蝎子表面，以去除体表附着的沙粒和其他杂质。用德国 Carl Zeiss 公司的 SteREO Discovery V12 体视显微镜进行图像采集时，打开 AxioVision 软件，把蝎子样品放在显微镜下，通过调整相关参数以获取清晰图像。注意：试验时，必须保证蝎子的背部为自然舒展状态。

2）蝎子背部体表形态

蝎子的背部由 7 条背板组成，相邻背板之间通过节间膜连接。节间膜具有一定的弹性，能够自由收缩，背板与背板之间形成凹槽，如图 3.2 所示。利用图像处理软件 ImageJ 对蝎子背板及节间膜的宽度进行测量。定义蝎子背部的背板(节间膜)分别为第 1、2、…、7 条背板(节间膜)，测量结果如图 3.3 所示。

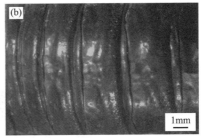

图 3.2　体视显微镜下蝎子背部体表形态
(a)黑粗尾蝎；(b)彼得异蝎

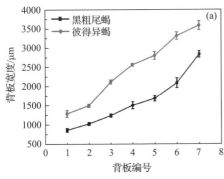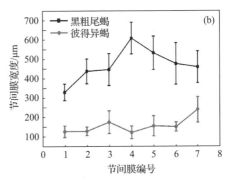

图 3.3　蝎子背板与节间膜宽度变化规律
(a)背板宽度；(b)节间膜宽度

由图 3.3(a)可以看出，黑粗尾蝎与彼得异蝎各背板的宽度范围分别位于 0.8～2.8mm、1.3～3.6mm，且背板的宽度均从第 1 节到第 7 节呈逐渐增大趋势。彼得异蝎的背板宽度比黑粗尾蝎的大，主要是由于彼得异蝎的生存环境较为适宜，食物来源丰富，生长发育较快。

图 3.3(b)是蝎子的节间膜宽度变化规律曲线。可以看出，从第 1 节到第 7 节，黑粗尾蝎的节间膜宽度在 0.33～0.61mm 范围内呈先增大再减小的趋势，且第 4 条节间膜的宽度最大；彼得异蝎的节间膜宽度呈波浪形变化趋势，但各节间膜宽度的差异性较小。值得注意的是，尽管黑粗尾蝎的背板宽度较彼得异蝎的小，但其节间膜的宽度大于彼得异蝎的节间膜宽度(前者为后者的 1.9～5.0 倍)。由于节间膜是构成蝎子背部凹槽的主要结构，在风沙冲蚀条件下，它可以改变蝎子背部附近的流场状态，影响粒子的运动轨迹及冲击速度。因此，可以认为节间膜是蝎子体表抗冲蚀的典型形态特征。

从图 3.2 中还可以看到，黑粗尾蝎的背板表面分布有大量的凸包颗粒，而彼得异蝎的背板表面则显得较为光滑。为了更加清楚地表征这种差异性，选择更大的放大倍数进行观察，如图 3.4 所示。由图 3.4(a)可以看出，黑粗尾蝎背板表面的凸包颗粒依据位置的不同，疏密程度大有不同：中间部位较多，边缘部位较少。与黑粗尾蝎相比，彼得异蝎背板表面的凸包颗粒数目较少，且分布无明显规律。

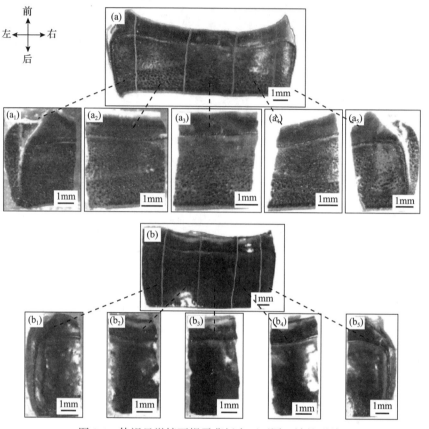

图 3.4　体视显微镜下蝎子背板表面不同区域的形貌

(a)黑粗尾蝎单片背板；(b)彼得异蝎单片背板；(a₁)～(a₅)黑粗尾蝎的左边缘、左侧部、中间部位、右侧部、右边缘；(b₁)～(b₅)彼得异蝎的左边缘、左侧部、中间部位、右侧部、右边缘

　　为了进一步探究两种蝎子背板表面凸包颗粒的分布规律，将蝎子的背板在中央脊线方向上划分为 5 个区域，依次为左边缘、左侧部、中间部位、右侧部、右边缘(图 3.5(a₁)～(a₅)，(b₁)～(b₅))，每个区域的面积大致相等。为了定量地表征各个区域上凸包颗粒的疏密程度，定义单位面积的背板上凸包颗粒的个数为分布密度，用式(3.1)表示：

$$DD = \frac{n}{s} \tag{3.1}$$

式中，DD 为分布密度，个/mm²；n 为所属区域上凸包颗粒的个数，个；s 为区域的面积，mm²。

　　两种蝎子背板表面凸包颗粒的分布密度在不同区域上的变化规律如图 3.5 所示。可以看出，黑粗尾蝎背板表面凸包颗粒的分布密度明显比彼得异蝎大。在黑粗尾蝎背板表面的边缘部位(含左边缘与右边缘)和中间部位，凸包颗粒分布较为稀疏，侧部(含左侧部与右侧部)的凸包颗粒分布则相对密集。与之不同的是，无论哪一区域，彼得异蝎背板表面的凸包颗粒分布均较为稀疏，且各区域的分布密度并无明显的差异性。

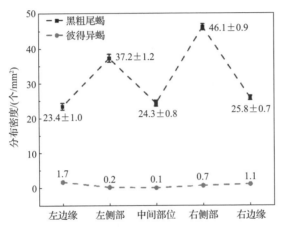

图 3.5　蝎子背板表面凸包颗粒在不同区域上的分布密度变化规律

　　蝎子背板表面凸包颗粒的分布密度特性与其生境及行为习性密切相关。由于黑粗尾蝎生活在沙漠及半干旱地区，当风沙来袭时，为了避免头部的脆弱组织受到风沙的冲蚀破坏，黑粗尾蝎往往通过调整身体的朝向，以身体的侧部来面对风沙。风沙冲蚀的机械刺激作用，促进了侧部组织细胞的增殖与分化，在经过数百万年对生活环境的适应以及自身的进化后，黑粗尾蝎背板表面凸包颗粒呈现了上述分布特性。相比而言，彼得异蝎生活在潮湿的雨林地带，基本上没有机会遇到风沙的袭扰，因此其背板表面显得尤其光滑，凸包颗粒的数目极其少，基本上可以忽略不计。

2. 蝎子背板表面的 SEM 观察

　　蝎子体表的抗冲蚀特性除了与背板之间由节间膜构成的凹槽以及背板表面的凸包颗粒有关外，可能还与其他更为微观的结构有关。因此，需要对蝎子背板表面的微观结构进行更为详细的表征。

　　1)试验仪器

　　试验采用德国 Carl Zeiss 公司研制的 EVO-18 型扫描电子显微镜，如图 3.6 所示。该设备采用钨灯丝作为光源，加速电压为 200V～30kV。在 30kV 下，通过高真空二次电子成像分辨率可以达到 2nm。喷金所用的设备为中国科学院北京仪器研制中心制造的 JFC-1600 型小型离子溅射仪，喷金厚度约为 20nm。

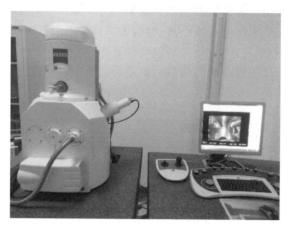

图 3.6　EVO-18 型扫描电子显微镜

2) SEM 观察试样制备及试验过程

在显微镜观察完毕后，用医用剪刀去除蝎子的尾部和 8 条步足，并小心取下背板(注意去除残留的节间膜)。接着，将背板置于装有一定量蒸馏水的烧杯中，并将烧杯置于超声波振荡器中，以除去背板上的微小杂质。超声功率为 220W，水温为 25℃，时间为 20min。为保证蝎子背板完全干燥且表面结构免受破坏，将其置于–20℃冷冻 3h，随后放入临界点干燥仪中进行临界点干燥。然后，用超薄刀片将背板进行裁剪。裁剪时，应尽量确保所取部分平整。最后，将干燥好的样品用导电胶粘在金属台上，喷金处理后进行 SEM 观察。

3) SEM 结果及分析

图 3.7 为黑粗尾蝎和彼得异蝎背板表面在 SEM 下的图像。图 3.7(a)为黑粗尾蝎背板表面的微观形貌，可以看出，黑粗尾蝎背板表面即使是局部区域也凹凸不平，在背板表面除有一系列短而细的刚毛以外，还密集地覆盖着数量众多且大小不一的凸包颗粒。图 3.7(b)显示，黑粗尾蝎背板表面的凸包颗粒较大，粒径为 60～135μm，相邻凸包颗粒之间的间距却很小，基本上均在 150μm 以下。与之相反，图 3.7(d)、(e)中彼得异蝎背板的凸包颗粒非常小，粒径仅为 10～40μm，相邻凸包颗粒之间的间距却很大，绝大多数都超过了 300μm。由于沙漠中 90% 以上的沙子的粒径为 60～250μm[11]，略大于黑粗尾蝎背板上相邻凸包颗粒之间的间距。这使得在风沙冲击过程中，沙粒很难与蝎子背板直接接触，而是首先与凸包颗粒发生碰撞，接触面积的减小使得沙粒对蝎子背板的破坏程度也相应减小。

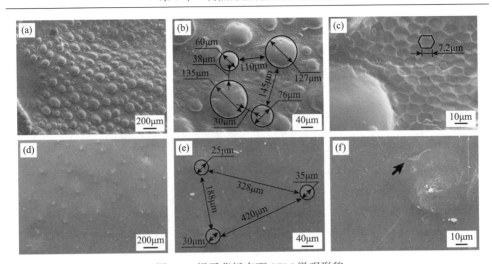

图 3.7　蝎子背板表面 SEM 微观形貌

(a)黑粗尾蝎背板表面；(d)彼得异蝎背板表面；(b)图(a)的局部放大图；(c)图(b)的局部放大图；
(e)图(d)的局部放大图；(f)图(e)的局部放大图

　　除了数十微米级的凸包结构，黑粗尾蝎背板表面的相邻凸包颗粒之间还覆盖有一系列尺寸更小的类正六边形凹坑结构，其边长尺寸为 5～10μm，如图 3.7(c)所示。在图 3.7(f)中，箭头指向存在明显划痕的位置。可以看出，彼得异蝎背板表面的细小凸包颗粒受到一定程度的破坏，在光滑位置区域存在明显的划痕，这可能是彼得异蝎在雨林中捕食猎物与躲避天敌时受到外物刮擦所造成的。与之对应的是，黑粗尾蝎背板表面的相邻凸包颗粒之间除了类正六边形凹坑结构，再无其他结构及外来物留下的明显痕迹，如图 3.7(c)所示。

　　为了后续仿生模型构建的需要，对黑粗尾蝎背板侧部(左侧部+右侧部)凸包颗粒的粒径进行了统计分析，如图 3.8 所示。图中，曲线为凸包颗粒粒径的正态分

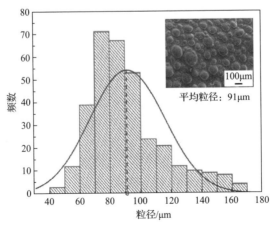

图 3.8　黑粗尾蝎背板侧部凸包颗粒粒径分布直方图

布曲线，插图为背板侧部的微观形貌。由图可以看出，凸包颗粒粒径范围为 40～170μm，其中绝大多数粒径落在 70～100μm，凸包颗粒的平均粒径约 91μm。

3. 蝎子背板表面的原子力显微镜观察

通过 SEM 观察得到了蝎子背板表面的微观形貌及二维尺寸信息，对于微观形态与结构，特别是类正六边形凹坑结构的三维尺寸信息，还有待进一步分析。

1）试验仪器

试验仪器为美国 Bruker 公司生产的 Dimension Icon 原子力显微镜，如图 3.9 所示。

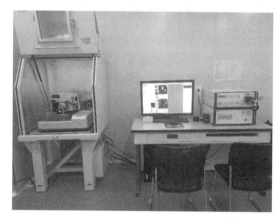

图 3.9　Dimension Icon 原子力显微镜

2）AFM 观察试样制备及试验过程

由于 AFM 对固体样品表面的平整性要求极高（不平整的样品容易导致探针受损），而蝎子背板表面本身凹凸不平，且凸包颗粒的存在加剧了样品表面的不平整度，因此 AFM 观察试样的制备显得尤为重要。同 SEM 观察试样类似，本试验的样品同样经过了超声振荡、临界点干燥等一系列操作；然后，在体视显微镜下，选取凸包颗粒较少且相对平整的部位，接着用超薄刀片切割大约 1mm×1mm 大小的样品，并用双面胶小心地将其粘在载玻片上；打开 Nanscope 控制器，在进入试验选择界面后，选择轻敲模式；打开真空泵，将样品吸附在试验台上；在振针之后进入扫描等一系列操作。

3）AFM 结果及分析

由图 3.10（a）可以看出，黑粗尾蝎背板表面凹凸不平，存在众多彼此相接的类正六边形凹坑，这与图 3.7（c）中所得到的图形信息一致。图 3.10（b）为与图 3.10（a）对应的高度图像，图像的明暗程度反映了测试区域的凹凸程度。由于六边形凹坑结构的边为凸起部分，所以其轮廓清晰可见，凹坑底部为下陷部分，在图中显示为灰

暗区域。图 3.10(c)是与图 3.10(b)对应的误差信号图像，从中可以看到图 3.10(c)
和图 3.10(b)两图的信息高度吻合，这证实了黑粗尾蝎背板表面 AFM 图像信息的
可靠性。

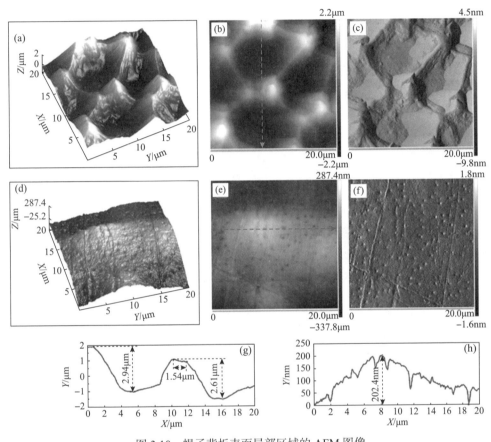

图 3.10　蝎子背板表面局部区域的 AFM 图像

(a)(b)(c)(g)黑粗尾蝎背板表面三维信息；(d)(e)(f)(h)彼得异蝎背板表面三维信息

　　由图 3.10(d)可以看出，彼得异蝎背板表面相对平整，测试样品表面仅存在一
些粒径为 1～3μm 的微小颗粒，样品局部有稍许弧度，测试区域内存在明显的划
痕印迹，这与图 3.7(f)中所得到的图形信息一致。图 3.10(e)中明暗程度相对均
匀，这也从侧面说明了彼得异蝎背板表面非常光滑。同图 3.10(c)一样，图 3.10(f)
也证实了彼得异蝎背板表面的 AFM 图像信息具有高度可靠性。

　　图 3.10(g)中的表面轮廓线横跨两个类正六边形凹坑，曲线上分别出现两个
最高点与两个最低点。从图中可以看出，类正六边形凹坑的边长约为 10μm，深
度为 2～3μm，侧壁厚度约为 2μm。图 3.10(h)中的表面轮廓线存在约 200nm 的
起伏高度，高度差仅为黑粗尾蝎背板表面正六边形凹坑深度的 1/10，是凸包颗

粒凸起部分高度的 1/225，这进一步说明彼得异蝎背板表面比较光滑，无大的凸起结构。

3.1.2　沙漠蝎子背板横截面形貌

节肢动物的体表由坚硬的外骨骼所包围，它是胚胎时期由皮下组织细胞分泌，并经过增殖、分化而形成的。作为动物身体的最外层屏障，它具有一系列的功能：①支撑节肢动物的整个身体，保持身体形状的稳定性；②为内部肌肉提供附着位点，同时为骨骼元件的运动施加内力；③赋予生物体优异的力学性能，如高硬度、高断裂韧性、耐磨、耐冲击等，为其捕杀猎物与躲避天敌等活动提供支持；④为身体内部提供相对密封的环境，以防止外部渗透与内部水分散失[12,13]。

节肢动物的外骨骼由外到内可分为上表皮(epicuticle)、外表皮(exocuticle)和内表皮(endocuticle)三层，呈现出经典的分层结构特征。上表皮作为外骨骼的最外层，由几丁质构成，主要起到耐磨与防止体内水分散失的作用。外表皮与内表皮主要由 α-几丁质和蛋白质组成。其中，α-几丁质是一种类似于纤维素的乙酰化氨基葡萄糖，单糖分子通过 β-1,4-糖苷键连接形成反平行的分子长链(即 α 形式，刚度≥150MPa)，再与相邻的反平行 β 折叠的多肽链通过共价键结合形成几丁质-蛋白质纤维，它们彼此平行堆排成束，并绕纤维纵向轴线旋转，形成扭曲的胶合板结构，即 Bouligand 结构。几丁质与蛋白质的结合物是一种弹性蛋白，对于动物的表皮系统起着减少摩擦、抵御冲击的保护作用[14]。

蝎子作为节肢动物的一种，其背板横截面形貌特征与经典的外骨骼分层结构比较类似，但又因为生境的不同而呈现出一些差异性。本节将对这种由环境因素造成的背板横截面的结构差异性进行探究。

1. 蝎子背板厚度的变化规律

在风沙冲蚀环境下，蝎子体表受到沙子的机械刺激作用，身体内部的组织细胞加快增殖与分化，通过背板的选择性加厚来增强外骨骼，从而形成抵抗外界冲击的能力[15]。因此，不同生境下不同种类蝎子的背板厚度会有所差异；即使是同一种蝎子，不同部位的背板厚度也会有一定的区别。

对比研究黑粗尾蝎和彼得异蝎背板厚度的变化规律。同 3.1.1 节，将蝎子的背板均分为左边缘、左侧部、中间部位、右侧部、右边缘 5 个不同区域；在每个区域内，沿蝎子背板横截面弧线均匀地取 30 个位置点，即从左边缘到右边缘所经过的 5 个截面区域内共均匀地选取了 150 个位置点(序号为 1～150)，然后在每个位置点测量该处背板的厚度。试验中，选用的黑粗尾蝎的背板横截面弧线长约 7.8mm，相邻位置点的间距约为 52μm；选用的彼得异蝎的背板横截面弧线长约 7.9mm，相邻位置点的间距约为 53μm。统计结果如图 3.11 所示。

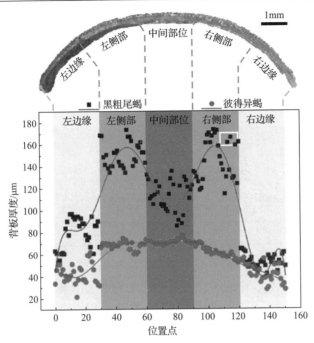

图 3.11　蝎子背板厚度在不同位置的变化规律

　　图 3.11 中方块点与圆点分别为黑粗尾蝎和彼得异蝎在不同位置点背板厚度的散点。可以看出,在边缘部位(左边缘+右边缘),黑粗尾蝎的背板厚度在 $40\sim100\mu m$ 的范围内波动,略大于相应位置彼得异蝎的背板厚度。在中间区域(左侧部+右侧部+中间部位),黑粗尾蝎的背板厚度明显大于彼得异蝎的背板厚度,且其左侧部与右侧部的背板厚度均较大,厚度范围为 $114\sim172\mu m$,平均厚度为 $147\mu m$;中间区域(左侧部+右侧部+中间部位)彼得异蝎的背板厚度较为均匀,为 $(67\pm6)\mu m$。

　　利用多项式函数对黑粗尾蝎和彼得异蝎在不同位置点背板厚度的变化规律进行曲线拟合。图 3.11 中曲线分别为黑粗尾蝎和彼得异蝎背板厚度随不同位置点的拟合曲线。对应的拟合方程系数与相关系数见表 3.1。

表 3.1　蝎子背板厚度随不同位置点的数据拟合方程系数及相关系数

方程系数	$f(x) = a + b_1x + b_2x^2 + b_3x^3 + b_4x^4 + b_5x^5 + b_6x^6 + b_7x^7 + b_8x^8 + b_9x^9$	
	黑粗尾蝎	彼得异蝎
a	31.39515	43.22504
b_1	14.20756	1.25229
b_2	−1.44015	−0.34304
b_3	0.06406	0.02695

续表

方程系数	$f(x) = a + b_1x + b_2x^2 + b_3x^3 + b_4x^4 + b_5x^5 + b_6x^6 + b_7x^7 + b_8x^8 + b_9x^9$	
	黑粗尾蝎	彼得异蝎
b_4	-0.00119	-9.21226×10^{-4}
b_5	5.58073×10^{-6}	1.6942×10^{-5}
b_6	1.10148×10^{-7}	-1.80517×10^{-7}
b_7	-1.7242×10^{-9}	1.11631×10^{-9}
b_8	9.20516×10^{-12}	-3.72076×10^{-12}
b_9	-1.75649×10^{-14}	5.17316×10^{-15}
R^2	0.82272	0.78169

由图 3.11 可以看出，黑粗尾蝎背部厚度随不同位置点的拟合曲线基本上整体呈现出左右对称的状态，中间段(左侧部+右侧部+中间部位)为驼峰形状，即出现两个波峰与一个波谷，表明黑粗尾蝎的背板在边缘部位最薄，在侧部(左侧部+右侧部)最厚，中间部位介于两者之间，该趋势与黑粗尾蝎背板表面凸包颗粒的分布密度变化规律一致。彼得异蝎背板厚度随不同位置点的拟合曲线基本上整体较为平缓，呈凸台状，中间段(左侧部+右侧部+中间部位)为平台，即中间段曲线近似为水平的直线。该曲线表明，彼得异蝎的背板在边缘部位最薄，中间部位略厚，且左侧部、右侧部与中间部位的背板厚度基本相同，趋势与彼得异蝎背板表面凸包颗粒的分布密度变化规律大体保持一致。

蝎子背板的厚度因物种和测量位置的不同而出现差异性并非偶然现象。生物学家发现，生活在北美与中美洲沙漠地区的金蝎(*Hadrurus arizonensis*)的背板平均厚度约为 100μm[16]，而分布在环地中海湿润地区的意大利真蝎(*Euscorpius italicus*)的背板厚度仅为 45μm[17]，即沙漠、半沙漠地区的蝎子拥有更厚的背板。与黑粗尾蝎背板特殊的凸包颗粒分布规律一样，背板厚度的形成也与生境息息相关，作用机制也与前述类似，即黑粗尾蝎背板的组织细胞在风沙的机械力刺激下，增殖、分化速度更快；黑粗尾蝎的主动防御机制(即以侧部面对风沙)也使得其侧部(含左侧部与右侧部)承受更大的机械作用力。一般认为，蝎子背板的厚薄与其力学性能直接相关[18]。蝎子的背板越厚，其力学性能越强。材料的力学性能与抗冲蚀性能呈正相关关系，因此越厚的背板，其抗冲蚀性能也越优异。

2. 蝎子背板横截面形貌特征

节肢动物外骨骼经典的分层结构与其力学性能密切相关，因此有必要对蝎子背板的横截面进行形貌表征。

1) 试验仪器

试验仪器为日本电子株式会社生产的 JSM-6700F 型场发射扫描电子显微镜，如图 3.12 所示。

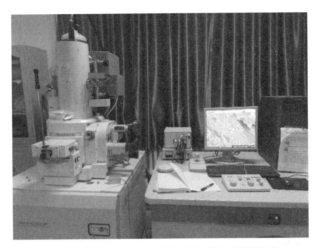

图 3.12　JSM-6700F 型场发射扫描电子显微镜

2) FESEM 观察试样制备及试验过程

蝎子背板干燥后脆性较大，直接将其掰折容易导致背板粉碎或者使得到的截面凹凸不平，从而对 FESEM 结果造成影响，因此采用环氧树脂包埋的形式获取蝎子背板横截面断面。试样制备过程示意图如图 3.13 所示。首先，准备一个直径约为 2cm 的聚对苯二甲酸乙二醇酯 (polyethyleneterphthalate, PET) 圆盘模具，往其中加入一定量的 GD304 型全透明环氧树脂混合液 (环氧树脂与固化剂质量比为 3∶1) 至与模具上口平齐，将混合液放入 70℃的烘箱中干燥 22min，此时混合液处于极度黏稠状态；然后，将蝎子背板沿横截面方向迅速垂直插入混合液中 (保证有一小

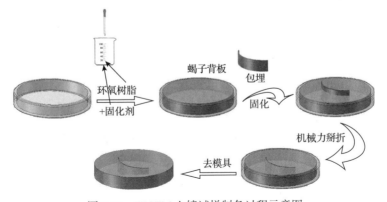

环氧树脂 +固化剂　　　蝎子背板　　包埋　　固化　　机械力掰折　　去模具

图 3.13　FESEM 上镜试样制备过程示意图

段截面高于混合液液面)，静置 48h 直到完全脱水固化。固化后的环氧树脂会变得非常硬，此时用机械作用力将露出固化平面的小段蝎子背板迅速掰折，这时得到的断口层次清晰，断面形貌在 FESEM 下也会清晰可见。为了增强上镜试样的导电性，将非导电性的 PET 模具去除。在经过喷金(铂金，厚度约为 10nm)处理后，上镜观察。

3) FESEM 结果及分析

(1) 黑粗尾蝎。

图 3.14 显示了黑粗尾蝎背板横截面的形貌特征。可以看出，黑粗尾蝎的背板主要由上表皮、外表皮和内表皮组成，其中内表皮由具有一定厚度的片层结构组成，其总厚度为 75μm 左右，约占整个表皮系统厚度的 90%。图 3.14(b) 为图 3.14(a) 中方框区域的放大图。可以看到，蝎子背板的上表皮由半透明的硬质几丁质组成，其厚度约为 0.4μm；在上表皮之下为外表皮层，它主要由透明外角质和内层外角质组成[16]。其中透明外角质层由细小的纤维束排列构成，厚度约为 5μm，内层外角质纤维排列致密，厚度约为 2μm。图 3.14(c) 为内表皮局部区域的放大图，图 3.14(d) 为图(c)中方框区域的放大图。图中显示，内表皮的片层结构由数量众多的纤维束以一定的角度螺旋排列而成，形成扭曲的 Bouligand 结构。此外，在垂直于背板的方向上，外表皮与内表皮上还存在一定数量的毛孔通道，该结构一方面起到运输离子和营养物质的作用，另一方面，它能够将各片层结构连接起来，对背板起到强化作用。在内表皮平行于蝎子背板的方向上存在蜂窝状的微孔道，它主要是

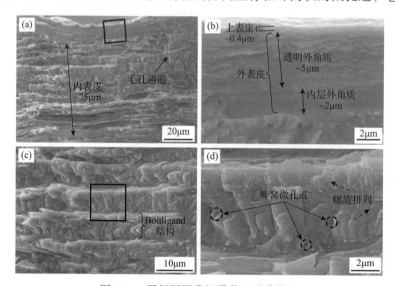

图 3.14　黑粗尾蝎背板横截面形貌特征

(a)背板截面；(b)图(a)局部放大图；(c)背板内表皮局部放大图；(d)图(c)的局部放大图

几丁质-蛋白质纤维堆叠排布时所留下的间隙,微孔道的存在使背板具有更大的顺应性[18,19]。因此,仅从结构角度来考虑,黑粗尾蝎的背板是一种软硬梯度复合材料("软"对应于具有蜂窝微孔道的外表皮与内表皮,"硬"对应于由硬质几丁质所构成的上表皮)。

(2) 彼得异蝎。

图 3.15 为彼得异蝎背板横截面的形貌特征,所观测区域与图 3.14 所示黑粗尾蝎的观测区域基本相同。可以看出,彼得异蝎背板横截面的形貌特征与黑粗尾蝎的类似,但是各分层的厚度略有区别。上表皮约为 0.3μm,透明外角质层约为 5μm,内层外角质层约为 6.5μm。内表皮也由螺旋排列的 Bouligand 结构以片层形式组成,其总厚度只有 53μm 左右。微小的毛孔通道和蜂窝微孔道结构与黑粗尾蝎的并无明显差异。

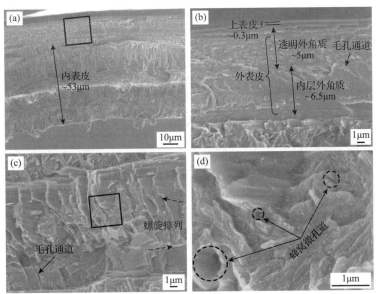

图 3.15　彼得异蝎背板横截面形貌特征
(a)背板截面;(b)图(a)局部放大图;(c)背板内表皮局部放大图;(d)图(c)的局部放大图

总体来说,黑粗尾蝎与彼得异蝎背板横截面的结构组成一致,但是各分层在厚度尺寸上具有一定的差异性。由于黑粗尾蝎的上表皮是高度几丁质化的材料,故它具有更大的厚度,抵抗冲击的能力也更强。黑粗尾蝎的内表皮和外表皮都主要由弹性蛋白所构成,加之蜂窝微孔道的存在,它构成一种弹性材料。黑粗尾蝎的弹性区域厚度约为 82μm,彼得异蝎的约为 65μm,因此黑粗尾蝎的背板具有更多的储能物质,可以缓释更多的外界机械作用力。

3.1.3 沙漠蝎子背板的化学组成

1. 蝎子背板的有机化学成分

蝎子的背板是一种高分子有机材料,主要由几丁质和蛋白质构成。采用日本岛津公司 IRAffinity-1 型傅里叶变换红外光谱仪,分别对黑粗尾蝎与彼得异蝎背板的边缘、侧部、中间部位三个区域进行光谱分析。采集波数范围为中红外区(4000~400cm^{-1}),分辨率为 4cm^{-1},扫描次数为 64 次。测试方法为 KBr 压片法。先称取约 200mg 干燥的 KBr 固体试样于玛瑙研钵中,然后取约 2mg 完全脱水干燥的蝎子(6 龄成年体)背板试样置于同一玛瑙研钵中,在室温下充分混合并研磨,直至 KBr 固体颗粒与蝎子背板完全研成粉末(粒径约 2μm)。将研磨好的固体混合物倒入压膜器中,并使其铺展平整、均匀。接着,用压力机在 90kN 的压力下保压 5min,得到均匀透明或半透明的锭片。最后,再将锭片放入 WS70-1 型红外线快速干燥器中干燥 2min。结束后,直接将锭片放入仪器中测定窗口的固定位置进行检测分析(1min 内完成)。

图 3.16(a)为黑粗尾蝎背板边缘、侧部、中间部位的锭片在 4000~400cm^{-1} 范围内的红外光谱图。可以看出,背板边缘、侧部及中间部位的红外光谱带的变化趋势及峰值位置非常一致,即这三个部位所含的化学基团完全相同,说明黑粗尾蝎同一背板不同部位的有机物成分并无差异。图中,3450cm^{-1} 处是分子内氢键化的—OH 的伸缩振动吸收峰;2920cm^{-1} 处是一个较强的吸收峰,为 —CH$_2$ 的 C—H 反对称伸缩振动吸收峰;2850cm^{-1} 处是—CH$_3$ 的 C—H 伸缩振动吸收峰[20,21]。图中方框显示,黑粗尾蝎背板所含的几丁质和蛋白质在 1800~800cm^{-1} 波数范围内具有较多的特征峰,因此,主要针对 1800~800cm^{-1} 波数范围内的有机物成分进行分析,如图 3.16(b)所示。

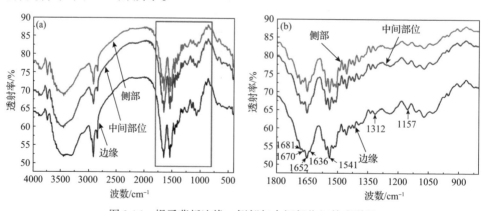

图 3.16 蝎子背板边缘、侧部与中间部位红外光谱图

蝎子背板傅里叶红外特征谱带的振动归属见表 3.2。1652cm^{-1} 是酰胺 I 的振动吸收峰，主要由 C=O 的伸缩振动引起；1541cm^{-1} 是酰胺 II 的振动吸收峰，主要来自平面内—NH 的弯曲振动和 C—N 的伸缩振动；1312cm^{-1} 是酰胺 III 的吸收峰，主要是 C—N 的伸缩振动，这 3 个特征峰是几丁质和蛋白质所共有的特征峰[22]。除此之外，1157cm^{-1} 是醚氧键的伸缩振动吸收峰，代表蝎子背板中的几丁质；在 1636cm^{-1} 处有一个小的振动吸收峰，可能代表多肽链（蛋白质的二级结构）的 β-折叠或几丁质分子长链的 α-螺旋；1670cm^{-1}、1681cm^{-1} 处的振动吸收峰代表多肽链的 β-转角结构，是蛋白质的特征峰。

表 3.2　蝎子背板傅里叶红外特征谱带的振动归属

黑粗尾蝎谱带峰位/cm^{-1}	归属说明
1652	酰胺 I
1541	酰胺 II
1312	酰胺 III
1636	β-折叠或α-螺旋
1157	醚氧键的伸缩振动
1670	β-转角
1681	β-转角

把沙漠蝎子(黑粗尾蝎)和雨林蝎子(彼得异蝎)进行化学成分对比，见表 3.3。对黑粗尾蝎而言，背板侧部的蛋白质特征峰与几丁质的特征峰的峰高比最大，边缘的峰高比最小，这说明黑粗尾蝎背板蛋白质含量在侧部最高，中间部位次之，边缘最低。对彼得异蝎而言，中间部位蛋白质含量最高，背板侧部最低，且背板侧部与边缘蛋白质含量差异性较小。在蝎子背板中，蛋白质是构成梯度分层结构的重要物质之一，它与几丁质共同形成几丁质-蛋白质结合物，其良好的弹性能够

表 3.3　蝎子背板不同部位峰高比计算结果

测试部位	黑粗尾蝎		彼得异蝎	
	蛋白质 A_{1670}/A_{1557}	几丁质 A_{1557}/A_{1670}	蛋白质 A_{1669}/A_{1155}	几丁质 A_{1155}/A_{1669}
边缘	0.297	3.370	0.298	3.354
侧部	1.007	0.993	0.281	3.556
中间部位	0.583	1.717	0.500	2.000

有效地缓释外来机械作用力。此外，若背板中含有金属离子，蛋白质能够与金属离子之间进行分子间的配位，形成高交联度的分子网络，从而增强背板的强度与刚度。这样，高含量的蛋白质及分子间的配位，使得蝎子背板具有更优异的力学特性。

2. 蝎子背板的无机化学成分

研究表明，一些节肢类动物的下颚、爪、壳体等易磨损部位含有 Ca、Fe、Cu、Zn 等金属元素，它们对增强这些部位的强度、耐磨能力和抗断裂能力具有一定的作用[23]。为了深入地了解蝎子背板的材料属性，有必要进行能量色散 X 射线谱（X-ray energy dispersive spectrum, EDS）分析。

取黑粗尾蝎背板的不同部位，并放置于附带有能谱分析功能的扫描电子显微镜中，得到的能谱图如图 3.17 所示。可以看出，黑粗尾蝎背板表面除存在构成几丁质分子结构的 C、N、O 以外，还含有 K、Ca、Na、Mg、Al、Cl、Fe 等无机化学成分。其中，C、N、O 三种元素的含量占试样总质量的 98.4%～99.4%。由此可见，黑粗尾蝎背板上表皮（背板最外层）基本上只含有几丁质等有机物。

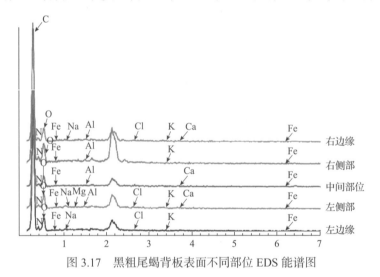

图 3.17　黑粗尾蝎背板表面不同部位 EDS 能谱图

分析两种蝎子背板不同部位无机化学成分及含量，具体含量见表 3.4。可以看出，黑粗尾蝎背板表面的 K、Ca、Na、Fe 这四种元素的含量比彼得异蝎多，特别是 Ca、Fe 元素的含量，彼得异蝎背板表面几乎不含 Ca 元素，且黑粗尾蝎背板表面 Fe 元素的含量远大于彼得异蝎的 Fe 元素含量。背板横截面不同部位和背板横截面不同分层均得出相同结论：黑粗尾蝎背板不同部位的 Fe 元素含量与蛋白质含量分布特性一致，而彼得异蝎背板中基本不含 Fe 元素，且其蛋白质含量也无显著性分布规律。

表 3.4 蝎子背板不同部位无机金属与非金属元素成分及含量(质量分数)

(单位：%)

种类	测试部位	K	Ca	Na	Mg	Al	Cl	Fe
黑粗尾蝎	左边缘	0.17	—	0.28	—	—	0.14	0.25
	左侧部	0.23	0.14	0.68	0.10	0.18	0.25	—
	中间部位	0.14	0.11	—	—	0.17	—	0.99
	右侧部	—	—	—	—	0.26	—	0.26
	右边缘	0.27	0.15	0.30	—	0.20	0.24	0.42
彼得异蝎	左边缘	—	—	—	0.33	—	—	0.14
	左侧部	—	—	0.16	—	0.36	—	—
	中间部位	—	—	—	—	—	0.30	—
	右侧部	—	—	0.16	—	0.13	0.47	0.33
	右边缘	—	—	0.16	—	0.18	—	0.33

3.1.4 沙漠蝎子背板的拉伸力学性能

在冲蚀过程中，材料的冲蚀率不仅与外界环境、磨粒性质有关，还与靶材的物理性能及力学性能相关。根据研究，材料的弹性模量越大，其抗冲蚀性能越强[24]。因此，研究蝎子背板的力学性能，特别是弹性模量，对探索其抗冲蚀性能有利。本节将通过拉伸试验分别研究两种蝎子背板的拉伸力学性能。

1. 小型拉伸试验测试系统

蝎子属于小型生物个体，6 龄成年体的黑粗尾蝎与彼得异蝎背板的宽度范围仅分别为 0.8~2.8mm、1.3~3.6mm，蝎子背板的长度也不超过 2cm。因此，采用常规的电子万能试验机很难完成蝎子背板的拉伸力学试验。采用吉林大学与长春机械科学研究院有限公司共同研发的 INS-T01 型小型拉伸试验仪进行拉伸试验。

INS-T01 型小型拉伸试验仪是一款原位测试仪，主要包括伺服电机、减速机构、夹具、力传感器、位移传感器、控制系统、数据采集卡和计算机(软件控制端)，可用于各种金属材料、无机非金属材料、生物材料等材料的拉伸、压缩性能试验。它可兼容集成一系列常规的成像设备，如 SEM、X 射线衍射(X-ray diffraction, XRD)、AFM、拉曼光谱仪和图像控制器(电荷耦合器件(charge-coupled device,

CCD))等，通过成像设备可以对材料发生的微观形变进行全程监控，对揭示复合载荷与多物理场作用下材料的微观变形及损伤机制有很大的帮助。INS-T01 型小型拉伸试验仪的主要技术指标见表 3.5。

表 3.5　INS-T01 型小型拉伸试验仪主要技术指标

技术指标	数值
载荷范围/N	10～1000
加载力分辨率/mN	50
位移分辨率/μm	1
加载行程/mm	24
拉伸速度/(μm/s)	1～10
采样频率/kHz	5

由于蝎子背板具有一定的弧度，在拉伸过程中可能有一段背板在载荷作用下由曲变直，为了后续拉伸断裂过程的判定，采用德国 PCO 公司生产的 PCO.dimax HD/HD+高速摄像机录制蝎子背板的伸直、裂纹萌生、裂纹扩展以及断裂的全过程。试验过程中，帧率为 2000 帧/s，分辨率为 1488×732 像素。

拉伸试验仪-高速摄像机试验系统的搭建如图 3.18(a)所示，图 3.18(b)为拉伸试验仪近照。为了使高速摄像机能够垂直拍摄到蝎子背板的拉伸断裂过程，在保证设备使用安全的情况下，使用垫块将拉伸试验仪以一定角度倾斜放置。通过拉伸仪控制系统软件实时观测蝎子背板的载荷-位移变化趋势，通过 Camware 软件动态观察并记录蝎子背板的拉伸断裂过程。

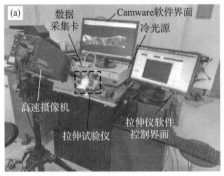

图 3.18　拉伸试验仪-高速摄像机试验系统

(a)拉伸试验仪-高速摄像机试验系统整体照片；(b)拉伸试验仪近照

2. 蝎子背板拉伸试样制备及试验过程

蝎子背板是一种生物活性材料，在水合状态下，它表现出塑性材料的特征，即在外力的作用下能够发生显著的变形，使背板由弧形逐渐变为直条形。在失水状态下，蝎子背板逐渐变脆，力学性能也发生了显著变化：在外力作用下，沿背板纵向或背板外表面施加一定的外力，背板会产生裂纹直至断裂；在绝干状态下，即使是很小的外力也会使背板迅速断裂。蝎子背板的塑性与脆性材料特征是可以相互转化的，但过程并非完全可逆。在 60℃下将背板干燥 3h，它将会由塑性变为脆性，且呈现绝干状态。此时，若再将背板在蒸馏水中浸泡 1h，它也无法恢复为塑性。如果将背板在室温下自然干燥 6h，它也会由塑性变为脆性，但会含有一定的水分。此时，若再将背板在蒸馏水中浸泡 5min，它将完全恢复塑性状态。蝎子背板的这种特性对于拉伸试样的制备至关重要。

由于蝎子背板的宽度小于 0.5mm，不便于试样的制作，因此仅进行蝎子背板纵向的拉伸试验，即沿垂直于背板中央脊线方向进行拉伸试验。根据《塑料　拉伸性能的测定　第 2 部分：模塑和挤塑塑料的试验条件》(GB/T 1040.2—2022)附录 A，参照文献[25]、[26]中的做法，制作的蝎子背板拉伸试样的流程如图 3.19 所示。

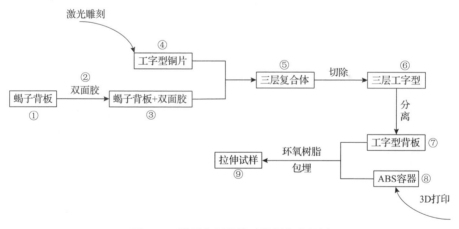

图 3.19　蝎子背板拉伸试样制作流程图

首先，用 JG20-1 型激光雕刻机在薄铜片上雕刻出拉伸试样的工字型图形，并将其打穿、打透，即得到工字型铜片。然后，在蝎子背板的内表面贴上一段双面胶，并将工字型铜片贴在双面胶的另一侧，压紧后使铜片与蝎子背板形成一个整体。接着，用超薄刀片沿工字型铜片外沿在蝎子背板内表面划出较深的印记，直至将铜片外沿周围的蝎子背板去除，这样得到工字型铜片-双面胶-背板三层复合体。最后，用超薄刀片沿工字型铜片与蝎子背板的结合处小心地将两者分离，并将蝎子背板内表面残余的双面胶去除，即可得到工字型背板(图 3.20)，但由于其端部长度仅有 1.5mm，不利于拉伸试验仪夹具的夹取。因此，采用环氧树脂包埋的形式对工字型背板的端部进行延长。

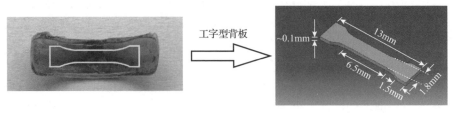

图 3.20 工字型背板及其尺寸示意图

具体操作如下：用 Stratasys FDM DIMENSION 三维快速成型机打印一个长方体丙烯腈-丁二烯-苯乙烯(acrylonitrile-butadiene-styrene, ABS)材质的容器，其结构及尺寸如图 3.21 所示，容器内部的"颈缩段"主要是为了避免拉伸过程中环氧树脂与容器脱离。接着，制备一定量的环氧树脂混合液，并用其将 ABS 容器灌满，灌注的过程中注意排除容器内部的空气泡。之后，将灌满环氧树脂混合液的 ABS 容器放入 70℃的烘箱中干燥 22min，将工字型蝎子背板的端部迅速垂直插入处于极度黏稠状态的混合液中。然后，静置 3h 待其脱水固化。工字型蝎子背板的另一端部包埋操作亦如此。6h 后，将包埋过的工字型蝎子背板放入水中浸泡 5min，取出后依旧静置、脱水固化。重复"脱水固化—浸泡"步骤，一直持续到拉伸试验开始，图 3.22 为最终拉伸试样及拉伸装置核心部位图。

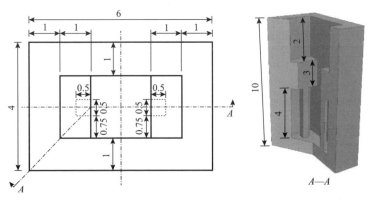

图 3.21 ABS 材质容器的结构及尺寸关系示意图(单位：mm)

在将含水状态的工字型背板置于夹具中之前，为了防止试样端部在拉伸过程中打滑，在夹具中间放置一小块 240 目的 SiC 砂纸以增大摩擦力。调整拉伸试验机夹具的位置，将负荷、位移清零以及曲线清除后，调整高速摄像机的微距镜头，使工字型背板的中间部位在 Camware 软件界面中显示清晰。最后，将试验机的拉伸速度设置为 $10\mu m/s$，开始拉伸试验，同时对拉伸过程进行录制。

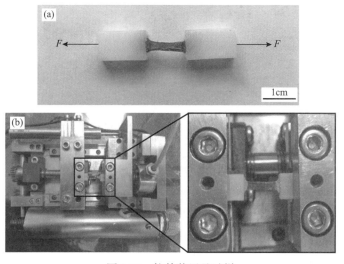

图 3.22 拉伸装置及试样

(a)拉伸试样；(b)拉伸装置核心部位

3. 蝎子背板拉伸断裂过程分析

在研究蝎子背板的拉伸力学性能之前，对其拉伸断裂过程进行分析。由于黑粗尾蝎与彼得异蝎的背板均属于塑性材料，其整体形状也比较类似，拉伸断裂过程极其相似。因此，仅对黑粗尾蝎背板的拉伸断裂过程进行分析，如图 3.23 所示。

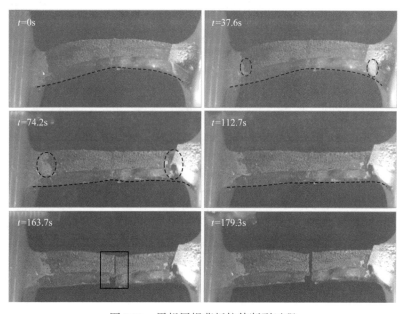

图 3.23 黑粗尾蝎背板拉伸断裂过程

可以看出，在拉伸之前黑粗尾蝎的背板呈一定弧形，随着拉伸过程的进行，背板逐渐被拉直，背板两端由于有一定弧度，与被包埋的环氧树脂之间逐渐出现接触缝隙。在 74.2s 时，接触缝隙达到最大，蝎子背板也在 112.7s 时被完全拉直。此后，随着载荷的继续施加，拉伸过程依次进入线弹性阶段和屈服阶段，直到 163.7s 时，背板发生断裂，图中 179.3s 时为拉伸过程完全停止时背板的最终状态。

从整个拉伸断裂过程可以看出，相较于传统塑性材料拉伸过程，蝎子背板特殊弧形形态的存在，导致出现了一个持续较长时间的应变区。该应变区持续时间与拉伸前蝎子背板的弧度密切相关，但是应变区的存在对于后续弹性模量的计算基本不会产生影响。

4. 蝎子背板的弹性模量

1) 黑粗尾蝎

对黑粗尾蝎的第 4、5、6 条背板分别进行拉伸试验，得到的载荷-位移曲线如图 3.24 所示。

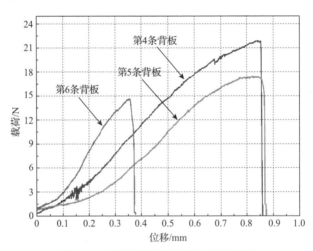

图 3.24　黑粗尾蝎背板载荷-位移曲线

为了获得黑粗尾蝎背板的应力-应变曲线，进行如下的转换。

应力：

$$\sigma = \frac{F}{A} \tag{3.2}$$

式中，σ 为应力；F 为蝎子背板所受到的拉力；A 为蝎子背板断口的横截面积。

应变：

$$\varepsilon = \frac{L - L_0}{L_0} \times 100\% \tag{3.3}$$

式中，ε 为应变；L_0 为蝎子背板的标距；L 为加载过程中蝎子背板的长度。

转换后的应力-应变曲线如图 3.25 所示。

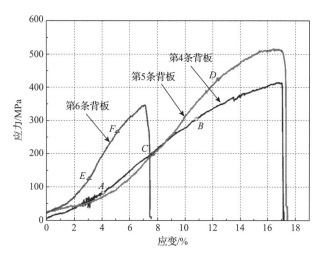

图 3.25　黑粗尾蝎背板应力-应变曲线

由图可以看出，黑粗尾蝎背板在外加载荷作用下的应力-应变曲线可以分为三个阶段：应变区、线性区和屈服区。以第 4 条背板为例，图 3.25 中应力值低于 A 点所对应数值的区域称为应变区。图中应变为零时的应力值均不为零，主要是因为 INS-T01 型小型拉伸试验机在试验前位移清零时存在微小误差，即在清零后仍存在一个微小的负位移。由于蝎子背板为弧形，制成拉伸试样的工字型蝎子背板仍存在微小弧度，当拉伸试验开始时，位移由负值变为正值的过程中，载荷迅速增大到某一个值才能使背板由弧形缓慢变直。此外，每一条蝎子背板在试验前的弯曲弧度很难控制到同一个值，因此应变区的范围也不尽相同。图 3.25 中显示，黑粗尾蝎第 4、5、6 条背板的应变区范围分别为 0%～4%、0%～7.7%、0%～3%。在应变区内，应力与应变呈现非线性的关系。AB 区间为线性区，属于弹性阶段，在该阶段，应力 σ 与应变 ε 呈线性关系，即 $\sigma \propto \varepsilon$，比例系数即为弹性模量。在屈服区，即应力值超过 B 点所对应的数值后，应变有非常明显的增量，应力随应变有微小波动，直到应力达到最大值，随后蝎子背板被拉断破坏。

为了求得黑粗尾蝎背板的拉伸弹性模量，对线性区（AB、CD、EF 段）的曲线段进行拟合，得到以下拟合方程。

第 4 条背板：$y = 3341.51x - 53.28$，$R^2 = 0.9990$。由胡克定律得到：$E = \sigma/\varepsilon = 3341.51$MPa。

第 5 条背板：$y = 4980.22x - 189.40$，$R^2 = 0.9977$。由胡克定律得到：$E = \sigma/\varepsilon = 4980.22$MPa。

第 6 条背板：$y = 6965.33x - 87.95$，$R^2 = 0.9971$。由胡克定律得到：$E = \sigma/\varepsilon = 6965.33$MPa。

2) 彼得异蝎

对彼得异蝎第 4、5、6 条背板分别进行拉伸试验，得到的载荷-位移曲线如图 3.26 所示。

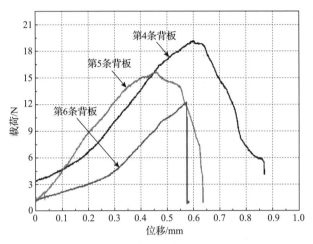

图 3.26　彼得异蝎背板载荷-位移曲线

按式 (3.2)、式 (3.3) 进行应力、应变转换，得到应力-应变曲线如图 3.27 所示。

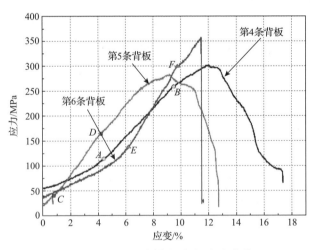

图 3.27　彼得异蝎背板应力-应变曲线

由图 3.27 可以看出，彼得异蝎背板在外加载荷作用下的应力-应变曲线同样也可以分为应变区、线性区和屈服区三个阶段。对线性区（AB、CD、EF 段）的曲线段进行拟合，得到以下拟合方程。

第 4 条背板：$y = 2897.94x - 17.49$，$R^2 = 0.9994$。由胡克定律得到：$E = \sigma / \varepsilon = 2897.94\text{MPa}$。

第 5 条背板：$y = 3797.06x - 4.61$，$R^2 = 0.9980$。由胡克定律得到：$E = \sigma / \varepsilon = 3797.06\text{MPa}$。

第 6 条背板：$y=4556.08x-148.46$，$R^2=0.9988$。由胡克定律得到：$E=\sigma/\varepsilon=4556.08\text{MPa}$。

3）两种蝎子背板拉伸试验结果分析

由以上试验结果可知，黑粗尾蝎第 6 条背板具有最大的弹性模量，与第 4 条背板相比，第 5、6 条背板的弹性模量分别增大了约 49%和 108%。同样，彼得异蝎第 6 条背板也具有最大的弹性模量，但是其值低于黑粗尾蝎第 6 条背板的弹性模量。经计算，黑粗尾蝎的第 4、5、6 条背板的弹性模量分别比彼得异蝎相应背板的弹性模量增大了约 15%、31%和 52%。材料的弹性模量越大，其抗冲蚀性能越强，黑粗尾蝎背板的高弹性模量决定了其背板比彼得异蝎的背板具有更优异的抗冲蚀性能。

3.1.5 沙漠蝎子背板横截面的微观力学性能

蝎子背板的横截面为梯度分层结构，分析背板横截面的微观力学性能，对于理解黑粗尾蝎背部形态、结构的不均匀分布，以及分层结构的材料属性具有重要的意义。

1. 纳米力学测试原理

测定材料纳米力学性能最经典的方法是 Oliver-Pharr 法，它是 1992 年由美国科学家 Oliver 和 Pharr 共同提出的。他们给出了材料在一个加载—卸载循环过程中的载荷与压痕深度的关系曲线，如图 3.28 所示[27]。该曲线包含加载和卸载两部分，其中 P_{max} 是最大加载载荷，h_{max} 为最大压入深度，h_f 为卸载后的残余压深，S 为单位压痕深度上的载荷，又称为接触刚度。材料的硬度 H 与弹性模量 E 就是根据以上基本参量计算得来的。

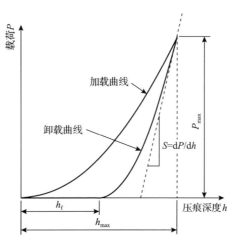

图 3.28　纳米压痕载荷-压痕深度曲线

材料抵抗外物压入其表面的能力称为硬度，它由式(3.4)确定：

$$H = \frac{P_{max}}{A} \tag{3.4}$$

式中，A 为接触面积。

根据弹性变形理论，弹性模量是衡量材料抵抗弹性变形能力的尺度。但实际上，在加载与卸载过程中，不仅材料表面产生了弹性变形，压头也产生了一定的弹性变形，并且不可忽略，因此，通过约化模量 E_r 来求取被测材料的弹性模量[28]。约化模量与材料的弹性模量之间满足如下关系式：

$$E_r = \frac{1-v_1^2}{E_1} + \frac{1-v_2^2}{E_2} \tag{3.5}$$

式中，E_1、v_1 分别为被测材料的弹性模量与泊松比；E_2、v_2 分别为压头的弹性模量与泊松比。

约化模量 E_r 由式(3.6)计算得到：

$$E_r = \frac{\sqrt{\pi}}{2\beta} \frac{S}{\sqrt{A}} \tag{3.6}$$

式中，β 为与压头几何形状有关的常数，对于布氏压头(Berkovich trigonal pyramid indenter)，β=1.034。

由式(3.4)～式(3.6)可知，要求得材料的硬度 H 与弹性模量 E_1，关键是如何求取接触刚度 S 与接触面积 A。

Oliver-Pharr 法将卸载曲线顶部20%～25%部分的载荷与压痕深度的关系拟合为幂函数关系：

$$P = B\left(h_{max} - h_f\right)^{m-1} \tag{3.7}$$

式中，B 为拟合参数；m 为与压头几何形状有关的常数，对于布氏压头，m=1.5；h_{max} 为最大压痕深度；h_f 为完全卸载后的残余压深。

接触刚度 S 由式(3.7)经微分计算后给出：

$$S = \left|\frac{dP}{dh}\right|_{h=h_{max}} = Bm\left(h_{max} - h_f\right)^{m-1} \tag{3.8}$$

为了得到接触面积，必须计算接触深度 h_c。Sneddon[29]经过归纳，得到式(3.9)：

$$h_c = h_{max} - \varepsilon \frac{P_{max}}{S} \tag{3.9}$$

式中，ε 为与压头几何形状有关的常数，对于布氏压头，$\varepsilon=0.75$。

对于弹性接触和布氏压头，接触面积可由式(3.10)得到：

$$A = 24.56 h_{\mathrm{c}}^2 \tag{3.10}$$

知道了接触刚度 S 与接触面积 A，被测材料的硬度 H 与弹性模量 E_1 便可通过式(3.4)～式(3.6)求出。

2. 试验仪器与样品制备

1)试验仪器

使用的纳米压痕仪为美国 Hysitron 公司生产的 TI 750 Ubi 型 Tribo Indenter 原位纳米力学测试系统，如图 3.29 所示。该测试系统主要包括主机、电子控制单元及主动防振系统。其中，主机又包括传感器、压头、线圈/磁铁驱动器、光学显微镜及 X/Y 轴样品台。该系统的主要性能指标如下：载荷接触力范围为 100nN～30mN，载荷分辨率小于 1nN，纵向位移步长为 13nN，室温下的热漂移小于 0.5nm/s。由于该系统的压入深度小于 1μm，压头形状的选择对于试验结果的测定至关重要，选择布氏压头进行压痕试验。

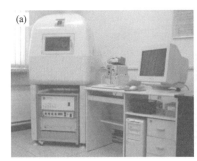

图 3.29　Tribo Indenter 原位纳米力学测试系统

(a)系统全貌；(b)核心部件

2)样品制备

由于蝎子背板是通过机械力迅速掰断的，背板横截面及包埋界面处会有一定的凹凸起伏，这会导致所测得的硬度及弹性模量有较高的离散度。因此，在进行压痕测试之前，必须对试样表面进行抛光处理。

选用 UNIPOL-802 自动精密研磨抛光机进行抛磨处理，转速设置为 200rad/s。首先，以水作为冷却液，使用粒度为 240 目的 SiC 砂纸粗磨 5min，使镶嵌试样横截面完全暴露出来；然后，依次使用 600 目、1000 目、3000 目和 5000 目的 SiC 砂纸分别抛磨 3.5min、2min、1min 和 2min，使样品表面达到镜面光滑程度；最后，在微绒毛抛光布上将试样精抛成待测平面。抛磨后的试样如图 3.30 所示。

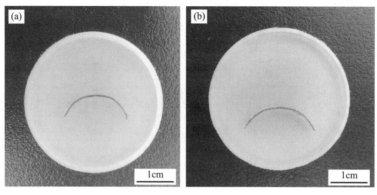

图 3.30　蝎子背板横截面纳米压痕测试试样
(a)黑粗尾蝎；(b)彼得异蝎

　　试验中，沿蝎子背板横截面弧形均匀地选取 11 个位置(位置标记为 1～11)，在每个位置靠近上表皮附近选取测试点，在每个点进行 3 次纳米压痕试验。此外，在标记为偶数的位置(即位置 2、4、6、8、10 处)，沿蝎子背板横截面的上表皮到内表皮的方向上，等间距均匀选取 5 个点进行压痕试验(数据处理时，将这 5 个点之间的间距进行归一化处理)。测试的试验点分布如图 3.31 所示。

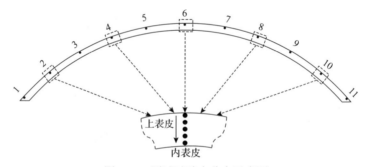

图 3.31　测试试验点分布示意图

3. 两种蝎子背板横截面的微观硬度

1)蝎子背板横截面沿背板弧形不同位置的微观硬度

(1)黑粗尾蝎。

　　由图 3.32 可以看出，在背板横截面弧形方向上，黑粗尾蝎的微观硬度呈现出对称的驼峰形变化规律，即边缘(含左边缘、右边缘，即测试位置 1、2 与测试位置 10、11)与中间位置(测试位置 5、6、7)的较低，侧部(含左侧部、右侧部，即测试位置 3、4 与测试位置 8、9)的较高，且中间位置的硬度略高于边缘位置的硬度。与左边缘相比，左侧部的平均硬度提高了约 83.9%，中间位置的平均硬度也提高了约 12.4%。类似地，右侧部的平均硬度比右边缘的提高了约 69.2%，中间位置的平均硬度比右边缘的提高了约 9.2%。黑粗尾蝎背板的微观硬度变化趋势与其厚度在背板弧形方向上的变化趋势(图 3.11)比较类似。

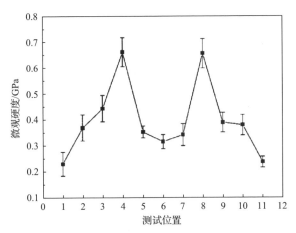

图 3.32　黑粗尾蝎背板横截面沿背板弧形不同位置的微观硬度

(2) 彼得异蝎。

由图 3.33 可以看出，在背板横截面弧形方向上，彼得异蝎背板的微观硬度呈现出随机波动状态。具体而言，测试位置 2 处的硬度最高，6 处的次之，9 处的最低。测试位置 1、7、8、11 处的硬度基本处于同一水平。

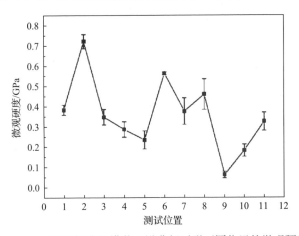

图 3.33　彼得异蝎背板横截面沿背板弧形不同位置的微观硬度

2) 蝎子背板横截面同一区域不同分层的微观硬度

(1) 黑粗尾蝎。

由图 3.34 可以看出，从黑粗尾蝎背板的上表皮到内表皮，测试位置 2、4、6、8、10 处的微观硬度均呈现逐渐下降的趋势，即在黑粗尾蝎背板的横截面上，从上表皮到内表皮,微观硬度均逐渐减小。这说明黑粗尾蝎的背板是一种软硬梯度复合材料,上表皮为硬质层(硬度最大),内表皮为软质层(硬度最小),外表皮为过渡层。

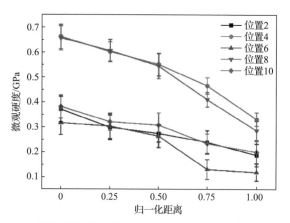

图 3.34　黑粗尾蝎背板横截面同一区域不同分层的微观硬度

(2)彼得异蝎。

图 3.35 与图 3.34 中折线段的变化趋势一致,即从上表皮到内表皮,微观硬度逐渐减小,这说明彼得异蝎的背板也是一种软硬梯度复合材料。

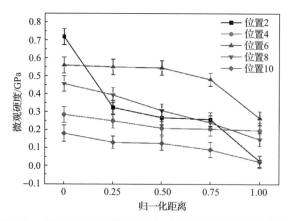

图 3.35　彼得异蝎背板横截面同一区域不同分层的微观硬度

4. 两种蝎子背板横截面的弹性模量

1)蝎子背板横截面沿背板弧形不同位置的弹性模量

(1)黑粗尾蝎。

由图 3.36 可以看出,在背板弧形方向上,黑粗尾蝎背板的弹性模量与其微观硬度的变化趋势基本相同，即呈现出对称的驼峰形态变化规律。其中，测试位置 4、8 处的弹性模量最大，1、6、7、11 处的弹性模量较小。具体而言，左侧部的平均弹性模量比左边缘提高了约 65.6%，右侧部的平均弹性模量比右边缘提高了约 49.7%，中间位置的平均弹性模量最小。

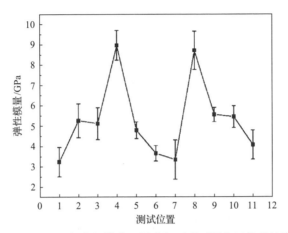

图 3.36　黑粗尾蝎背板横截面沿背板弧形不同位置的弹性模量

（2）彼得异蝎。

由图 3.37 可以看出，在背板弧形方向上，彼得异蝎背板弹性模量的变化趋势与其微观硬度的变化趋势基本一致，即也呈现出随机波动状态。测试位置 6 处与 7 处的弹性模量最大，2 处与 8 处的次之，9 处的最小，1、4、5、11 处的弹性模量大致相当，处于中间值位置。

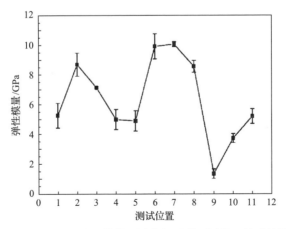

图 3.37　彼得异蝎背板横截面沿背板弧形不同位置的弹性模量

2) 蝎子背板横截面同一区域不同分层的弹性模量

(1) 黑粗尾蝎。

由图 3.38 可以看出,从黑粗尾蝎背板的上表皮到内表皮,测试位置 2、4、6、8、10 处的弹性模量均由大逐渐减小,该趋势与其微观硬度的变化趋势一致。其中,测试位置 2、4、6、8、10 处内表皮的弹性模量比上表皮的分别减小了 56.2%、99.3%、54.7%、90.4%、70.9%,这说明黑粗尾蝎的背板是一种刚柔梯度复合材料。

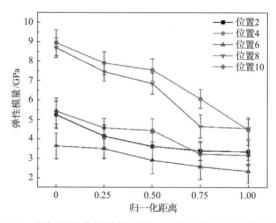

图 3.38　黑粗尾蝎背板横截面同一区域不同分层的弹性模量

(2) 彼得异蝎。

图 3.39 显示,从上表皮到内表皮,彼得异蝎背板横截面弹性模量的变化趋势与其微观硬度的变化趋势一致,也与黑粗尾蝎背板横截面的弹性模量变化趋势一致。其中,测试位置 2、4、6、8、10 处内表皮的弹性模量比上表皮的分别减小了 941.4%、41.9%、123.4%、236.9%、242.0%,这也说明彼得异蝎的背板是一种刚柔梯度复合材料。

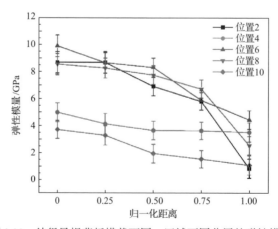

图 3.39　彼得异蝎背板横截面同一区域不同分层的弹性模量

5. 蝎子背板横截面的 H^3/E^2 值

冲蚀问题归根结底属于磨损问题,而材料的耐磨性是指其抵抗机械磨损的能力。由于蝎子背板较小,其耐磨性不易直接测量。本节借鉴文献[30]~[33]的做法,采用 H^3/E^2 值(H 为平均硬度,E 为平均弹性模量)来表征蝎子背板的耐磨性能。

在黑粗尾蝎背板横截面弧形方向,测试位置 1~11 处的 H^3/E^2 值如图 3.40 所示。可以看出,和黑粗尾蝎横截面的微观硬度、弹性模量变化规律类似,不同测试位置的 H^3/E^2 值曲线呈现出驼峰形态变化规律,即侧部处于驼峰的峰顶(测试位置 3、4、7、8),H^3/E^2 值最大;边缘处于驼峰的两侧(测试位置 1、2、10、11),H^3/E^2 值最小;中间部位处于驼峰的峰谷(测试位置 5、6),H^3/E^2 值处于中间水平。这种变化规律说明黑粗尾蝎背板侧部的耐磨性能最好,中间部位的次之,边缘的最差。黑粗尾蝎背板的 H^3/E^2 值变化趋势也与其背板厚度的测量结果(图 3.11)相吻合。

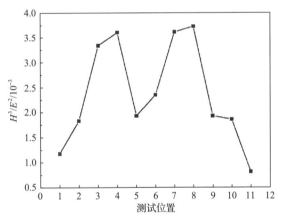

图 3.40 黑粗尾蝎背板横截面沿背板弧形不同位置的 H^3/E^2 值

彼得异蝎沿背板弧形不同位置的 H^3/E^2 值变化规律如图 3.41 所示。图中测试位置 2 处的 H^3/E^2 值最大,测试位置 3~11 处的 H^3/E^2 值呈波形变化。该曲线的整体变化趋势与其背板横截面沿背板弧形方向的微观硬度、弹性模量的变化曲线无任何相似之处。结合图 3.33 与图 3.37 的分析结果可以看出,彼得异蝎背板横截面的微观硬度、弹性模量及 H^3/E^2 值均为随机变化值。

6. 黑粗尾蝎背板横截面凸包与非凸包位置的微观力学性能

对黑粗尾蝎背板横截面侧部凸包与凸包下方的非凸包位置进行纳米力学表征,测试结果如图 3.42 所示。可以看出,凸包位置的微观硬度、弹性模量均高于

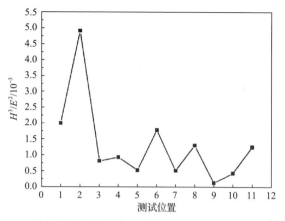

图 3.41　彼得异蝎背板横截面沿背板弧形不同位置的 H^3/E^2 值

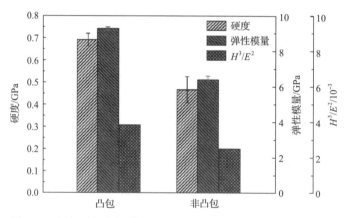

图 3.42　黑粗尾蝎背板横截面凸包与非凸包位置的微观力学性能

非凸包位置，即凸包位置具有更为优异的力学性能；凸包位置的 H^3/E^2 值大于非凸包位置，表明凸包位置具有更加优异的耐磨性能。

3.1.6　沙漠蝎子的抗冲蚀特性

1. 小型生物体冲蚀试验装置

针对常用的机械工程材料及试验条件，目前国内外各科研机构设计了相应的冲蚀试验装置，如大型喷射式冲蚀试验机、冲蚀风洞、真空下落式试验装置等设备，但是生物体体形特殊，材料特性也与工程材料有较大区别，常规的冲蚀试验装置已经不能满足测试要求。Stokes 等根据 ASTM-G76-83 标准，研发了一套活体生物抗冲蚀在线测试装置[34]，解决了粒子入射速度快、调节精度差等难题。图 3.43 为研发的小型生物体冲蚀试验装置三维整体示意图。图 3.44 为对应的冲蚀测试箱实物图，图中管件连接部分均进行了密封处理。

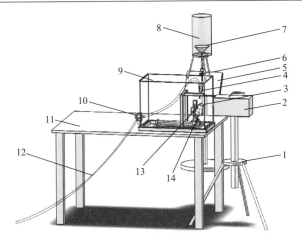

图 3.43 小型生物体冲蚀试验装置三维整体示意图

1-支架；2-高速摄像机；3-载物板；4-Y 型三通；5-冷光源；6-活栓开关；7-漏斗；8-储沙室；
9-玻璃罩；10-精密调压阀；11-试验台；12-进气管；13-角度位移台；14-转接板

图 3.44 小型生物体冲蚀测试箱实物图

(a)冲蚀测试箱实物图；(b)图(a)的局部放大图

冲蚀试验结果的优劣与关键参数的控制密切相关。本装置通过以下方法控制入射角度、粒子的入射速度和进沙量：①在将蝎子固定于载物板上之后，通过转动转接板使与其相连的载物板绕角度位移台(精度为1°)转动，从而精确调节入射角度；②空气压缩机经进气管、精密调压阀与Y型三通一端相连，通过调压阀旋钮调节粒子入射速度；③沙粒经漏斗从储沙室中下落，漏斗下端与带有活栓的导管相连，通过活栓开关控制进沙量。该装置的工作原理为：利用空气压缩机产生高压空气，经调压阀调节气流速度后，一定流速的气流在导管内高速流动形成负压，产生引射作用，将通过自由下落从 Y 型三通另一端进入的沙粒带走，以不同的角度、速度撞击位于其正下方载物板上的生物体。与此同时，通过调节高速摄像机的微距镜头，实时、清晰地记录沙粒与蝎子体表的碰撞过程以及冲蚀情况。

2. 活体蝎子体表冲蚀测试条件

根据沙漠蝎子的生存环境，初步选定空气压缩机的压力为 0.2MPa。普通石英砂晶莹透明，在运动状态下不利于进行记录观察，因此选用 2001 型蓝色彩砂作为冲蚀粒子。据统计，沙漠地区的沙子多为细沙与极细沙，其中 90% 以上沙子的粒径集中在 60～250μm。根据实际情况，选择粒子的粒径为 120～200 目，即 75～120μm。此外，入射角度为 30°，冲蚀时间为 180s，Y 型三通喷嘴距离样品表面约 3cm。

选择活体黑粗尾蝎、彼得异蝎及普通玻璃板(氧化物，组成为 $Na_2O \cdot CaO \cdot 6SiO_2$)进行冲蚀试验。其中，黑粗尾蝎为 6 龄成年体，彼得异蝎为 8 龄成年体。在蝎子的固定过程中，只需固定其头胸部与尾部，这样不仅可以保证蝎子背部与沙子充分接触，还可有效避免尾部及螯肢的运动对粒子运动状态产生影响。

3. 活体蝎子体表冲蚀试验结果

图 3.45(a) 显示了黑粗尾蝎背部第 4 条背板至第 7 条背板之间的磨损情况，其中背板 5、节间膜 6 和背板 6 为主要的冲蚀部位，在节间膜 6 及其相邻的背板处有少许冲蚀粒子残留，除此之外，冲蚀部位并无明显的冲蚀破坏痕迹。图 3.45(b) 显示了彼得异蝎背部第 1 条背板至第 7 条背板之间的磨损全貌，图中，虚线框内为主要的冲蚀部位，彼得异蝎背部背板 4、节间膜 5 和背板 5 的中间部位破坏严重，出现了明显的缺口，内部组织液溢出，结缔组织外漏。图 3.45(c) 为普通玻璃板在相同条件下的冲蚀状况，图中视野中部及右上角区域出现了明显的磨损痕迹。试验结果表明，沙漠黑粗尾蝎体表具有比雨林彼得异蝎和普通玻璃板更加优异的抗冲蚀性能。

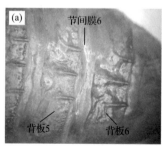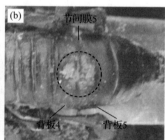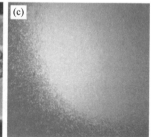

图 3.45　蝎子背部体表与普通玻璃冲蚀情况

(a)黑粗尾蝎；(b)彼得异蝎；(c)普通玻璃板

3.2 沙 漠 红 柳

3.2.1 沙漠红柳的体表形态及微观结构

1. 沙漠红柳迎风面和背风面的体表形态

为研究沙漠红柳体表形态，对吉林白城地区和新疆阿克苏地区的红柳进行现场取样观察，如图 3.46 和图 3.47 所示。采集红柳时，在相对平坦地点抽取相对直立生长的树干和树枝。

图 3.46 吉林省白城地区红柳

(a)红柳林；(b)单株红柳

图 3.47 新疆阿克苏地区红柳

(a)红柳林；(b)单株红柳

红柳作为沙漠植物，当风沙袭来时其体表与沙粒直接作用，因此在生长过程中无法避免地会经受风沙冲蚀。在红柳生长过程中，其树枝及树干上的体表形态反映了其部分生理特征，因此红柳的体表形态一般也作为区别于其他植物的一项重要特征。然而，红柳的体表形态随着时间的不断变化而变化，即使处于同一位置的不同生长年龄的红柳，其体表形态也有显著不同。

本节主要选取白城地区采集的红柳进行分析，红柳的枝和干是在生长过程中不同时期形成的，其中树干是由枝条生长发展而来的。分别选择红柳不同生长阶段的枝干，通过体视显微镜(SteREO Discovery V12，Carl Zeiss，德国)进行分析和研究。经过观察发现，红柳的树枝与树皮大多呈现出红色或浅红色，其体表散布凸包，这些凸包分布无明显规律，且形状大小不一，直径大多为100～400μm，如图3.48所示。

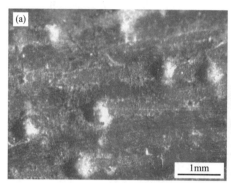

图 3.48　红柳树枝体表形态
(a)凸包分布；(b)单个凸包

广义上，树皮主要是指茎(老树干)形成层以外的所有组织。若细致划分其各部分结构，树皮由外向内依次主要分为外表皮及木栓、木栓形成层和栓内层组成的周皮和内里的韧皮部。树皮主要功能是对植物加粗的茎起保护作用。很多种树木的树皮在其生长过程中都会出现一定程度的纵向裂纹，这是一种正常的物理现象。红柳在生长过程中，其体表会出现大量的纵向裂纹，且在它生长的整个过程中，都会伴有凸包形态，不同直径红柳迎风面和背风面体表形态如图3.49所示。当红柳的直径较小时，迎风面和背风面都还没有纵向沟槽裂纹出现，如图3.49(a)所示；当直径增加到一定程度时，迎风面体表开始出现纵向沟槽裂纹，但是此时背风面还没有出现与其相似的沟槽裂纹，如图3.49(b)所示；随着直径不断增大，迎风面的沟槽裂纹数量也相应逐渐增多，尺寸逐渐增大，当到达一定程度时，背风面也开始有沟槽裂纹出现。但是，相较于迎风面的沟槽裂纹数量，背风面的数量明显减少，如图3.49(c)～(e)所示。

红柳树枝或者树干体表都随机地分布着大量的凸包形态，随着直径的不断增大，红柳体表逐渐出现纵向沟槽裂纹。对于同一红柳树枝或树干，迎风面裂纹的数量都明显多于背风面裂纹数量，且迎风面裂纹的尺寸都明显大于背风面裂纹尺寸。

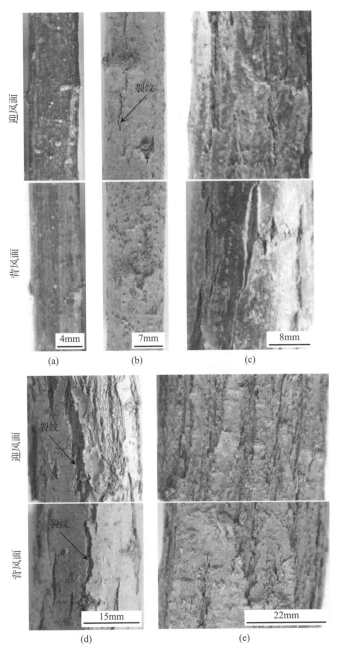

图 3.49　不同直径红柳迎风面和背风面的体表形态

(a) 8mm；(b) 14mm；(c) 24mm；(d) 30mm；(e) 44mm

2. 沙漠红柳横切面年轮偏心结构

在树木的整个生长过程里，总是不可避免地受到气候交替变化的影响，在这种影响下，木材逐渐形成轮状结构。换言之，在树木的一个生长周期中，由其形成层向其内部分生出来一层次生木质部，围绕着髓心组成一组同心圆。在温带、寒带及亚热带等地区，树木生长出一层木材需要一年的时间，由此将其命名为年轮。树木为了响应重力的影响，在生长过程中会出现年轮偏心的现象，也就是由于重力的影响造成了不对称生长，进而出现年轮偏心。树木生长在固定位置，更易受到环境变化的影响，在生长过程中，树枝或者树干需要适应增大的重力[35]或风载荷[36,37]，导致树枝或者树干向下弯曲，并且生长在斜坡上的树木也会发生倾斜[38]，树枝或者树干的下半部分会有更多的营养物质，导致树枝或者树干年轮偏心生长[39,40]。树木偏心生长也会受其他因素影响，如土壤、阳光、水分等。

红柳迎风面和背风面不同的体表形态与内部结构有密切关系，体表形态的不同是由生长过程中内部的生长差异引起的，想要研究体表形态差异产生的原因，就要分析其内部结构特征。年轮是树木生长过程的反映，因此研究年轮形态变化对了解红柳在风沙冲蚀作用下的生长过程具有重要价值。

1)红柳横切面试样制备与观察

制备红柳横切面试样时，首先用手锯切成小块，在砂纸上仔细打磨，然后用锋利刀片切割出薄片试样，如图 3.50 所示。对红柳横切面形貌进行观察时，首先通过体视显微镜对红柳试样大孔道分布规律进行观察；然后将试样置于干燥箱中，并在 90℃下保温 24h 进行烘干；将烘干后的试样进行表面喷金处理，利用扫描电子显微镜(JSE-5600，JEOL，日本)对红柳小孔道分布规律及孔道壁微观结构进行观察。

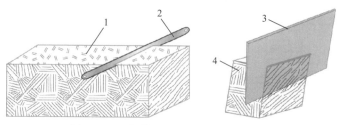

图 3.50　红柳横切面表面试样制备过程

1-红柳木条；2-锯；3-锋利刀片；4-试样

2)红柳横切面年轮偏心形态

图 3.51 显示了红柳横切面年轮形态。其中图 3.51(a)为直径约 8mm、生长年龄 2 年的红柳；图 3.51(b)为直径约 14mm、生长年龄 7 年的红柳；图 3.51(c)为直径约 24mm、生长年龄 5 年的红柳；图 3.51(d)为直径约 30mm、生长年龄 8 年

的红柳；图 3.51(e) 为直径约 44mm、生长年龄 10 年的红柳。由此可见，红柳直径与年龄不呈正比关系，从图 3.51 中还可以发现，不同直径的红柳髓心都远离迎风面。相比较而言，红柳背风面的年轮宽度明显小于迎风面。

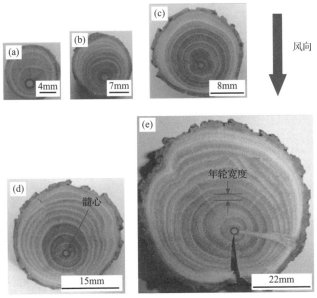

图 3.51　红柳横切面年轮形态

(a) 8mm；(b) 14mm；(c) 24mm；(d) 30mm；(e) 44mm

对图中各个直径红柳迎风面和背风面年轮宽度进行比较，结果如图 3.52 所示。图 3.52(a) 中，对于直径 8mm 的红柳，其最外层年轮迎风面的宽度约是背风面的 1.5 倍；从体表向内第二层年轮迎风面的宽度约是背风面的 4.5 倍；而第三层年轮迎风面的宽度大约是背风面的 2.4 倍。图 3.52(b) 中，对于直径 14mm 的红柳，从最外层到里层，迎风面各个年轮的宽度分别约为背风面的 3.5、3.9 倍、3.0 倍、1.9 倍、2.7 倍、3.5 倍和 1.7 倍。图 3.52(c) 中，对于直径 24mm 的红柳，从最外层到里层，迎风面各个年轮的宽度分别约为背风面的 3.0 倍、2.4 倍、1.7 倍、2.4 倍、1.4 倍和 1.8 倍。图 3.52(d) 中，对于直径 30mm 的红柳，从最外层到里层，迎风面各个年轮的宽度分别约为背风面的 1.8 倍、4.0 倍、2.7 倍、3.4 倍、2.0 倍、1.92 倍、1.8 倍、1.7 倍和 1.4 倍。图 3.52(e) 中，对于直径 44mm 的红柳，从最外层到里层，迎风面各个年轮的宽度分别约为背风面的 3.1 倍、3.3 倍、2.0 倍、2.2 倍、2.0 倍、2.1 倍、0.8 倍、0.9 倍、1.1 倍和 1.8 倍。从迎风面和背风面的年轮宽度测量结果可以发现，迎风面年轮的宽度是背风面的 1～3 倍。红柳在生长过程中，在不同地理位置上，由于水分、土壤以及相邻树木等因素的差异，其生长速度不同，同一年的年轮宽度差异较大，导致相同年龄红柳的直径差异较大。年轮宽度在不同方向上的差异，最终导致红柳的偏心生长。

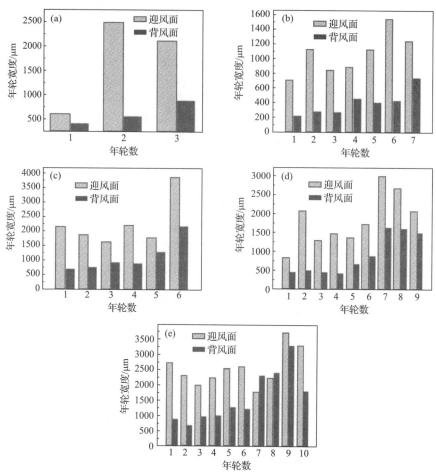

图 3.52 各直径红柳迎风面和背风面年轮宽度比较

(a)8mm；(b)14mm；(c)24mm；(d)30mm；(e)44mm

3. 红柳横切面微观结构

为研究红柳横切面微观结构，将直径为 14mm 的红柳横切面分别放置在体视显微镜和扫描电子显微镜下进行观察研究，如图 3.53 所示。图 3.53(a)显示了横切面的整体形貌，年轮清晰可见，每个年轮中都存在直径较大的孔道，偏心现象较为明显，而且有明显的木射线均匀分布现象。图 3.53(b)～(d)为图 3.53(a)中迎风面区域 A、同一年轮上过渡区域 B 和背风面区域 C 在体视显微镜下的形貌。可以清晰地看出，在红柳横切面上，存在一些颜色较浅、略带光泽的木射线线条，沿着半径方向呈辐射状穿过年轮，它的主要作用就是为木材横向输导和贮藏养分。

每一年轮由两部分组成，更靠近髓心一侧的称为早材，在红柳的生长季节中，这是早期所形成的木材；而更靠近树皮一侧的称为晚材，是红柳生长季节中，生长后期才形成的一部分木材。在同一个年轮内，早晚材孔道的大小区别明显，早材孔道直径大且分布不均匀，是沿年轮呈环状排列的。三个区域中早材大孔道的数量无明显差别，孔道直径也无明显变化。

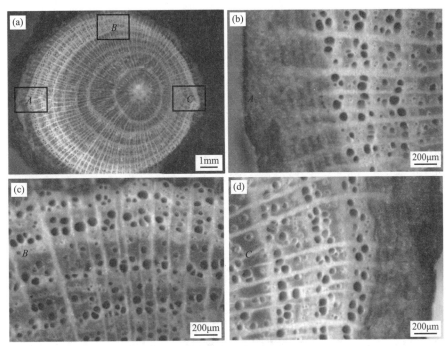

图 3.53　红柳横切面体视显微镜下形貌
(a) 整体形貌；(b) (c) (d) 图 (a) 中不同位置的局部放大照片

通过 SEM 对图中红柳迎风面区域 A、同一年轮上过渡区域 B 和背风面区域 C 的微观结构进一步分析，三个区域的孔道直径及细胞壁厚度都无明显差别，如图 3.54 (a)、(c)、(e) 所示。放大图片显示，孔道多为长方形和圆形，且孔道内部能够发现底部仍有细胞壁存在，也就是说孔道不是直通的，沿着生长方向上孔道与孔道间有细胞壁阻隔，如图 3.54 (b)、(d)、(f) 所示。三个区域无论是大直径孔道，还是小直径孔道，其直径大小都无明显变化，图中看到的孔道即为红柳生长过程中的细胞，即木材的死细胞。如果红柳迎风面的孔洞直径普遍大于背风面，则说明其偏心是由大孔径细胞引起的。但是，迎风面区域 A、同一年轮上过渡区域 B 和背风面区域 C 的微观孔洞直径相似，说明红柳的偏心生长是由生长速度决定的。由此可得出结论，迎风面更为快速的细胞分裂是红柳偏心生长的主要原因。

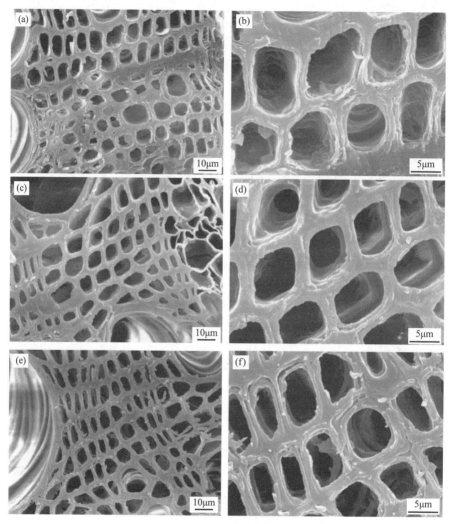

图 3.54　红柳横切面 SEM 照片

(a)迎风面；(b)图(a)的局部放大照片；(c)过渡区；(d)图(c)的局部放大照片；
(e)背风面；(f)图(e)的局部放大照片

4. 沙漠红柳弦切面微观结构

弦切面是顺着树干主轴或者木材纹理方向，不通过髓心与年轮平行或与木射线垂直的纵切面。如图 3.55 所示，通过体视显微镜对红柳弦切面进行观察，可观察到弯曲生长的大孔道，这种大孔道同横切面基本一致，而且大孔道连通性较好，中间无细胞壁阻隔。

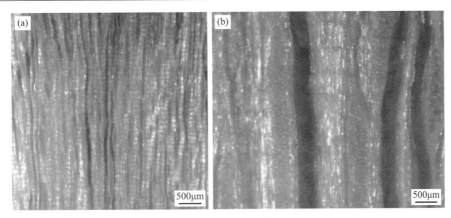

图 3.55　红柳弦切面体视显微镜下的形貌
(a)大直径孔道分布；(b)图(a)的局部放大照片

　　通过 SEM 对弦切面微观孔道结构进一步分析表明，其纵向孔道是分叉的，横向分布的木射线穿插于纵向孔道内部，如图 3.56(a)所示。对局部进一步放大，可以观察到垂直于观察面的孔道数量较多，其直径无明显变化，此为木射线细胞，木射线孔道直径为 $10 \sim 20 \mu m$，且在木射线细胞中没有发现类似于横切面上观察到的早材大直径孔道细胞，沿着生长方向的小直径孔道间有细胞壁阻隔，如图 3.56(b)所示。

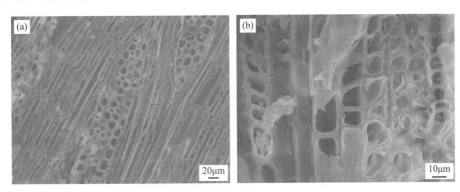

图 3.56　红柳弦切面 SEM 照片
(a)孔道分布；(b)图(a)的局部放大照片

3.2.2　沙漠红柳偏心方向规律

　　从吉林白城地区采集 5 种不同直径的红柳，并对其偏心方向的规律进行分析。因为白城地区以西南风为主，所以确定其迎风面为红柳西南方向，东北方向为背风面。分析检测结果显示，白城地区采集的红柳西迎风面年轮宽度较大，背风面年轮宽度较小。

　　通过对白城地区采集的红柳的同一枝干内部各个年轮偏心方向的分析发现，红柳迎风面内部的年轮最大宽度（W_{1max}、W_{2max}）不出现在同一方向；同样，背风面的年轮最小宽度（W_{1min}、W_{2min}）的方向也不同，如图 3.57 所示。这是由于一年四季中风沙冲蚀的方向和风速等参数不是恒定的，而是存在一定程度差异的。

　　为了进一步研究年轮偏心方向的规律，对新疆阿克苏地区采集的红柳横切面年轮的形态结构进行分析。图 3.58 为新疆阿克苏地区采集的红柳试样，为了消除水分、地形和枝干倾斜等因素对偏心方向的影响，其试样选取原则和吉林白城地区的红柳相同，均选取较平地势、相对直立生长的枝干。

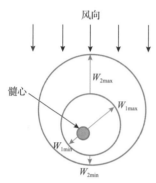

图 3.57　年轮最大宽度或最小
宽度方向示意图

图 3.58　新疆阿克苏地区
采集的红柳试样

　　图 3.59 为新疆阿克苏地区采集的直径分别为 16mm 和 10mm 的红柳横切面年轮的形态结构。新疆主导风向为西风或西北风，因此红柳较宽年轮方向朝西北方向，较窄年轮则朝东南方向，而吉林白城地区主导风向为西南风，红柳较宽年轮方

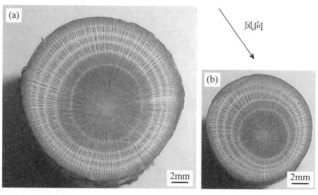

图 3.59　新疆阿克苏地区红柳横切面年轮结构

(a) 直径 16mm；(b) 直径 10mm

向朝西南方向。由此可以看出，对于不同地区采集的红柳，其较宽年轮方向都朝着风沙冲蚀方向。因此，可以基本推断红柳内部较大年轮宽度方向为风沙冲蚀方向。

从体视显微镜和扫描电镜的分析结果可知，红柳内部迎风面和背风面的大直径孔道的尺寸无明显差别，且其小直径孔道尺寸也相差无几，红柳迎风面内部的大直径孔道在数量上与背风面内部的大直径孔道无明显差别。如图 3.60 所示，迎风面内部小直径孔道数量多。以上观察结果说明红柳内部偏心结构主要是由迎风面的孔道数量多引起的，内部孔道是由红柳的细胞形成的，也就是说红柳在生长过程中，迎风面的细胞分裂速度快，导致迎风面的孔道数量增多，年轮宽度较大，从而引起偏心生长。

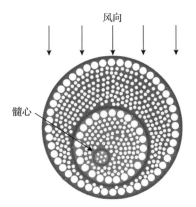

图 3.60 红柳内部细胞生长特性示意图

3.2.3 沙漠红柳的化学组成

傅里叶变换红外光谱技术适用范围十分广泛，普遍适用于各种气态、液态和固态试样的定性和定量分析。该技术应用于定量分析时，其显著优点是有较多的特征峰可供选择分析，而当用于定性分析时，除光学异构体外，每种化合物都有不同的红外谱图，具有高度的特征性。因此，在进行有机化合物鉴定或分析分子结构时，红外光谱是非常有效的首选方法。

采用美国 Nicolet(尼高力)公司 Magna-IR 750 型傅里叶变换红外光谱仪，对红柳迎风面、过渡区和背风面三个区域的有机化学成分进行分析。光谱的扫描次数为 200 次，采集范围为中红外 $4000 \sim 500 \text{cm}^{-1}$，分辨率为 4cm^{-1}，测试方法为 KBr 压片法，衰减全反射。

木材是一种由天然低分子抽提物、高分子物质和灰分组成的有机材料，主要成分有木质素、纤维素和半纤维素等。其中，纤维素是木材的主要组分，而纤维素的主要红外敏感基团是羟基(—OH)；半纤维素是细胞壁中与纤维素紧密连接的多种单糖的统称，常含有乙酰基(CH_3—C—)、羧基(—COOH)等红外敏感基团；木质素分子中含有羟基(—OH)、甲氧基(CH_3O—)、羰基(C=O)、碳碳双键(—C=C—)和苯环(C_6H_6)等多种红外敏感基团[41]。

傅里叶变换红外光谱主要表征了重键(如 C—O、—C=C—等)弯曲振动的倍频和含氢基团(如 C—H、O—H、N—H 等)伸缩振动的基频吸收及其合频吸收，木材最主要的三大化学组分中包含的大量 O—H、C—H 等含氢化学键及碳碳双键(—C=C—)、羰基(C=O)和苯环等重键基团都有其特征振动频率，想要判断有机分子中是否含有各种基团或研究其变化规律，可通过研究基团特征频率的变化规律来实现。因此，傅里叶变换红外光谱的中红外区有着复杂的吸收峰[42,43]。

1. 红柳内部的有机化学成分

图 3.61 显示了红柳细胞壁有机化学成分分析的取样位置，对图中的迎风面、过渡区和背风面三个区域进行红外光谱分析。首先，将试样放到 60℃烘箱干燥 2 天；然后，取出干燥后的红柳木材，并将其劈成杆状的小条；之后，再将这些杆状木条剪碎成小段，研磨成粉末，如图 3.62 所示。

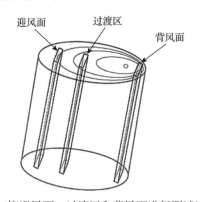

图 3.61　红柳迎风面、过渡区和背风面进行测试试样的位置

图 3.62　红柳迎风面、过渡区和背风面研磨成粉末图片

(a)迎风面；(b)过渡区；(c)背风面

红柳傅里叶变换红外光谱特征峰及其归属见表 3.6，其中，$1510cm^{-1}$ 和 $1423cm^{-1}$ 是苯环伸缩振动的特征峰，代表细胞壁中的木质素；$1600cm^{-1}$ 和 $1741cm^{-1}$ 是木聚糖中 $C=O$ 伸缩振动的特征峰，代表细胞壁中的半纤维素；$902cm^{-1}$ 和 $1164cm^{-1}$ 是纤维素的特征峰。

过渡区的吸收峰强度高，迎风面次之，背风面的吸收峰强度最小。这就说明过渡区吸收代表木质素的苯环伸缩振动、代表半纤维素的 $C=O$ 伸缩振动和代表纤维素的 C—H 变形和 C—O—C 伸缩振动较多，其次是迎风面，吸收最少的是背风面。

表 3.6　红柳傅里叶变换红外光谱特征峰及其归属

	波数/cm^{-1}	谱峰归属
木质素	1510	苯环伸缩振动
	1423	苯环伸缩振动
半纤维素	1741	$C=O$ 伸缩振动
	1600	$C=O$ 伸缩振动
纤维素	902	C—H 变形
	1164	C—O—C 非对称伸缩振动

在红外光谱中，相比其他的特征峰，分别代表木质素、纤维素和半纤维素的 $1510cm^{-1}$、$902cm^{-1}$ 和 $1741cm^{-1}$ 特征峰，受到干扰的影响比较小。根据这三个特征峰对红柳迎风面、过渡区和背风面三个区域的各个成分相对含量进行判定，光谱测得的特征峰相对强度的变化与所代表有机物含量变化的趋势一致。因此，红柳迎风面、过渡区和背风面三个区域的木质素、纤维素和半纤维素相对含量的变化可以通过峰高比进行比较和分析，主要是通过对特征峰峰高比值变化作为各自相对含量变化的判定[44,45]。

　　通过分析可以发现，红柳迎风面的木质素特征峰与半纤维素和纤维素特征峰的峰高比大于背风面的峰高比，并且迎风面的纤维素特征峰与木质素和半纤维素的峰高比小于背风面的峰高比。从而得知，红柳迎风面的半纤维素含量小于背风面的含量，而迎风面的木质素和纤维素含量大于背风面的含量。

　　木材中的木质素是在细胞分化最后阶段木质化过程中形成的，它渗透于细胞壁的基体物质和骨架物质中，是可以使细胞壁坚硬的主要成分，所以称为硬固物质或结壳物质，具有较高的刚性，它的存在增加了细胞壁的硬度。半纤维素以无定形状态渗透在骨架物质中，起到集体黏结作用，故称为基体物质。纤维素以分子链聚集成束和排列有序的微纤丝状态存在于细胞壁中，起到骨架物质作用。所以，红柳迎风面较高的木质素和纤维素含量是其具有较好力学性能的主要原因。光谱特征峰的峰高比在一定程度上反映了其所代表物质的含量，但是用光谱的特征峰的峰高比来评估木材有机成分含量的方法还不够精确。

　　2. 红柳内部的无机化学成分

　　红柳内部除有机组分外，还含有无机成分，图 3.63 为红柳快速折断后迎风面和背风面的 SEM 照片。从图中可以发现，在红柳内部孔道内木射线薄壁细胞及轴向细胞中存在大量的结晶体，它是红柳生活过程中新陈代谢所产生的副产物。通过大量 SEM 照片对比发现，迎风面的结晶体数量多于背风面的结晶体数量。

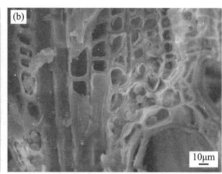

图 3.63　红柳快速折断后 SEM 照片
(a) 迎风面；(b) 背风面

　　为分析红柳细胞内化学成分，把红柳烧成炭，具体烧炭工艺如图 3.64 所示。在真空炉中，真空度约为 150Pa 时，从室温以 6℃/min 的速度加热到 240℃，保温 4h，然后随炉进行缓慢冷却。红柳炭化后的形貌及化学成分如图 3.65 所示，除 C 和 O 元素以外，红柳内部还含有 Na、Mg、S、K 和 Ca 元素，其具体含量见表 3.7。

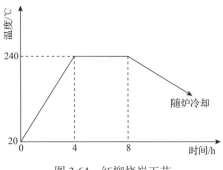

图 3.64 红柳烧炭工艺

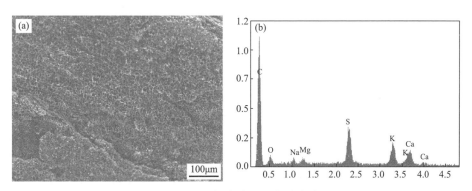

图 3.65 红柳炭化后的化学成分

(a)形貌；(b)化学成分

表 3.7 红柳炭化后的具体化学成分

元素	质量分数/%	原子分数/%
C	82.37	89.37
O	8.76	7.13
Na	0.81	0.46
Mg	0.61	0.33
S	3.25	1.32
K	2.39	0.80
Ca	1.80	0.58

对红柳炭化后的微观结构进一步放大，如图 3.66 所示，红柳炭化后细胞内结晶体的主要成分为 C、O、Na、S、K 和 Ca，其具体含量见表 3.8。由于能谱对 C、H、O 等小原子测量准确率较低，因此，考虑 Ca、S 等大原子元素，Ca 的质量分数为 24.16%，原子分数为 13.44%。

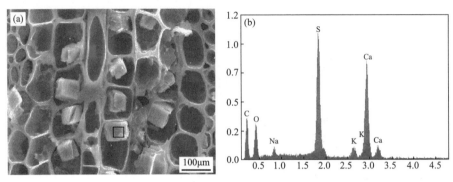

图 3.66　红柳炭化后细胞内结晶体的成分

(a)形貌；(b)化学成分

表 3.8　红柳炭化后细胞内结晶体的具体化学成分

元素	质量分数/%	原子分数/%
C	0.76	1.41
O	46.10	64.27
Na	3.78	3.67
S	22.62	15.74
K	2.57	1.47
Ca	24.16	13.44

如图 3.67 所示，为细胞壁成分分析结果，细胞壁中主要含有 C、Na、Mg、S、K 和 Ca，其具体含量见表 3.9，无机盐成分在细胞壁内部也存在。

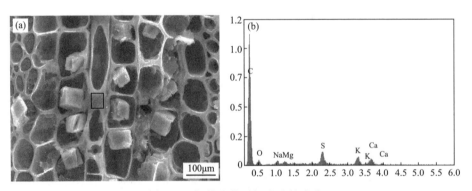

图 3.67　红柳炭化后细胞壁的成分

(a)形貌；(b)化学成分

表 3.9　红柳炭化后细胞壁的具体化学成分

元素	质量分数/%	原子分数/%
C	88.05	92.63
O	6.57	5.19
Na	1.04	0.57
Mg	0.55	0.28
S	1.59	0.63
K	1.21	0.39
Ca	1.00	0.31

通过 X 射线衍射仪对红柳内部成分进行物相分析，测试设备采用日本 D/Max 2000/PC 型 X 射线衍射仪，扫描范围 20°～80°，扫描电压 40kV，电流 100mA，扫描速度 2(°)/min。结合 EDS 分析结果，XRD 结果显示结晶体的化学成分主要为草酸钙(又名乙二酸钙，CaC_2O_4)，如图 3.68 所示。背风面草酸钙含量低，在 XRD 图谱中未发现其衍射峰。

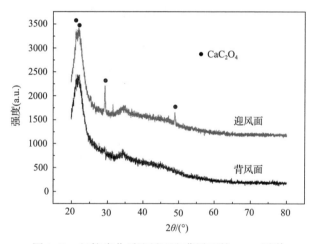

图 3.68　红柳炭化后迎风面和背风面的 XRD 图谱

红柳内部含有草酸钙，草酸钙是一种白色晶体粉末，呈弱酸性，是最简单的二元酸，不溶于水和乙酸，溶于浓盐酸或浓硝酸。灼烧时转变成碳酸钙或氧化钙，其晶体是含有二分子结晶水的无色柱状晶体，是植物内部常含有的无机物成分，多以钙盐的形式存在。在植物的整个生长发育过程中，草酸钙结晶体是其次生代谢产物，在植物的组织细胞中广泛存在。在植物的生长发育过程中，组织细胞所含有的结晶类型、大小及形状一般是比较稳定的，也就是说，结晶体在不同科、属的木材组织中的形态、大小、分布等会有所区别。草酸钙在不同温度下会发生不同的反应。

草酸钙在约 180℃附近时发生反应 $CaC_2O_4 \cdot H_2O = CaC_2O_4 + H_2O$，大约在 450℃时发生反应 $CaC_2O_4 = CaCO_3 + CO\uparrow$，大约在 700℃时发生反应 $CaCO_3 = CaO + CO_2\uparrow$。

结晶体属于 $CaC_2O_4 \cdot (2+X)H_2O$ 的 weddellite 类水合草酸钙。

$CaC_2O_4 \cdot 2H_2O$：Ca24.42%，$C_2O_4$52.20%

$CaC_2O_4 \cdot 2.2H_2O$：Ca23.90%，$C_2O_4$52.48%

$CaC_2O_4 \cdot 2.375H_2O$：Ca23.45%，$C_2O_4$51.51%

但是实测值 Ca 质量分数 24.16%与三者的理论值有差距，可能是两种或者两种以上草酸钙的混合物，也可能是游离水的干扰，纯度差。

3.2.4 红柳的拉伸性能

对于图 3.49 中红柳迎风面、过渡区和背风面三个区域，通过 Instron 1121 型万能试验机(图 3.69)进行拉伸性能测试。

图 3.69 红柳拉伸测试过程

拉伸试样如图 3.70 所示，每个区域制备 3 个试样，3 个区域共 9 个试样。拉伸试样在切出形状后，表面经过仔细打磨，试样两头宽，中间窄，圆弧过渡；试件的有效试验段尺寸为：长度约 10mm，宽度约 4.5mm，厚度约 2mm；试样为自然干燥状态，拉伸试验温度为室温，拉伸速率为 5mm/min。

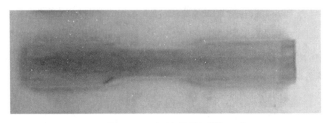

图 3.70 红柳拉伸试样

1. 红柳的拉伸强度和弹性模量

对内部迎风面、过渡区和背风面进行拉伸性能测试，其典型应力-应变曲线如图 3.71(a) 所示。可以看出，过渡区具有最高的抗拉强度和弹性模量(图 3.71(b)、(c))，而迎风面具有最大的断裂韧性，背风面的强度和断裂韧性都较低(图 3.71(d))。与背风面相比，过渡区的抗拉强度、弹性模量分别提高了约 68% 和 50%，迎风面的抗拉强度、弹性模量分别提高了约 36% 和 10%。迎风面的抗拉强度和弹性模量低于过渡区是由于迎风面存在新生组织，还没有完全木质化，过渡区木质化程度较高。根据 Finnie 的微切削理论[46]，迎风面的高强度和高弹性模量，决定了其抗冲蚀性能高于背风面。

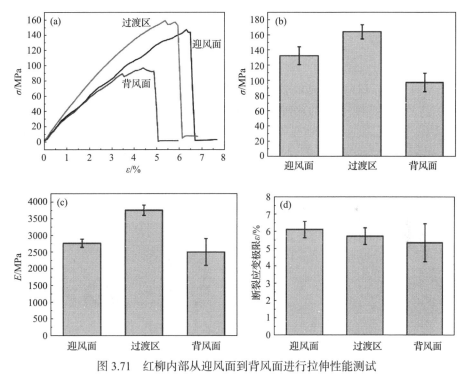

图 3.71　红柳内部从迎风面到背风面进行拉伸性能测试
(a)典型应力-应变曲线；(b)抗拉强度；(c)弹性模量；(d)断裂韧性

2. 红柳的拉伸断口

在研究了红柳迎风面、过渡区和背风面的拉伸性能后，对红柳拉伸试样的断裂方式进行分析，如图 3.72 所示。断面断口参差不齐，沿纵向劈裂，层状和阶梯状结构清晰可见。拉伸过程中，裂纹的扩展在孔道内和细胞壁的路径是不规则的，当裂纹扩展过程中遇到细胞壁时，往往发生中止，若外力继续增大，由于应力集中而造成附近组织产生更高的应力，这也是裂纹周围细胞壁分层的原因，从缓慢扩展到快速扩展，表现出横过细胞壁的断裂形式。

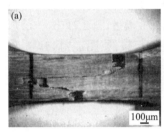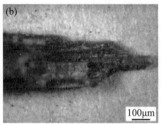

图 3.72　红柳拉伸断口形貌

(a)断裂后整体形貌；(b)断口微观形貌；(c)图(b)的局部放大照片

3.2.5　红柳横切面的微观硬度和弹性模量

红柳内部应力一直伴随其生长过程，分析其内部应力分布规律，对理解红柳形态、结构、成分和力学性能的各向异性具有重要意义。红柳内部的微观力学性能（硬度、弹性模量和残余应力）分析试样为直径 14mm 的红柳。首先，取一个 3mm 厚的圆片；然后，切去圆片的迎风面和背风面两侧的边缘区，得到宽度为 2mm 的木条；最后，用锋利刀片切取厚度为 2mm 的小木条待用，如图 3.73 所示。

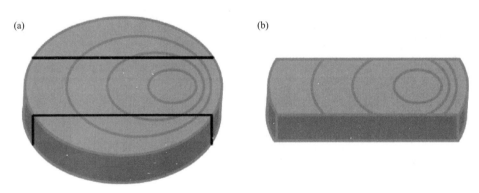

图 3.73　红柳横切面微观力学性能测试试样的制备

(a)切片方法；(b)制备出的试样

采用纳米压痕仪来研究红柳横切面的微观力学性能，所用纳米压痕仪是美国 Agilent Technologics 公司的 Nano Indenter G200 型。纳米压痕试验主要研究材料的纳米硬度，即试样对接触载荷的承受能力，试验方法有很多种，使用最广泛的是 Oliver 和 Pharr 在 Loubet 等[47]和 Nix 等[48]工作基础上提出的方法。

将小木条经过不同浓度的乙醇脱水至绝干，用环氧树脂浸泡包埋处理，室温固化 24h。对包埋块横切面进行抛光，以提高试样表面的光洁度，抛光后用试样固定到纳米压痕仪的试样台上进行测试。压痕深度为 500nm，金刚石布氏压头，红柳泊松比设置为 0.45，最大载荷下保持 20s，应变速率为 $0.1s^{-1}$，卸载速率为 $0.5s^{-1}$。纳米压痕测试试样和测试点位置如图 3.74 所示，从髓心位置向树皮两侧进行测试，共计测试 12 个点，每个点附近打点 50 个以上，取其中的 10 个作为测试结果。

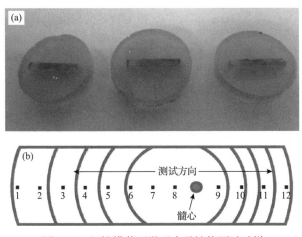

图 3.74　红柳横截面微观力学性能测试试样

(a)试样实物；(b)试点位置示意图

红柳横截面不同位置的典型纳米压痕曲线如图 3.75 所示，压痕曲线的形状轮廓决定了其力学性能，在相同压痕深度下，不同位置的载荷的是不同的。因此，红柳横切面不同位置的硬度、弹性模量等力学性能指标一定存在明显的差异。

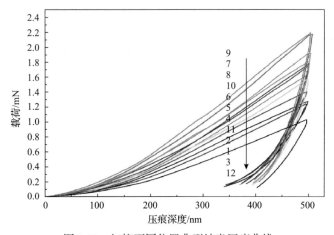

图 3.75　红柳不同位置典型纳米压痕曲线

1. 红柳横切面的微观硬度

通过式(3.11)计算红柳横切面微观硬度:

$$H = \frac{P_{max}}{A} \tag{3.11}$$

式中，H 为待测微观硬度，GPa；P_{max} 为压痕曲线的最大载荷，μN；A 为接触深度 h_c 处的压痕面积，nm^2。

红柳不同位置测试点的硬度见表 3.10，红柳横切面的微观硬度如图 3.76 所示。可以发现，在迎风面和背风面，硬度从表面到内部都呈逐渐增大的趋势(点 1~8、点 12~9)，迎风面区域(点 1~4)的硬度高于背风面区域(点 12→9)的硬度，且在迎风面到背风面的过渡区(点 5~8)硬度最高。与背风面区域相比，迎风面区域的硬度平均值比背风面区域提高了约 1.5%，过渡区域的硬度比背风面区域提高了约 12.5%。中间点 8 和 9 位置是红柳髓心，它是一种柔性的薄壁组织，强度较低，因此在纳米压痕测试时，不对此区域进行测试。

表 3.10 红柳不同位置测试点硬度

次数	试验点											
	1	2	3	4	5	6	7	8	9	10	11	12
1	0.219	0.196	0.208	0.226	0.242	0.251	0.255	0.263	0.235	0.234	0.222	0.201
2	0.214	0.223	0.218	0.211	0.243	0.218	0.259	0.235	0.239	0.209	0.219	0.187
3	0.188	0.218	0.237	0.227	0.215	0.235	0.241	0.239	0.229	0.216	0.211	0.213
4	0.203	0.195	0.231	0.231	0.223	0.256	0.279	0.269	0.218	0.208	0.229	0.209
5	0.218	0.227	0.233	0.222	0.248	0.262	0.235	0.248	0.229	0.217	0.196	0.193
6	0.193	0.228	0.219	0.223	0.213	0.255	0.231	0.257	0.201	0.201	0.208	0.192
7	0.208	0.215	0.232	0.251	0.237	0.219	0.247	0.241	0.219	0.221	0.221	0.206
8	0.211	0.208	0.225	0.218	0.223	0.257	0.237	0.253	0.234	0.212	0.199	0.211
9	0.213	0.202	0.227	0.204	0.211	0.234	0.248	0.231	0.209	0.224	0.219	0.217
10	0.221	0.231	0.215	0.229	0.239	0.225	0.243	0.251	0.233	0.235	0.218	0.196
平均值	0.2088	0.2143	0.2245	0.2242	0.2294	0.2412	0.2475	0.2487	0.2246	0.2177	0.2142	0.2025
标准偏差	0.0111	0.0134	0.0092	0.0126	0.0139	0.0169	0.0141	0.0123	0.0124	0.0111	0.0105	0.0102

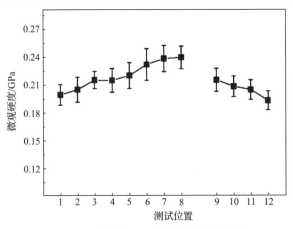

图 3.76　红柳横切面不同位置的微观硬度

2. 红柳横切面的微观弹性模量

通过下面公式计算红柳横切面微观弹性模量：

$$E^* = \frac{1}{C^* \sqrt{A_{\max}}} \frac{\mathrm{d}P}{\mathrm{d}h} \tag{3.12}$$

对于布氏压头，$C^* = 1.167$。红柳不同位置测试点弹性模量见表 3.11。

表 3.11　红柳不同位置测试点弹性模量

次数	试验点											
	1	2	3	4	5	6	7	8	9	10	11	12
1	7.011	7.422	7.459	7.589	7.838	7.835	7.886	7.941	7.126	7.15	7.102	6.794
2	6.889	7.389	7.402	7.512	7.953	7.865	7.968	8.097	7.095	7.124	7.085	6.769
3	6.964	7.196	7.386	7.586	7.914	7.702	8.012	7.996	7.101	7.034	6.964	6.753
4	7.218	7.441	7.354	7.453	7.645	7.645	7.694	7.887	6.968	6.991	6.857	6.654
5	7.164	7.283	7.424	7.431	7.741	7.951	7.681	7.724	6.887	6.943	6.753	6.415
6	6.916	7.379	7.312	7.387	7.659	7.759	7.654	7.684	6.812	6.89	7.014	6.426
7	6.962	7.411	7.441	7.286	7.902	7.892	7.821	7.793	6.837	7.113	6.969	6.511
8	7.001	7.254	7.279	7.519	7.863	7.763	7.83	7.739	7.114	7.024	6.872	6.549
9	6.995	7.271	7.298	7.389	7.697	7.697	7.958	7.801	6.892	6.859	6.991	6.626
10	6.967	7.467	7.398	7.354	7.742	7.641	7.999	7.867	6.874	6.889	7.111	6.764
平均值	7.0087	7.3513	7.3753	7.4506	7.7954	7.775	7.8503	7.8529	6.9706	7.0017	6.9718	6.6261
标准偏差	0.1038	0.0924	0.0621	0.1003	0.1122	0.1070	0.1366	0.1306	0.1259	0.1054	0.1166	0.1446

　　红柳横切面的微观弹性模量如图 3.77 所示。可以发现,和硬度变化规律类似,在迎风面和背风面,弹性模量从表皮到内部都呈逐渐增大的趋势(点 1→8、12→9)。迎风面表面的弹性模量高于背风面表面的弹性模量,且在迎风面到背风面的过渡区域(点 5→8)弹性模量最高,与背风面区域(12→9)相比,迎风面区域(1→4)的弹性模量平均值比背风面区域提高了约 5.9%,过渡区域的弹性模量平均值比背风面区域提高了约 13.4%。微观硬度和弹性模量的变化趋势与宏观拉伸性能测试结果(图 3.71)相吻合。

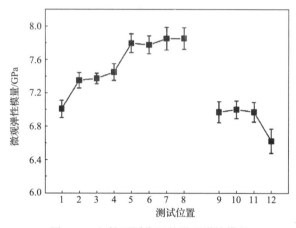

图 3.77　红柳不同位置的微观弹性模量

3.2.6　红柳内部残余应力

　　生长应力是树木的树干在生长期由形成层原始细胞分裂形成新的木质部和韧皮部过程中形成的,通过纳米压痕曲线对横切面的残余应力进行计算分析。

1. 残余应力计算方法

　　测量材料残余应力的技术有很多,如中子和 X 射线衍射[49]、光束偏向、钻孔[50]、剥离层[51]、压痕裂纹[52]和纳米压痕等技术。与其他方法不同的是,纳米压痕技术适合在小尺寸范围内测量材料力学行为特性[53],本节采用 Oliver-Suresh 方法[54-56]计算红柳横切面的残余应力。

　　开始加载时试样表面发生弹性变形,随着加载的继续进行,试样开始出现塑性变形并且塑性变形不断增加,之后加到最大载荷 P_{max};卸载过程中,弹性变形完全恢复,而塑性变形不能恢复形成了试样表面的压痕,这样就完成了一个加载-卸载周期。

　　残余应力通过下面步骤计算得到。

　　(1)通过纳米压痕测试,获得加载和卸载的 $P\text{-}h$(载荷-压痕深度)曲线。

(2)定义 P_0-h_0(无任何残余应力)曲线。残余应力的计算需要有无应力点作为参考[57]。实际上，无应力点是不存在的，在本章中选择平均硬度和压痕深度为 500nm 附近的点作为无应力点，取第 6 测试点的加载-卸载曲线为 P_0-h_0 曲线。

(3)定义残余应力符号。由于压缩残余应力的释放，在固定压痕深度下，压痕载荷从 X 点降低到 Z 点；由于拉伸残余应力的释放，在固定压痕深度下，压痕载荷从 Y 点增加到 Z 点，如图 3.78 所示。因此，定义拉应力为正值，压应力为负值。

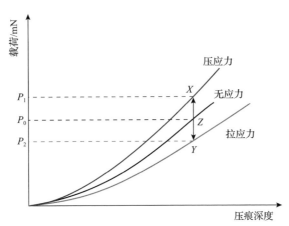

图 3.78　典型不同应力状态下载荷加载曲线

(4)计算平均压力 P_{ave}。

弹性卸载硬度 $S_{卸载}$ 计算公式为

$$S_{卸载} = \frac{\mathrm{d}P}{\mathrm{d}h} \tag{3.13}$$

弹性卸载硬度为压痕曲线开始卸载点斜率(也称为接触硬度)，具体如图 3.79 所示。

下陷深度 h_s 计算公式为

$$h_s = \varepsilon \frac{P_{max}}{S} \tag{3.14}$$

接触深度 h_c 计算公式为

$$h_c = h_{max} - h_s \tag{3.15}$$

式中，P_{max} 为最大载荷；ε 为与压头几何形状有关的常数，对于布氏压头 ε 取 0.75；h_{max} 为最大压痕深度；S 为卸载曲线开始的斜率，也称为卸载刚度，如图 3.80 所示。

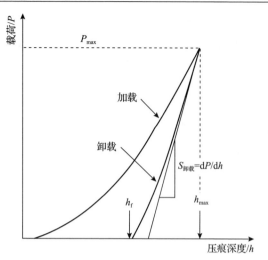

图 3.79　卸载曲线参数计算示意图

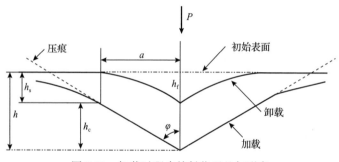

图 3.80　卸载过程中接触位置几何形态

纳米压痕的接触面积 A 是接触深度 h_c 的函数，可以用 h_c 的函数关系式表示，即 $A=f(h_c)$。

$$A = C_0 h_c^2 + C_1 h_c + C_2 h_c^{1/2} + C_3 h_c^{1/4} + \cdots + C_8 h_c^{1/128} \tag{3.16}$$

式中，各系数为常数，C_0=24.65，C_1=202.7，C_2=0.03363，C_3=0.9318，C_4=0.02827，C_5=0.03716，C_6=1.763，C_7=0.04102 和 C_8=1.881。

因此，得到平均硬度为

$$P_{ave} = \frac{P_{max}}{A} \tag{3.17}$$

可以得到计算拉伸残余应力的公式：

$$\frac{A}{A_0} = \left(1 + \frac{\sigma_H}{P_{ave}}\right)^{-1} \tag{3.18}$$

计算压缩残余应力的公式为

$$\frac{A}{A_0} = \left(1 - \frac{\sigma_H \sin\alpha}{P_{ave}}\right)^{-1} \tag{3.19}$$

式中，A/A_0 为有残余应力和无残余应力的面积比；布氏压头角度 $\alpha = 24.7°$；σ_H 为所求残余应力。

2. 红柳横切面不同位置残余应力计算结果

红柳不同位置测试点的残余应力计算结果见表 3.12，对于红柳树干的横切面，内部为压应力，外部为拉应力，这与一般树木内应力分布规律是一致的。直立生长树木的应力分布是以髓心为中心对称的，且从边缘到心部拉应力逐渐减小，压应力逐渐增大，可以从图 3.81 中(点 12→9)得到证实。但是，红柳内部的应力分布是不对称的，迎风面的拉应力所占区域(点 1→6)比背风面相应区域(点 11→12)宽，且红柳迎风面拉应力从边缘区域到内部的变化趋势为先升高再降低。红柳试样迎风面边缘区域的拉应力(点 1→2)小于次表面(点 3)的拉应力，且迎风面边缘区域的拉应力(点 1)小于背风面边缘区域的拉应力(点 12)。但是，迎风面的次表面区域(点 3)的拉应力大于背风面边缘区域的拉应力(点 12)。

表 3.12　红柳不同位置测试点残余应力

次数	试验点											
	1	2	3	4	5	6	7	8	9	10	11	12
1	0.0012	0.0035	0.0049	0.0031	0.0015	0	−0.0056	−0.0109	−0.0094	−0.0034	0.0014	0.0027
2	0.0006	0.0027	0.0039	0.0022	0.0017	—	−0.0057	−0.0085	−0.0084	−0.0040	0.0012	0.0026
3	0.0009	0.0039	0.00429	0.0018	0.0023	—	−0.0063	−0.0117	−0.0084	−0.0053	0.0008	0.0037
4	0.0019	0.0030	0.0050	0.0029	0.0024	—	−0.0054	−0.0100	−0.0094	−0.0038	0.0017	0.0041
5	0.0023	0.0035	0.0048	0.0025	0.0015	—	−0.0071	−0.0110	−0.0094	−0.0028	0.0010	0.0038
6	0.0024	0.0034	0.0052	0.0023	0.0017	—	−0.0058	−0.0108	−0.0097	−0.0055	0.0004	0.0024
7	0.0021	0.0022	0.0056	0.0019	0.0013	—	−0.0055	−0.0098	−0.0107	−0.0026	0.0019	0.0026
8	0.0022	0.0029	0.0050	0.0038	0.0024	—	−0.0056	−0.0101	−0.0086	−0.0033	0.0008	0.0022
9	0.0018	0.0026	0.0051	0.0026	0.0018	—	−0.0075	−0.0093	−0.0094	−0.0046	0.0017	0.0020
10	0.0006	0.0028	0.0044	0.0031	0.0013	—	−0.0058	−0.0111	−0.0106	−0.0033	0.0027	0.0024
平均值	0.0016	0.0031	0.0048	0.0026	0.0018	0	−0.0060	−0.0103	−0.0094	−0.0039	0.0014	0.0029
标准偏差	0.0007	0.0005	0.0005	0.0006	0.0004	—	0.0007	0.0010	0.0008	0.0010	0.0007	0.0007

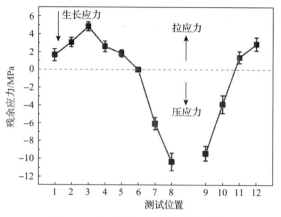

图 3.81　红柳横切面残余应力分布

　　迎风面边缘区域的拉应力小于次表面，是由于迎风面体表的沟槽裂纹较早出现，体表裂纹的出现使拉应力降低。又由于红柳的偏心生长，即与背风面相比，迎风面生长速度快，年轮宽度大，导致迎风面最大的拉应力大于背风面的最大拉应力。

3.2.7　沙漠红柳的抗冲蚀特性

　　红柳迎风面和背风面的体表形态及内部力学性能都有很大差别，为了进一步分析其与风沙冲蚀间的关系，对红柳进行了冲蚀测试。

　　采用射流式冲蚀测试装置对红柳的体表和内部进行冲蚀测试，冲蚀测试装置原理如图 3.82 所示，冲蚀测试装置实物如图 3.83 所示，该装置主要由空压机、冲蚀测试箱和喷嘴等部分组成[58]。

　　选用石英砂为冲蚀粒子，冲蚀粒子的质量流速约为 25g/s，石英砂粒子的粒径为 105～830μm，入射角度为 90°，具体冲蚀测试条件见表 3.13。石英砂粒子棱角分明，形貌如图 3.84 所示。

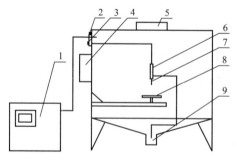

图 3.82　冲蚀测试装置原理

1-空压机；2-气管；3-压力控制阀；4-控制柜；5-除尘风机；6-喷管；7-喷嘴；8-试样；9-储砂罐

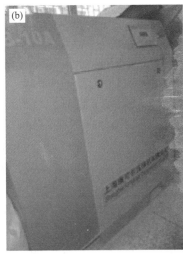

图 3.83 冲蚀测试装置实物

(a)冲蚀测试箱；(b)空压机

表 3.13 冲蚀测试条件

冲蚀粒子	粒径/μm	空压机压力/MPa	质量流速/(g/s)
石英砂	105～830	0.50～0.55	25

图 3.84 冲蚀测试用石英砂形貌

(a)石英砂形貌；(b)图(a)的局部放大照片

1. 红柳迎风面和背风面体表冲蚀测试

为了测试不同直径红柳迎风面和背风面的抗冲蚀特性，把红柳切成 20mm 长的试样。每隔 10s 测量一次失重量，冲蚀率 ε_M 定义为单位时间、单位投影面积内的冲蚀失重量，如式(3.20)所示：

$$\varepsilon_{M} = \frac{m}{At} \tag{3.20}$$

式中，m 为冲蚀失重量，g；A 为试样投影面积，mm^2；t 为冲蚀时间，s。

从冲蚀率曲线可以看出，不同直径的红柳迎风面总比背风面的冲蚀率低，均具有更好的抗冲蚀性能，而且冲蚀率都是先降低后升高，然后达到稳态冲蚀，如图 3.85 所示。这是由于在冲蚀开始时，直径为 8mm 和 14mm 未出现裂纹的红柳体表蜡质层以及直径为 24mm、30mm 和 44mm 出现裂纹的红柳体表即将脱落的表皮首先受到冲蚀，而它们的抗冲蚀性能和红柳基体有较大差异。随着冲蚀时间的不断延长，体表蜡质层和即将脱落的表皮冲蚀殆尽，使冲蚀率逐渐达到平衡，进入稳态冲蚀状态。如图 3.85 所示，直径为 8mm、14mm 和 30mm 的红柳在开始冲蚀阶段的冲蚀率基本小于其稳态冲蚀率，这说明蜡质层的抗冲蚀性能比红柳基体强，这可能与其具有较强的缓冲吸能特性有关。而对于直径为 24mm 和 44mm 的红柳，开始冲蚀阶段的冲蚀率大于其稳态冲蚀率，这是由于红柳即将脱落的表皮相对红柳基体极易被冲蚀去除。冲蚀率在冲蚀过程中出现最低点，这可能与表层物质(蜡质层或即将脱落的表皮)和基体的过渡层具有更高的抗冲蚀性能有关。

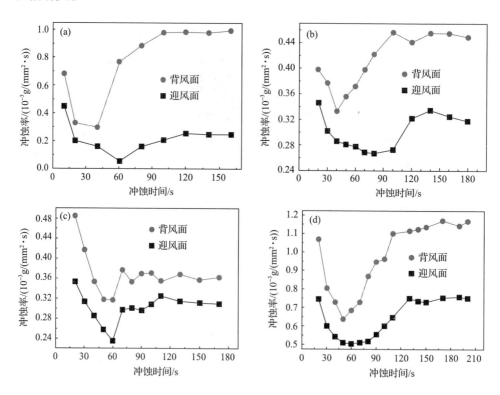

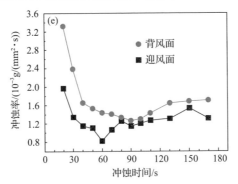

图 3.85　不同直径红柳迎风面和背风面的冲蚀率

(a) 8mm；(b) 14mm；(c) 24mm；(d) 30mm；(e) 44mm

图 3.86 为 5 种不同直径红柳迎风面和背风面体表的稳态冲蚀率，与相应的背风面的稳态冲蚀率相比，5 种不同直径的红柳迎风面的冲蚀率分别降低了约 76%、28%、13%、35% 和 16%。

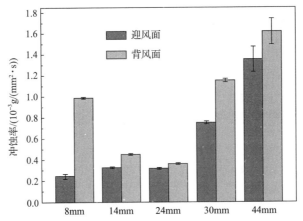

图 3.86　不同直径红柳迎风面和背风面体表稳态冲蚀率

如图 3.86 所示，体表未出现裂纹的直径为 8mm 和 14mm 的红柳迎风面体表的稳态冲蚀率低于背风面体表的稳态冲蚀率，说明其迎风面体表材料具有更好的抗冲蚀性能。而对于直径为 24mm、30mm 和 44mm 的红柳，体表裂纹数量较多，导致材料的力学性能下降，进而使其相对无裂纹红柳体表的抗冲蚀性能有所降低，导致其稳态冲蚀率大于体表出现裂纹的红柳。

2. 红柳迎风面和背风面内部抗冲蚀性能

红柳内部不同位置的抗冲蚀性能如图 3.87 所示。观察可得，冲蚀率最大的位置是背风面，其次是迎风面，而其过渡区的冲蚀率最低。与背风面冲蚀率相比，红柳内部过渡区的冲蚀率降低了约 22%，迎风面的冲蚀率降低了约 20%。过渡区木质化程度完全，硬度和韧性较好，故此区域具有良好的抗冲蚀特性；其次是迎风面，背风面抗冲蚀性能最差，此区域木质化程度相对较低，硬度和韧性稍差，导致冲蚀最为严重。

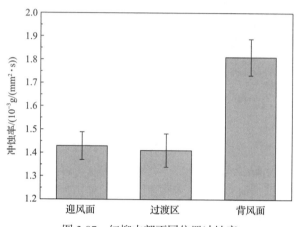

图 3.87　红柳内部不同位置冲蚀率

　　沙漠环境中生存的生物为了适应环境、延续生命，进化出了具有高效的、完美的、简洁的功能体表。受它们的启发，研究者通过研究、模仿来再现生物体表功能，提高机械部件表面使用性能，延长使用寿命，对解决日益严峻的能源短缺和环境破坏给人类带来的生存压力问题具有重要的指导和启示作用。

参 考 文 献

[1] Lu Y X. Significance and progress of bionics[J]. Journal of Bionic Engineering, 2004, 1(1): 1-3.

[2] 朱明生，杨啸风. 中国宠物商店出售的 2 种越南异蝎[J]. 蛛形学报，2007, 16(2): 92-103.

[3] Fet V, Polis G A, Sissom W D. Life in sandy deserts: The scorpion model[J]. Journal of Arid Environments, 1998, 39: 609-622.

[4] Hadley N F. Adaptational biology of desert scorpions[J]. Journal of Arachnology, 1974, 2(1): 11-23.

[5] Sensenig A T, Shultz J W. Mechanics of cuticular elastic energy storage in leg joints lacking extensor muscles in arachnids[J]. The Journal of Experimental Biology, 2003, 206(4): 771-784.

[6] Bridges C R, le Roux J M, van Aardt W J. Ecophysiological adaptations to dry thermal environments measured in two unrestrained Namibian scorpions, *Parabuthus villosus* (Buthidae) and *Opisthophthalmus flavescens* (Scorpionidae)[J]. Physiological Zoology, 1997, 70(2): 244-256.

[7] 戈超. 离心风机叶片抗冲蚀磨损仿生研究[D]. 长春: 吉林大学，2011.

[8] Bonnet M S. Toxicology of *Androctonus* scorpion[J]. British Homoeopathic Journal, 1997, 86(3): 142-151.

[9] Han Z W, Zhang J Q, Ge C, et al. Erosion resistance of bionic functional surfaces inspired from desert scorpions[J]. Langmuir, 2012, 28(5): 2914-2921.

[10] Zhang J Q, Han Z W, Cao H N, et al. Numerical analysis of erosion caused by biomimetic axial fan blade[J]. Advances in Materials Science and Engineering, 2013, 2013: 1-9.

[11] Chen P Y, Lin A Y M, McKittrick J, et al. Structure and mechanical properties of crab exoskeletons[J]. Acta Biomaterialia, 2008, 4(3): 587-596.

[12] Ruangchai S, Reisecker C, Hild S, et al. The architecture of the joint head cuticle and its transition to the arthrodial membrane in the terrestrial crustacean *Porcellio scaber*[J]. Journal of Structural Biology, 2013, 182(1): 22-35.

[13] Vincent J F V, Wegst U G K. Design and mechanical properties of insect cuticle[J]. Arthropod Structure & Development, 2004, 33(3): 187-199.

[14] Dennell R. The structure of the cuticle of the scorpion *Pandinus imperator* (Koch)[J]. Zoological Journal of the Linnean Society, 1975, 56(3): 249-254.

[15] Filshie B K, Hadley N F. Fine structure of the cuticle of the desert scorpion, *Hadrurus arizonensis*[J]. Tissue & Cell, 1979, 11(2): 249-262.

[16] Pavan M. Studi sugli Scorpioni. IV. Sulla birifrangenza e sulla fluorescenza dell' epicuticola[J]. Bollettino della Società Entomologica Italiana, 1958, 88: 23-26.

[17] Zhang Z Q, Zhang Y W, Gao H J. On optimal hierarchy of load-bearing biological materials[J]. Proceedings of the Royal Society of London B: Biological Sciences, 2011, 278(1705): 519-525.

[18] Sachs C, Fabritius H, Raabe D. Influence of microstructure on deformation anisotropy of mineralized cuticle from the lobster *Homarus americanus*[J]. Journal of Structural Biology, 2008, 161(2): 120-132.

[19] Raabe D, Sachs C, Romano P. The crustacean exoskeleton as an example of a structurally and mechanically graded biological nanocomposite material[J]. Acta Materialia, 2005, 53(15): 4281-4292.

[20] Cárdenas G, Cabrera G, Taboada E, et al. Chitin characterization by SEM, FTIR, XRD, and ^{13}C cross polarization/mass angle spinning NMR[J]. Journal of Applied Polymer Science, 2004, 93(4): 1876-1885.

[21] Barth A, Zscherp C. What vibrations tell us about proteins[J]. Quarterly Reviews of Biophysics, 2002, 35(4): 369-430.

[22] Kong J L, Yu S N. Fourier transform infrared spectroscopic analysis of protein secondary structures[J]. Acta Biochimica et Biophysica Sinica, 2007, 39(8): 549-559.

[23] Verma D, Tomar V. An investigation into environment dependent nanomechanical properties of

shallow water shrimp（*Pandalus platyceros*）exoskeleton[J]. Materials Science and Engineering: C, 2014, 44: 371-379.

[24] Miserez A, Li Y L, Waite J H, et al. Jumbo squid beaks: Inspiration for design of robust organic composites[J]. Acta Biomaterialia, 2007, 3（1）: 139-149.

[25] Li X D, Bhushan B. A review of nanoindentation continuous stiffness measurement technique and its applications[J]. Materials Characterization, 2002, 48（1）:11-36.

[26] Lichtenegger H C, Schöberl T, Bartl M H, et al. High abrasion resistance with sparse mineralization: Copper biomineral in worm jaws[J]. Science, 2002, 298（5592）: 389-392.

[27] Oliver W C, Pharr G M. An improved technique for determining hardness and elastic modulus using load and displacement sensing indentation experiments[J]. Journal of Materials Research, 1992, 7（6）: 1564-1583.

[28] Bhushan B. Principles and Applications of Tribology[M]. 2nd ed. New York: John Wiley & Sons, 2013.

[29] Sneddon I N. The relation between load and penetration in the axisymmetric boussinesq problem for a punch of arbitrary profile[J]. International Journal of Engineering Science, 1965, 3（1）: 47-57.

[30] Pontin M G, Moses D N, Waite J H, et al. A nonmineralized approach to abrasion-resistant biomaterials[J]. Proceedings of the National Academy of Sciences of the United States of America, 2007, 104（34）: 13559-13564.

[31] Politi Y, Priewasser M, Pippel E, et al. A spider's fang: How to design an injection needle using chitin-based composite material[J]. Advanced Functional Materials, 2012, 22（12）: 2519-2528.

[32] 张俊秋, 韩志武, 陈道兵, 等. 活体生物体表抗冲蚀功能在线测试系统: 中国, 103705220A[P]. 2014.

[33] Fratzl P, Weinkamer R. Nature's hierarchical materials[J]. Progress in Materials Science, 2007, 52（8）: 1263-1334.

[34] Stokes A, Berthier S. Irregular heartwood formation in *Pinus pinaster* Ait. is related to eccentric, radial, stem growth[J]. Forest Ecology and Management, 2000, 135（1-3）: 115-121.

[35] Telewski F W. Is windswept tree growth negative thigmotropism?[J]. Plant Science, 2012, 184: 20-28.

[36] Malik I, Wistuba M. Dendrochronological methods for reconstructing mass movements—An example of landslide activity analysis using tree-ring eccentricity[J]. Geochronometria, 2012, 39（3）: 180-196.

[37] Berthier S, Kokutse A D, Stokes A, et al. Irregular heartwood formation in maritime pine（*Pinus pinaster* Ait）: Consequences for biomechanical and hydraulic tree functioning[J]. Annals of Botany, 2001, 87（1）: 19-25.

[38] Wardrop A B, Davies G W. The nature of reaction wood. Ⅷ. The structure and differentiation of compression wood[J]. Australian Journal of Botany, 1964, 12(1): 24-38.

[39] 李坚, 王清文, 方桂珍, 等. 木材波谱学[M]. 北京: 科学出版社, 2003.

[40] Várhegyi G, Szabó P, Till F, et al. TG, TG-MS, and FTIR characterization of high-yield biomass charcoals[J]. Energy & Fuels, 1998, 12(5): 969-974.

[41] 徐卫林. 红外技术与纺织材料[M]. 北京: 化学工业出版社, 2005.

[42] Pandey K K, Pitman A J. FTIR studies of the changes in wood chemistry following decay by brown-rot and white-rot fungi[J]. International Biodeterioration & Biodegradation, 2003, 52(3): 151-160.

[43] 张双燕. 化学成分对木材细胞壁力学性能影响的研究[D]. 北京: 中国林业科学研究院, 2011.

[44] Hehn L, Zheng C, Mecholsky J J Jr, et al. Measurement of residual stresses in Al₂O₃/Ni laminated composites using an X-ray diffraction technique[J]. Journal of Materials Science, 1995, 30(5): 1277-1282.

[45] Gupta B P. Hole-drilling technique: Modifications in the analysis of residual stresses[J]. Experimental Mechanics, 1973, 13(1): 45-48.

[46] Finnie I. Erosion of surfaces by solid particles[J]. Wear, 1960, 3(2): 87-103.

[47] Loubet J L, Georges J M, Marchesini O, et al. Vickers indentation curves of magnesium oxide (MgO)[J]. Journal of Tribology, 1984, 106(1): 43-48.

[48] Doerner M F, Nix W D. A method for interpreting the data from depth-sensing indentation instruments[J]. Journal of Materials Research, 1986, 1(4): 601-609.

[49] Treuting R G, Read W T Jr. A mechanical determination of biaxial residual stress in sheet materials[J]. Journal of Applied Physics, 1951, 22(2): 130-134.

[50] Marshall D B, Lawn B R. An indentation technique for measuring stresses in tempered glass surfaces[J]. Journal of the American Ceramic Society, 1977, 60(1-2): 86-87.

[51] Pethicai J B, Hutchings R, Oliver W C. Hardness measurement at penetration depths as small as 20 nm[J]. Philosophical Magazine A, 1983, 48(4): 593-606.

[52] Oliver W C, Pharr G M. Measurement of hardness and elastic modulus by instrumented indentation: Advances in understanding and refinements to methodology[J]. Journal of Materials Research, 2004, 19(1): 3-20.

[53] Suresh S, Giannakopoulos A E. A new method for estimating residual stresses by instrumented sharp indentation[J]. Acta Materialia, 1998, 46(16): 5755-5767.

[54] Pethicai J B, Hutchings R, Oliver W C. Hardness measurement at penetration depths as small as 20 nm[J]. Philosophical Magazine A, 1983, 48(4): 593-606.

[55] Khan M K, Fitzpatrick M E, Hainsworth S V, et al. Effect of residual stress on the

nanoindentation response of aerospace aluminium alloys[J]. Computational Materials Science, 2011, 50(10): 2967-2976.

[56] Yin W, Han Z, Feng H, et al. Gas-solid erosive wear of biomimetic pattern surface inspired from plant[J]. Tribology Transactions, 2017, 60(1): 159-165.

[57] Schwanninger M, Rodrigues J C, Pereira H, et al. Effects of short-time vibratory ball milling on the shape of FT-IR spectra of wood and cellulose[J]. Vibrational Spectroscopy, 2004, 36(1): 23-40.

[58] Åkerholm M, Salmén L. The oriented structure of lignin and its viscoelastic properties studied by static and dynamic FT-IR spectroscopy[J]. Holzforschung, 2003, 57(5): 459-465.

第 4 章 典型生物抗冲蚀机理

生物经过"物竞天择，适者生存"的过程，逐渐进化出独特的形态、结构和巧妙的材料组成，从而使其在恶劣的生存环境中具有极强的抗冲蚀性能，进而保护自身免受伤害。

一些生物优异的抗冲蚀本领激起了相关领域学者浓厚的研究兴趣，为什么这些生物具有优异的抗冲蚀功能？典型生物抗冲蚀功能形成及实现机理是什么？本章将重点阐述沙漠典型生物的抗冲蚀机理。

4.1 沙漠蝎子抗冲蚀机理

前述研究显示，沙漠蝎子体表具有优异的抗冲蚀性能，这与其体表特殊的形态、结构以及材料属性密不可分。在风沙冲蚀环境下，沙漠蝎子背部的 V 形槽、凸包以及正六边形凹坑形成了体表全方位防御结构，背板的硬质几丁质与弹性且螺旋堆叠的几丁质-蛋白质纤维共同构成了软硬(刚柔)梯度分层结构，特殊的化学性质也进一步强化了背板的力学性能，即体表的形态与结构、内部的特殊结构与材料性能梯度化，使沙漠蝎子具备在风沙冲蚀环境下的抗冲蚀能力。

4.1.1 沙漠蝎子体表形态对抗冲蚀性能的影响

在气-固两相冲蚀环境下，冲蚀是由气相介质携带的固体颗粒对物体表面进行冲击所造成的破坏。在气-固两相流中，固体颗粒的冲击速度以及运动轨迹均会受到流体性质的影响。研究表明，物体表面的特殊形态会对其近壁流场产生影响，从而改变固体颗粒的运动状态，使物体表面的冲蚀状况发生变化[1-6]。本节将采用 ANSYS/FLUENT 软件进行数值模拟，以探讨蝎子体表的 V 形槽、凸包及正六边形凹坑结构对气相流场状态的影响，分析试样表面的冲蚀情况。

1) 几何模型构建及计算区域

为了简化计算，将蝎子背板表面简化为平面，V 形槽截面为正三角形，边长为 4mm，沟槽间距也为 4mm；凸包位于两 V 形槽之间的脊上，直径为 1.1mm，凸包之间的横向间距(x 向)为 1mm，纵向(z 向)间距为 0.732mm；正六边形凹坑结构均匀分布于凸包之间的间隙内，其边长为 0.5mm，凹坑深度为 0.3mm，凹坑的侧壁厚度为 0.134mm。图 4.1 为四种冲蚀试样模型图。图 4.2 为仿生 V 形槽+凸包+正六边形凹坑表面试样的截面尺寸关系图。

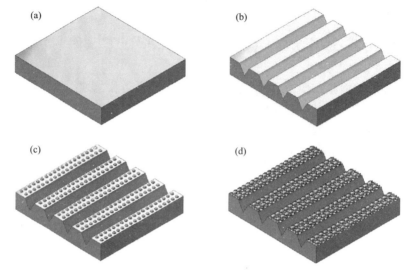

图 4.1　四种冲蚀试样模型图

(a)光滑表面试样；(b)仿生 V 形槽表面试样；(c)仿生 V 形槽+凸包表面试样；
(d)仿生 V 形槽+凸包+正六边形凹坑表面试样

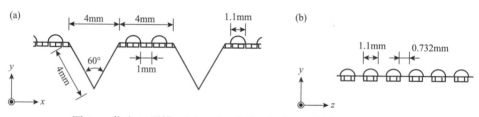

图 4.2　仿生 V 形槽+凸包+正六边形凹坑表面试样截面尺寸关系图

(a)xy 平面；(b)yz 平面

建立如图 4.3 所示的计算区域，各部分的几何参数及关系为：计算区域为长
200mm、直径 100mm 的管道，为使入口处流场充分发展，将四种冲蚀试样均放

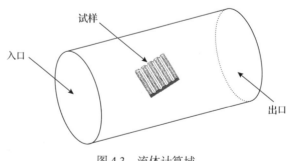

图 4.3　流体计算域

置在距离入口 100mm 处的截面中心处，试样表面与气流方向的夹角为 30°。

2）网格划分

运用 ICEM CFD 对上述四种模型进行网格划分。试样表面存在不规则的表面形态，因此采用非结构网格进行网格划分。图 4.4 为 $X=0$ 截面处的计算网格。

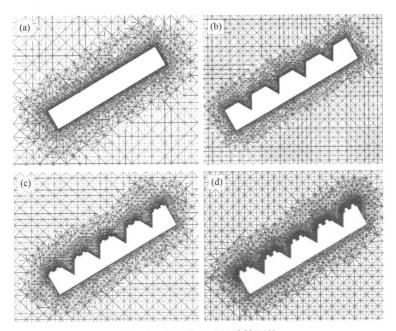

图 4.4　$X=0$ 截面处的计算网格

(a)光滑表面试样；(b)仿生 V 形槽表面试样；(c)仿生 V 形槽+凸包表面试样；
(d)仿生 V 形槽+凸包+正六边形凹坑表面试样

3）边界条件

采用速度入口(velocity inlet)作为入口边界条件，气流的入口速度为 30m/s，出口使用出流边界条件(outflow)。湍流模型选用基于 k-ε 湍流模型，采用 Phase Coupled SIMPLE 算法求解控制方程，当计算变量的残差小于 10^{-4} 时，视为结果收敛。

图 4.5 为四种试样表面的速度分布迹线图。可以看出，光滑表面试样的气相流场分布较为稳定，气流速度较大，超过了 20m/s。对仿生 V 形槽表面试样而言，气流在流经 V 形槽时，流线发生了弯曲，槽内形成了明显的涡流，气流在槽内的速度低于 10m/s；在两相邻 V 形槽的脊上，气相流场的分布与光滑表面试样的基本相同。仿生 V 形槽+凸包表面试样的速度分布迹线图显示，试样表面的结构对流经其附近的气流有明显的扰动。在 V 形槽内，涡流现象更为明显，甚至有多个涡旋存在，槽内气流速度为 0～8m/s，低于光滑表面试样的流速；在脊上的两凸

包之间，也存在明显的涡流现象，气流速度同样较低；在背向气流方向的凸包与V形槽的交界区域，也有涡流存在，形成了稳定的低速区域。与仿生V形槽+凸包表面试样类似的是，仿生V形槽+凸包+正六边形凹坑表面试样的涡流现象也较为明显、复杂。在V形槽内，涡旋的存在使得槽内气流速度也降低到0～8m/s；在脊上的两凸包之间，由于正六边形凹坑结构的存在，涡旋波及的空间更大，气流速度下降更为显著；在背向气流方向的凸包与V形槽的交界区域，同样存在稳定的涡旋区域。

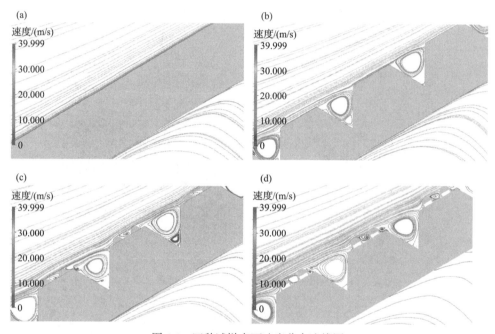

图 4.5　四种试样表面速度分布迹线图

(a)光滑表面试样；(b)仿生V形槽表面试样；(c)仿生V形槽+凸包表面试样；
(d)仿生V形槽+凸包+正六边形凹坑表面试样

相较于光滑表面试样，仿生表面试样均存在涡流现象，且试样表面的速度大大降低。在冲蚀过程中，回旋的涡流增加了气流的湍流程度，改变了近壁流场中冲蚀颗粒的运动轨迹，从而减小了粒子与试件表面撞击的概率。同时，由于V形槽内、脊上的两凸包之间以及背向气流方向的凸包与V形槽的交界区域中，气流的速度较低，有效地减小了气流中粒子的运动速度，从而有利于降低粒子对试样表面的冲蚀程度。

对于三种仿生表面试样，仿生V形槽+凸包表面试样与仿生V形槽+凸包+正六边形凹坑表面试样在V形槽内、脊上的两凸包之间以及背向气流方向的凸包与V形槽的交界区域等三个位置均存在涡流，涡流区范围的增大，不仅使得气流速度的降低幅度更大（如仿生 V 形槽+凸包表面试样与仿生 V 形槽+凸包+正六边形凹坑表面试样的槽内气流速度较仿生 V 形槽表面试样的更低），而且使得粒子与试样表面撞击的概率进一步增大，这会使得试样表面的抗冲蚀效果更加明显。

4.1.2 沙漠蝎子背板梯度分层结构对抗冲蚀性能的影响

FESEM 观察结果表明，在内表皮平行于蝎子背板的方向上存在蜂窝状的微孔道，它的存在使背板具有更大的顺应性，同时由几丁质-蛋白质纤维所构成的 Bouligand 结构改变了背板的弹性性质；背板上表皮为硬质几丁质，外表皮和内表皮为几丁质与蛋白质结合形成的弹性体，这说明蝎子背板中具有软硬梯度分层结构，如图 4.6 所示。此外，由第 3 章中纳米压痕测试结果也发现，在蝎子背板横截面不同分层之间，背板的硬度与弹性模量在沿上表皮到内表皮的方向上均呈现出逐渐减小的趋势，这进一步印证了以上观点，同时说明背板也存在一定的刚柔梯度。

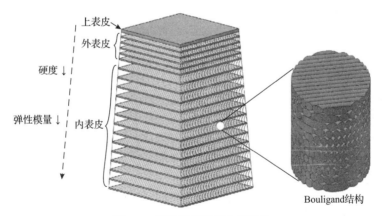

图 4.6　蝎子背板梯度分层结构

在该梯度分层结构中，硬质几丁质层能够避免壳体受到外界冲击而被磨损穿透，也大大减小了冲蚀粒子的切削、犁削与铲削作用；内层分层结构和软质材料，不仅可以减小界面处的应力集中，延长表层裂纹向内层传播的距离，从而阻止裂纹的扩展，还可以产生更大的形变和储存更多的弹性应变能量，延长接触时间，减小粒子冲击过程中的动能，进而减弱对上表皮几丁质材料的冲蚀破坏。

蝎子背板的软硬（刚柔）梯度分层结构抗冲蚀机理可以通过赫兹接触理论、赫兹弹性碰撞理论进行分析。通过模型构建与理论推导，得出塑性材料在低攻击下靶材受到的最大冲击力、冲击过程作用时间、粒子对靶材的压入深度为[7]

$$F_{\max} = \left(\frac{20\pi}{\rho}\right)^{3/5} R^2 \left[\frac{1}{\sigma\left(\dfrac{1-v_1^2}{E_1} + \dfrac{1-v_2^2}{E_2}\right)}\right]^{2/5} v_{\text{p粒}}^{6/5} \tag{4.1}$$

$$T = 2.9432 \left[\frac{5}{4}\pi\rho\left(\frac{1-v_1^2}{E_1} + \frac{1-v_2^2}{E_2}\right) R^{3/2}\right]^{2/5} v_{\text{p粒}}^{-1/5} \tag{4.2}$$

$$h = \left[\frac{15}{16} m v_{\text{p粒}}^2 \left(\frac{1-v_1^2}{E_1} + \frac{1-v_2^2}{E_2}\right) R^{-1/2}\right]^{2/5} \tag{4.3}$$

式中，$F_{\max}$ 为靶材受到的最大冲击力；ρ 为冲蚀粒子的密度；R 为粒子的半径；v_1、v_2 分别为粒子与靶材的泊松比；E_1、E_2 分别为粒子与靶材的弹性模量；$v_{\text{p粒}}$ 为靶材表面处粒子的冲击速度；T 为粒子与靶材之间冲击过程的作用时间；h 为粒子对靶材的压入深度；m 为粒子的质量。

由式(4.1)~式(4.3)可知，靶材所受到的最大冲击力与其自身的弹性模量呈正相关关系，而冲击过程作用时间、粒子对靶材的压入深度均与靶材自身的弹性模量呈负相关关系，即靶材的弹性越好，弹性模量越低，最大冲击力越小，同时冲击所作用的时间就越长，粒子对靶材的压入深度就越大。黑粗尾蝎背板的上表皮为硬质几丁质，弹性模量较大，受到风沙冲蚀时，沙粒对背板的划痕深度会大为减小；内层为几丁质-蛋白质结合物，是一种弹性蛋白，良好的弹性能够充分缓释冲蚀粒子的动能，从而有效减小背板表面所受到的冲击力。

蝎子背板在沙粒的冲击载荷作用下，所受到的应力会依次由上表皮向外表皮、内表皮的各薄层逐层向里传播，并且在薄层与薄层的交界处发生折射与反射。由于各薄层的材料属性(如硬度与弹性模量)不同，应力的大小与传播速度也会受到影响。应力波的幅值与传播速度可以根据应力波理论得到，分别为

$$\sigma = 1.555 E_2^{4/5} \rho_1^{1/5} \left(\frac{1}{1-v_2^2}\right)^{4/5} v_{\text{p沙}}^{2/5} \tag{4.4}$$

$$C = \left(\frac{1.346 E_2}{\rho_2}\right)^{1/2} \tag{4.5}$$

式中，σ 为应力波的幅值；E_2 为蝎子背板的弹性模量；ρ_1、ρ_2 分别为沙粒与蝎子背板的密度；ν_2 为蝎子背板的泊松比；$\nu_{p\text{沙}}$ 为蝎子背板表面处沙粒的冲击速度；C 为应力波的传播速度。

由式(4.4)、式(4.5)可知，应力波的幅值与传播速度均与蝎子背板的弹性模量呈正相关关系。由于蝎子背板是一种典型的梯度分层材料，弹性模量由上表皮到内表皮逐渐减小，当背板受到风沙冲蚀时，应力波由上表皮向内表皮逐层传播，在各薄层内应力波的幅值与传播速度均逐渐减小，单位时间内应力波的传播距离也大为缩短，即使应力波传播到了背板最里层的组织，其所受到的应力也极小。因此，蝎子背板所受到的冲蚀破坏也大为减轻。

4.1.3　沙漠蝎子背板化学成分对力学性能的影响

蝎子背板是一种天然的纤维增强复合材料，它含有有机成分和无机金属元素，有机成分主要包括几丁质和蛋白质，也包含少量的儿茶酚、固醇、游离脂肪酸、三酰基甘油等；无机金属元素主要为 Fe 元素。

蝎子背板上表皮区域，几丁质作为硬质材料构成了上表皮的主体成分。作为自然界中最硬的分子结构单元之一，几丁质在干燥状态下的硬度为 $1\sim20\text{GPa}$，刚度也大于 40GPa[8]，良好的硬度与刚度特征使得背板能够有效地抵御外界风沙的冲击作用。

蝎子背板的原表皮，即内表皮与外表皮作为表皮系统的主要结构组件，是抵抗外来机械负载的主要功能部位，它主要由几丁质和蛋白质组成。其中，几丁质微晶体由若干种蛋白质基质紧密包覆形成了几丁质-蛋白质纳米纤维，细小的纤维聚集成束，最终形成的结合物具有良好的弹性，使蝎子背板在失效之前能够经历显著的弹性变形。

由图 4.7 化学成分测试结果可以得知，黑粗尾蝎背板中含有 Fe 元素，且 Fe 元素含量与蛋白质含量的分布特性相一致，这表明 Fe 参与到了几丁质纤维周围蛋

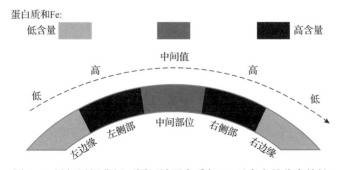

图 4.7　黑粗尾蝎背板不同区域蛋白质与 Fe 元素含量分布特性

白质基质的交联中。Fe 的参与进一步增加了蛋白质分子间的交联程度，交联程度的增大使得该处的硬度与刚度也相应增大。具体表现为，沙漠蝎子背板侧部的硬度与弹性模量较侧部及中间部位的大，上表皮及外表皮的硬度与弹性模量较内表皮大。

4.1.4　沙漠蝎子背板力学性能对抗冲蚀性能的影响

黑粗尾蝎背板的拉伸率大于 5%，因此可以认为其背板为典型的塑性材料。Finnie 等的微切削理论认为[9,10]，低攻角下塑性材料受刚性粒子冲蚀时，材料的冲蚀失重量与其屈服应力呈负相关关系，即屈服应力越大，失重量越小。材料在拉伸过程中的屈服应力亦称为流变应力，它是指材料在塑性变形过程中所能承受的最小应力，微观上是指临界切应力。

临界切应力与材料的弹性模量成正比，因此材料的弹性模量越大，冲蚀量就越小。由于沙漠蝎子背板中 Fe 参与到了蛋白质基质的交联之中，从而使得背板具有较高的弹性模量，因此表现出优异的抗冲蚀性能。

此外，材料的硬度也与其抗冲蚀性能密切相关。Rabinowicz 认为，材料的磨损体积 $V_{磨损}$ 与硬度 H 之间存在以下关系[11]：

$$V_{磨损} = \frac{F}{\pi H} \frac{x}{r} L \tag{4.6}$$

式中，F 为外加载荷；x 为粒子压入材料的深度；r 为粒子压入材料的最大半径；L 为粒子在材料表面的滑行距离。

脆性材料(如玻璃)的硬度通常很高，但其抗冲蚀性能并不好，因此该式对于脆性材料并不适用。

对于塑性材料，硬度越大，抗冲蚀性能越好。沙漠蝎子背板侧部及凸包处的硬度较其他部位高，其抗冲蚀性能也更好。

4.1.5　沙漠蝎子体表多元抗冲蚀特性

在风沙冲蚀环境下，黑粗尾蝎通过对外界环境的适应，其体表逐渐形成了多元抗冲蚀特性，具体表现如下。

1. 体表形态及结构功能化

黑粗尾蝎在风沙环境中，进化出具有特殊形态的抗冲蚀体表，与生活在热带雨林中的彼得异蝎相比，其背部具有精细的 V 形槽(宽度>400μm)、凸包(粒径约 91μm)、正六边形凹坑(边长约 10μm)结构，对其背部构成全方位防御，蝎子体表的流场状态得以改变，抗冲蚀特性得到大幅提升。

2. 内部结构与材料性能梯度化

在蝎子生长、发育过程中，硬质的几丁质构成了蝎子的上表皮，具有弹性的几丁质-蛋白质结合物构成了其外表皮和内表皮；在外表皮与内表皮中，几丁质-蛋白质纤维螺旋堆叠，以片层的形式构成了 Bouligand 结构，该片层层层铺排，且在内表皮中平行于背板方向上存在蜂窝状微孔道，更加大了背板的顺应性。结构上，已经足以证明蝎子背板是一种软硬(刚柔)梯度复合材料。在上表皮到内表皮的方向上，微观硬度、弹性模量及 H^3/E^2 值均逐渐减小，更是印证了以上观点。

在黑粗尾蝎的背板中，侧部(含左侧部与右侧部)的蛋白质与 Fe 元素的含量最高，中间部位次之，边缘部位最低；在上表皮到内表皮的方向上，外表皮中 Fe 元素的含量最高，上表皮次之，内表皮最低。特殊化学性质的形成造就了力学性能的梯度化。

3. 机械刺激适应化

黑粗尾蝎对外界机械刺激的适应性，主要体现在背板局部性增厚这一特征的形成过程中，它是黑粗尾蝎对风沙冲蚀进行主动防御最重要的体现。在长期的风沙机械刺激以及主动躲避行为的双重调控下，蝎子背板侧部受到了更大的外界载荷作用，其内部的组织细胞也捕捉到了微妙的应力场变化，并及时做出了生化应答。细胞对应力的这种适应性响应使上表皮、外表皮与内表皮的细胞增殖、分化速度加快，导致背板侧部逐渐进化出较厚的外骨骼和更密集的体表形态，从而使其力学性能有了较大的提高，体表的流场状态也发生了显著变化。

综上所述，ANSYS/FLUENT 流体仿真分析表明，在 V 形槽内、脊上的两凸包之间以及背向气流方向的凸包与 V 形槽的交界区域等位置均存在涡流，这不仅使得气流的速度显著降低，还使得粒子与试样表面撞击的概率下降。复合结构的存在，使蝎子体表形成了全方位的防御。在背板内部，软硬(刚柔)梯度分层结构的存在，不仅避免了蝎子体表被直接磨损穿透，而且还缓释了粒子的冲击能量。此外，特殊化学性质的形成造就了力学性能的梯度化。黑粗尾蝎的背板在外界风沙机械刺激以及主动躲避行为的双重调控下，细胞对应力的适应性响应使其增殖、分化速度加快，导致背板侧部逐渐进化出较厚的外骨骼和更密集的体表形态。

4.2　沙漠红柳抗冲蚀机理

沙漠红柳优异的抗冲蚀性能取决于特殊的表面形态、内部结构、化学成分以及力学性能；同时，其内部结构与表面形态在风沙冲蚀的过程中又相互协调、相互促进，可以更好地适应风沙冲蚀环境。

4.2.1 沙漠红柳内部残余应力与偏心结构间的关系

图 4.8 为红柳内部偏心结构与残余应力间的关系示意图。假设红柳在未受到风沙冲蚀前是对称生长的，即迎风面与背风面的年轮宽度相同，如图 4.8(a) 所示，此时其迎风面体表应力为 σ_0，背风面体表应力为 σ_1，由于对称生长，迎风面和背风面的体表应力相等，即 $\sigma_0=\sigma_1$。

随着红柳的偏心生长，迎风面的新生年轮的宽度大于背风面的新生年轮的宽度，即 $L_0>L_1$。此时，迎风面和背风面体表应力都会增加，其迎风面表面的应力增大到 σ_2，背风面的增大到 σ_3，即 $\sigma_2>\sigma_1$，$\sigma_3>\sigma_0$，且迎风面体表的应力增加幅度大于背风面体表的应力增加幅度，即 $\sigma_2>\sigma_3$，如图 4.8(b) 所示。

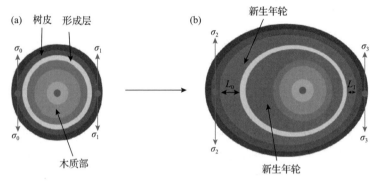

图 4.8　红柳内部偏心结构和残余应力间的关系($\sigma_0=\sigma_1$，$\sigma_0<\sigma_3<\sigma_2$)
(a)未偏心红柳应力分布；(b)偏心红柳应力分布

由第 3 章可知，红柳内部受到压应力，外部组织受到相等的拉应力。树木在生长过程中，体表的拉应力对生长提供了主要的生长阻力[12,13]，体表应力的增加，阻碍了红柳的进一步生长。迎风面体表的应力增加幅度较大，对红柳的生长阻力比背风面大。

4.2.2 沙漠红柳偏心结构与体表形态间的关系

红柳的偏心生长导致迎风面年轮厚度增加，体表拉应力增加的幅度较大，如图 4.9(a) 所示。树木生长过程中，外部都会受到拉应力的作用，而内部受到压应力作用，这种外部的拉应力和内部压应力保证了树枝或树干的应力平衡。当外部拉应力大于内部的压应力时，体表就会出现裂纹，以保证拉应力和压应力的平衡。较大的拉应力促进了迎风面裂纹的较早形成，且裂纹数量也会多于背风面的裂纹数量，如图4.9(b)所示。而裂纹的出现，降低了迎风面的体表应力，即 $\sigma_2>\sigma_4$，且此时迎风面的体表应力小于背风面的体表应力，即 $\sigma_4<\sigma_3$。

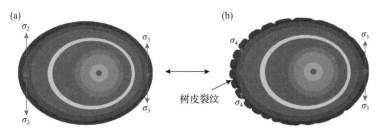

图 4.9　红柳内部偏心结构和体表形态间的关系($\sigma_2>\sigma_3$，$\sigma_3>\sigma_4$)
(a)偏心红柳；(b)偏心导致红柳体表裂纹

迎风面的细胞快速分裂，吸收了大量营养，背风面的生长速度因此会比正常的要小。红柳的年轮呈现出不对称生长，生长过程中同时出现裂纹，也就是说生长和裂纹的出现是同时进行的。这样，内部和外部的应力才会达到平衡，形态结构的方向性是为了适应环境的方向性[14]。这种现象也解释了为什么迎风面的残余应力开始升高，然后降低(图3.81)。

裂纹的出现导致了应力降低，应力降低促进了细胞分裂，细胞的快速分裂导致了偏心生长，偏心生长又促进了裂纹的出现。由此导致红柳迎风面体表裂纹尺寸大于背风面体表的裂纹尺寸，迎风面体表裂纹数量多于背风面体表的裂纹数量。

4.2.3　沙漠红柳体表形态对抗冲蚀性能的影响

在风沙冲蚀过程中，红柳体表直接受到沙粒的撞击发生冲蚀，因此分析红柳体表形态对抗冲蚀性能的影响。

1. 冲击速度的影响

通过在试样表面增加沟槽或肋条可以降低气固冲蚀[15-18]。图4.10(a)表示为粒子撞击到光滑表面；图4.10(b)表示为在沟槽表面形成扰流[19]，形成空气垫，粒子运动速度降低，粒子以低速撞击到沟槽表面；图4.10(c)表示为粒子经过扰流层后以低速撞击到脊表面；在扰流层的作用下，一些速度小的颗粒可能没撞击到沟槽表面，直接随着扰流层气流离开表面，如图4.10(d)、(e)所示。扰流降低了粒子冲击速度，减少了撞击到表面的粒子数量，降低了冲蚀。

图4.10中，V_0是颗粒开始运动速度，V_{A1}、V_{B1}、V_{B2}、V_{C1}、V_{D1}、V_{D2} 和 V_{E1}是颗粒撞击或者没有撞击到试样表面的速度，V_{A2}、V_{B3}、V_{C2}、V_{D3} 和 V_{E2}是颗粒反弹后离开表面的速度。撞击到表面的速度关系是：$V_{A1}>V_{B1}>V_{D1}$，$V_{A1}>V_{C1}>V_{E1}$。

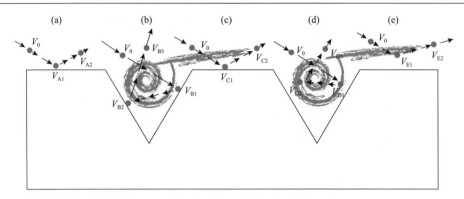

图 4.10　气-固两流与沟槽表面间的作用关系

(a) $V_{A2}<V_{A1}=V_0$；(b) $V_{B3}<V_{B2}<V_{B1}<V_0$；(c) $V_{C2}<V_{C1}<V_0$；(d) $V_{D3}=V_{D2}=V_{D1}<V_0$；(e) $V_{E2}<V_{E1}<V_0$

2. 粒子冲击角度的影响

韧性材料在冲蚀开始一段时间内存在一个孕育期，冲蚀失重量反而增大，其最大冲蚀率发生在低冲击角度，一般在 30°左右。表面形态的存在，使粒子运动方向与形态表面间的角度发生了改变，粒子冲击角度发生改变，这在一定程度上降低了表面的冲蚀率。例如，以 30°冲击角度撞击 V 形槽表面时，撞击到脊上的角度为 30°，而撞击到槽内的角度则为 90°，如图 4.11 所示。低角度冲击时，在沟槽内部则变为高角度冲击，因此可以通过表面形态的改变来改变冲蚀粒子的冲击角度，进而降低冲蚀。

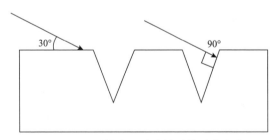

图 4.11　V 形槽表面冲蚀粒子的冲击角度

红柳体表纵向裂纹沟槽形态能够有效降低冲蚀，其主要原因是沟槽表面形态使沟槽内部形成扰流；增加了其体表的扰流层，降低了粒子撞击体表的速度；同时改变了粒子撞击方向，改变了粒子的冲击角度。

4.2.4　沙漠红柳内部有机化学成分对力学性能的影响

红柳的有机成分分为主要有机成分和次要有机成分，其中主要有机成分是纤维素、半纤维素和木质素；次要有机成分有树脂、单宁、香精油、色素、生物碱、果胶、蛋白质等。木质素作为细胞间固结物质填充在细胞壁的纤维丝之间，也存在于细胞层间，把相邻的细胞黏结在一起，在细胞壁中起到加固木质化组织的作用。木质化后的细胞壁增加了红柳枝干的强度。纤维素是构成红柳细胞壁结构的物质，在细胞壁中起骨架作用。半纤维素是由木糖、甘露糖、半乳糖、阿拉伯糖和葡萄糖等多糖组成的聚合物，在细胞壁中主要起黏结骨架的作用。

由第 3 章分析可知，迎风面的木质素、纤维素成分含量高于背风面，木质素和纤维素的高含量决定了高强度和高弹性模量。因此，从有机成分含量来看，迎风面的力学性能要高于背风面。

4.2.5　沙漠红柳内部无机化学成分对力学性能的影响

国内外学者从木材化石的形成中得到启发，将含有硅、铝的化合物或火山灰溶液填充到木材的孔隙中处理木材，与未处理木材相比，硬度提高 20%~120%，接近石化的木材[20,21]。通过物理、化学或者两者兼顾的方法处理木材，使处理剂沉积填充于细胞腔内，或与木材的组分发生交联，可以使木材密度增大、强度提高。

红柳迎风面的草酸钙含量明显高于背风面，且草酸钙分布于轴向细胞或木射线细胞中，在细胞壁中也有存在，可以推测迎风面的硬度和冲击强度都会高于背风面的硬度和冲击强度。

4.2.6　沙漠红柳弹性模量对抗冲蚀性能的影响

根据微切削理论[22,23]，韧性材料的冲蚀失重量可以用下面的公式表示：

$$W \approx \frac{CM^2}{\sigma_s} f(\beta_1) v_{p粒}^n \tag{4.7}$$

式中，W 为冲蚀失重量；M 为冲蚀粒子的总质量；σ_s 为材料的屈服强度；$f(\beta_1)$ 为冲击角函数；$v_{p粒}$ 为粒子的冲击速度；C 和 n 为常数。在这个等式中，变量只有 σ_s 是与材料的力学性能有关的物理量，可以说只有屈服强度是决定材料抗冲蚀性能的内在因素。材料的屈服强度与材料的弹性模量成正比，因此可以推断红柳迎风面的木质素、纤维素和草酸钙含量高使其弹性模量较高，其抗冲蚀性能较好。

除了体表形态和力学性能，红柳的层状多孔结构也会对红柳抗冲蚀性能产生影响。层状多孔结构可以吸收和存储能量，层状叠加、多孔复合可以改善韧性，分散应力，改变应力的扩展方向，使红柳具有较高的强度和韧性。

4.2.7　沙漠红柳适应风沙冲蚀的主动防御策略

风沙冲蚀对红柳的作用包括直接的机械刺激及风引起环境(尤其是气温和气体交换特性)的变化而产生的间接作用，即风沙的作用具有机械作用和干旱作用。

总体来说，可以把红柳对风沙的适应归为两类，如图 4.12 所示，与风对植物的作用类似[24]。一类表现为回避性策略，将能量更多地分配到横向生长而非纵向生长，或易于弯曲和重组，以减小风的拉拽力，在表型结构上矮化，叶小而少，茎细，叶柄细但更柔韧；另一类则表现为抵抗策略，即茎更粗更强壮，组织更密。

红柳对风沙胁迫的适应策略是多个方面的，包括表型特征和生长、内部解剖结构及生理调节[25]。对机械作用的适应是通过对力的抵抗策略和回避策略来实现的，主要表现为迎风面强度较高，韧性好，植株矮小，叶柄柔软、叶片数量较少且尺寸较小。

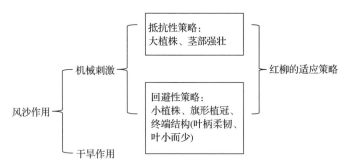

图 4.12　风沙对红柳的作用及红柳适应策略示意图

红柳在受到风沙冲蚀的过程中，通过抵抗策略形成了具有主动防御的特性，其迎风面随着风沙的冲蚀，通过适应性生长迎风面形成纵向沟槽裂纹(图 4.13)。对于迎风面，无论是其抗拉强度、弹性模量和韧性，还是微观硬度、微观弹性模量等，都明显高于背风面，增加了迎风面的抗冲蚀性能。

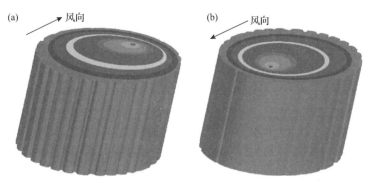

图 4.13　红柳体表适应风沙冲蚀示意图
(a)迎风面；(b)背风面

红柳的防御特征具体可以归纳为以下几点。

1)体表形态功能型

红柳在生长过程中形成了具有抗冲蚀性能的体表形态，与背风面相比，迎风面体表更趋向于形成纵向沟槽裂纹,迎风面裂纹的尺寸大于背风面裂纹的尺寸,且数量也多于背风面裂纹。红柳迎风面的沟槽形态特征,使其具有比背风面更好的抗冲蚀性能。

2) 自强化性

红柳在生长过程中,迎风面的木质素、纤维素成分含量高于背风面,且对于代谢次产物草酸钙来说,迎风面的含量高于背风面;迎风面的拉伸强度、弹性模量和韧性都要高于背风面,微观硬度和弹性模量也高于背风面,这些因素决定了红柳迎风面比背风面具有更优异的抗冲蚀性能。

3) 刺激诱导生长性

红柳的刺激诱导生长性,是其对风沙冲蚀的主动防御特性的形成过程。红柳内部特殊的偏心结构,是迎风面细胞分裂的速度比背风面的速度快引起的。迎风面受到风沙冲蚀刺激后,细胞分裂速度快,导致迎风面的年轮宽度大于背风面的年轮宽度,年轮宽度的增加使迎风面体表的拉应力增加幅度增大,较大的拉应力促进了体表裂纹的形成,从而提高了迎风面的抗冲蚀性能。同时,体表裂纹的出现,降低了体表拉应力,拉应力的降低又进一步导致了细胞的快速分裂。这种风沙冲蚀、细胞分裂、偏心结构和体表应力间的相互影响,形成了红柳的主动防御特性。

红柳各向异性的体表形态、内部结构、化学成分和力学性能,是其对风沙冲蚀环境的适应,这种各向异性具有普遍性的同时也具有相对性,即风沙冲蚀环境影响红柳这种各向异性的形成。

综上所述,红柳迎风面的体表和内部的抗冲蚀性能都要高于背风面,与相应背风面的冲蚀率相比,5 种不同直径的红柳迎风面的冲蚀率分别降低了约 76%、28%、13%、35%和 16%。红柳内部髓心远离风沙冲蚀方向,也就是说,风沙冲蚀方向的年轮宽度大于背风面的年轮宽度。不同的年轮宽度是由红柳内部的细胞分裂速度决定的,即偏心生长是由迎风面细胞分裂速度快引起的。红柳体表裂纹的出现,降低了体表拉应力,应力降低促进了细胞快速分裂,从而引起年轮宽度增加,即偏心生长;偏心生长导致迎风面体表的应力增大幅度较大,较大的体表应力又促进了体表裂纹的出现。红柳体表纵向沟槽裂纹使沟槽内部形成扰流,增加了其体表的扰流层,降低了粒子撞击体表的速度,同时改变了粒子撞击方向,改变了粒子的入射角度,红柳迎风面较高的硬度和弹性模量决定了其良好的抗冲蚀性能。

参 考 文 献

[1] Song X Q, Lin J Z, Zhao J F, et al. Research on reducing erosion by adding ribs on the wall in particulate two-phase flows[J]. Wear, 1996, 193(1): 1-7.

[2] Han Z W, Zhang J Q, Ge C, et al. Erosion resistance of bionic functional surfaces inspired from desert scorpions[J]. Langmuir, 2012, 28(5): 2914-2921.

[3] Zhang J Q, Han Z W, Cao H N, et al. Numerical analysis of erosion caused by biomimetic axial fan blade[J]. Advances in Materials Science and Engineering, 2013, 2013: 254305.

[4] Han Z W, Feng H L, Yin W, et al. An efficient bionic anti-erosion functional surface inspired by desert scorpion carapace[J]. Tribology Transactions, 2015, 58(2): 357-364.

[5] 田喜梅. 典型贝类壳体生物耦合特性及其仿生耐磨研究[D]. 长春: 吉林大学, 2013.

[6] Han Z W, Yin W, Zhang J Q, et al. Erosion-resistant surfaces inspired by tamarisk[J]. Journal of Bionic Engineering, 2013, 10(4): 479-487.

[7] 黄河. 基于沙漠蜥蜴生物耦合特性的仿生耐冲蚀试验研究[D]. 长春: 吉林大学, 2012.

[8] 张宇航. 耦合仿生抗冲蚀的试验研究及其应力波传导机制与规律的模拟分析[D]. 长春: 吉林大学, 2014.

[9] Ruiz-Molina D, Novio F, Roscini C. Bio- and Bioinspired Nanomaterials[M]. New York: John Wiley & Sons, 2014.

[10] Finnie I, McFadden D H. On the velocity dependence of the erosion of ductile metals by solid particles at low angles of incidence[J]. Wear, 1978, 48(1): 181-190.

[11] 许洪元, 罗先武. 磨料固液泵[M]. 北京: 清华大学出版社, 2000.

[12] Baskin T I. Anisotropic expansion of the plant cell wall[J]. Annual Review of Cell and Developmental Biology, 2005, 21: 203-222.

[13] Cui K, He C Y, Zhang J G, et al. Temporal and spatial profiling of internode elongation-associated protein expression in rapidly growing culms of bamboo[J]. Journal of Proteome Research, 2012, 11(4): 2492-2507.

[14] Chen P Y, McKittrick J, Meyers M A. Biological materials: Functional adaptations and bioinspired designs[J]. Progress in Materials Science, 2012, 57(8): 1492-1704.

[15] Zhang P, Zheng S, Jing J, et al. Surface erosion behavior of an intrusive probe in pipe flow[J]. Journal of Natural Gas Science and Engineering, 2015, 26: 480-493.

[16] Lin J Z, Shen L P, Zhou Z X. The effect of coherent vortex structure in the particulate two-phase boundary layer on erosion [J]. Wear, 2000, 241(1): 10-16.

[17] Ding L X, Shi W P, Luo H W. Numerical simulation of viscous flow over non-smooth surfaces[J]. Computers & Mathematics with Applications, 2011, 61(12): 3703-3710.

[18] Liu Y, Cui J, Li W Z, et al. Effect of surface microstructure on microchannel heat transfer performance[J]. Journal of Heat Transfer, 2011, 133(12): 124501.

[19] Jin T, Luo K, Wu F, et al. Numerical investigation of erosion on a staggered tube bank by particle laden flows with immersed boundary method[J]. Applied Thermal Engineering, 2014, 62(2): 444-454.

[20] Pathak M, Khan M K. Inter-phase slip velocity and turbulence characteristics of micro particles in an obstructed two-phase flow [J]. Environmental Fluid Mechanics, 2013, 13(4): 371-388.

[21] McCafferty P. Instant petrified wood[J]. Popular Science, 1992, 10: 56-57.

[22] Finnie I. Some reflections on the past and future of erosion [J]. Wear, 1995, 186-187: 1-10.

[23] Finnie I. Erosion of surfaces by solid particles[J]. Wear, 1960, 3(2): 87-103.

[24] Onoda Y, Anten N P R. Challenges to understand plant responses to wind[J]. Plant Signaling & Behavior, 2011, 6(7): 1057-1059.

[25] Anten N P R, Alcalá-Herrera R, Schieving F, et al. Wind and mechanical stimuli differentially affect leaf traits in *Plantago* major[J]. New Phytologist, 2010, 188(2): 554-564.

第5章 功能表面抗冲蚀过程数值模拟

数值模拟方法作为冲蚀磨损的新兴研究手段，诞生于20世纪末，由于与传统试验方法相比具有工期短，不必耗费大量的人力、财力和物力等优势，被国内外许多研究机构所青睐。近年来，随着计算机技术的不断进步，该研究手段得以迅猛发展。本章运用数值模拟方法，对单元仿生表面、复合仿生表面、耦合仿生表面、离心风机叶片和直升机旋翼叶片的冲蚀过程进行分析，进一步揭示仿生功能表面抗冲蚀的机理。

5.1 普通表面抗冲蚀过程数值模拟

在冲蚀过程分析、冲蚀机理揭示、抗冲蚀机制的探究等方面，数值模拟方法体现出巨大的优势[1-3]。下面针对不同工况下不同设备(试样)冲蚀过程的数值模拟进行简要说明。

对于光滑壁面和加焊肋条壁面的数值模拟，在单相耦合模型的基础上，可采用 k-ε 湍流模型，分别计算颗粒碰撞光滑壁面和加焊肋条壁面时的速度、运动轨迹以及壁面磨损量。通过与实际试验对照分析后发现，加肋条能有效减小气-固两相流中由颗粒碰撞而产生的壁面冲蚀磨损，尤其在肋条间距和肋条宽度相等时，壁面具有更好的抗冲蚀性能[4]。

对于含尘工况下透平机械内部的数值模拟，采用拉格朗日法、粒子随机反弹模型和粒子尺寸随机分布模型，分析计算在含尘工况下工作的透平机械内部固体颗粒的运动轨迹，采用有限元法和经验公式来预测透平机械的磨损区域。数值模拟结果表明，叶片的不同部位磨损量不同，其中叶片前沿转角和叶片的压力面有较大的磨损，而且在叶片吸力面的前沿也出现了磨痕[5]。

由轴流空气压缩机内部叶片的冲蚀数值模拟发现，叶片的压力面和叶片的前沿出现了严重的冲蚀现象，冲蚀后叶片压力面粗糙度显著增加，其上的旋涡和静压分布变得不均匀。在转子叶片和定子叶片之间，颗粒与壁面的碰撞是反复进行的，但第一次碰撞对冲蚀影响最大[6]。

对于稀疏气-固两相流中带堵头的三通管和弯管的数值模拟，是在单相耦合模型的基础上，采用拉格朗日法、Ahlert-McLaury冲蚀模型对稀疏气-固两相流中带堵头的三通管和弯管的相对冲蚀进行预测。结果显示，颗粒的运动和冲蚀的形成主要受颗粒受到的阻力与颗粒的惯性力影响；当流体的密度、黏度较低时，在惯性力的作用下，颗粒直接撞击末端壁面；当流体的密度、黏度较高时，在阻力的作用下，大量的颗粒撞击在三通管的拐角处[7]。

对于脆性材料和韧性材料的数值模拟，可通过建立有限元模型来模拟冲蚀，采用 Johnson-Holmquist 和 Johnson-Cook 本构方程预测脆性材料和韧性材料的冲蚀行为，预测结果与试验结果一致。与其他计算模型相比，有限元模型更接近实际情况，能较容易地测量材料的残余应力和压入深度[8]。

由两相流轴对称方形入口分离器的数值模拟发现，采用数值模拟方法研究两相流轴对称方形入口分离器的流场性质、分离效率及磨损情况，分离器内存在典型的双层流结构，方形入口部分影响拐角处的切向速度，在反射锥的上表面和积尘器壁面存在较严重的磨损[9]。

此外，通过试验研究和数值模拟相结合的方法，对低碳钢和球墨铸铁颗粒冲蚀行为进行研究[10,11]。利用微观动态数值模拟模型，研究了固体粒子的形状对冲蚀磨损性能的影响[12,13]。利用欧拉-拉格朗日方法，成功模拟了铝金属被颗粒撞击后的变形情况[14]。

在以上二维算法的基础上，研究者还建立了三维多个粒子的冲蚀模型[15]，分别利用欧拉-拉格朗日方法，模拟材料的韧性和脆性行为[16,17]；采用四面体网格，模拟单个球形颗粒以较高速度冲击碳钢靶板的情形[18]，开展了涂层或金属表面氧化膜的模拟研究[19]；建立了带有失效单元的三维有限元模型[20,21]，利用人工神经网络方法研究了冲蚀问题[22,23]。综上所述，数值模拟方法在普通表面抗冲蚀研究中得到了广泛应用，并推动了抗冲蚀研究的发展。

5.2　单元仿生表面抗冲蚀过程数值模拟

通过对典型设备(试样)普通表面冲蚀过程数值模拟的简要叙述可知，运用数值模拟可以进一步揭示仿生功能表面的冲蚀机理。本节在此基础上对仿生表面抗冲蚀过程的数值模拟进行详细阐述。

5.2.1　仿生凹槽、凸包表面抗冲蚀过程

1. 气-固两相流求解方法

工作在载粒气流中机械零部件的冲蚀，其实质是气流中的颗粒对材料表面碰撞产生的材料表面失效。因此，气流中颗粒的运动状态是影响材料表面磨损的重要因素。要揭示气-固两相流场中机械部件的磨损机理，就需要求解气-固两相场，也就是求解流场中气-固两相流的控制方程[24-29]。

目前，研究气-固两相流动有两种方法。一种是拉格朗日方法，将流体相视作连续介质，颗粒相视作离散介质，在拉格朗日坐标系下研究颗粒的运动轨迹以及

其他参量，这种方法采用的计算模型为分散颗粒群轨迹模型。拉格朗日方法适用于离散相体积浓度较低的情况，要求离散相的体积承载率大概在 10%以下。另一种是欧拉方法，分为两种计算模型：把气-固两相流中的气相和颗粒相视为单一混合物的连续介质处理，称为单流体模型；把气-固两相流视为相互作用并且相互独立的两种连续介质来处理，称为双流体模型。欧拉方法一般应用于颗粒相体积承载率较高的情况。对于带粒流的冲蚀问题，颗粒相较稀薄，颗粒相和流体相之间存在较大滑移，往往采用拉格朗日方法的分散颗粒群的轨迹模型来处理。分散颗粒群与流体相之间的相互作用，通常采用两种途径处理：一种为单向耦合方法，只考虑流体相对分散颗粒群的影响，不考虑分散颗粒群对流体相的影响；另一种为双向耦合方法，考虑流体相与分散颗粒群的相互影响。

　　本节利用商用流体分析软件 ANSYS/FLUENT 模拟离心风机和直升机旋翼叶片的气-固两相流场，并对其叶片的冲蚀情况进行分析。为了便于计算，将它们内部流场进行适当的简化与假设：流动视作不可压缩定常流动，气体流动时无热量交换，不考虑能量方程，气-固两相流场看成稀疏气-固两相流，并在计算中考虑两相间的耦合作用。

　　1)基本控制方程与湍流模型

　　实际冲蚀过程中的气-固两相流场为湍流场，流场中包含层流、分离流、二次流等复杂的流动现象，同时还包含颗粒相和连续相的相互耦合作用。本节采用 Reynolds 平均法求解湍流场。采用时间平均法，把湍流处理为时间平均流动和脉动流动的叠加，几种常用的流体动力学控制方程[24-29]如下。

　　时均形式的连续方程为

$$\frac{\partial \rho}{\partial t}+\frac{\partial}{\partial x_i}\left(\rho u_i\right)=0 \tag{5.1}$$

　　时均形式的动量方程，也称为 Reynolds 时均 Navier-Stokes(N-S)方程，简称 RANS，可表示为

$$\frac{\partial}{\partial t}\left(\rho u_i\right)+\frac{\partial}{\partial x_j}\left(\rho u_i u_j\right)=-\frac{\partial p}{\partial x_i}+\frac{\partial}{\partial x_j}\left(\mu \frac{\partial u_i}{\partial x_j}-\rho \overline{u_i' u_j'}\right)+S_i \tag{5.2}$$

　　其他变量的时均输运方程为

$$\frac{\partial(\rho \phi)}{\partial t}+\frac{\partial\left(\rho u_j \phi\right)}{\partial x_j}=\frac{\partial}{\partial x_j}\left(\Gamma \frac{\partial \phi}{\partial x_j}-\rho \overline{u_j' \phi}\right)+S \tag{5.3}$$

式中，ρ 为密度；t 为时间；p 为压强；ϕ 为广义变量；Γ 为 ϕ 相对应的广义扩

散系数；S 为广义源项；i、$j = 1$、2、3；x_i、x_j 表示流体质点在流场中的空间坐标 x、y、z；u_i、u_j 表示流体质点 x、y、z 方向的时均速度 u、v、w；u_i'、u_j' 表示脉动速度 u'、v'、w'；$-\rho \overline{u_i' u_j'}$ 表示 Reynolds 应力。

$-\rho \overline{u_i' u_j'}$ 是 N-S 方程中新引入的未知量，该项的存在导致上述方程组不封闭，因此，必须对 Reynolds 应力做出某种假设，建立相应的应力表达式，使方程组封闭，才能求解湍流的控制方程组。k-ε 湍流模型是常用的处理 Reynolds 应力项的方法，它通过引入湍动黏度 μ_t 来处理 Reynolds 应力项，并将湍动黏度 μ_t 应用湍动能 k 和湍动耗散率 ε 来表达。根据 Boussinesq 假设，得出 Reynolds 应力项与平均速度梯度的关系如下：

$$-\rho \overline{u_i' u_j'} = \mu_t \left(\frac{\partial u_i}{\partial x_j} + \frac{\partial u_j}{\partial x_i} \right) - \frac{2}{3}\left(\rho k + \mu_t \frac{\partial u_i}{\partial x_i} \right)\delta_{ij} \tag{5.4}$$

式中，ρ 为密度；t 为时间；μ_t 为湍动黏度；δ_{ij} 为 Kronecker δ 符号；k 为湍动能；x_i、x_j 表示流体质点在流场中的空间坐标 x、y、z；u_i、u_j 表示流体质点沿 x、y、z 方向的时均速度 u、v、w。

湍动黏度 μ_t 关于 k 和 ε 的表达式为

$$\mu_t = \rho C_\mu \frac{k^2}{\varepsilon} \tag{5.5}$$

式中，C_μ 为经验常数；k 和 ε 分别定义为

$$k = \frac{\overline{u_i' u_i'}}{2} = \frac{1}{2}\left(\overline{u'^2} + \overline{v'^2} + \overline{w'^2} \right) \tag{5.6}$$

$$\varepsilon = \frac{\mu}{\rho} \overline{\left(\frac{\partial u_i'}{\partial x_k} \right)\left(\frac{\partial u_i'}{\partial x_k} \right)} \tag{5.7}$$

式中，k 为湍动能；$\overline{u_i' u_i'}$ 为速度矢量；ε 为湍动耗散率；u'、v'、w' 为脉动速度；ρ 为密度；μ 为动力黏度；x_k 为计算 k 值所用的坐标。

标准 k-ε 模型中，k 和 ε 的输运方程为

$$\rho \frac{\mathrm{d}k}{\mathrm{d}t} = \frac{\partial}{\partial x_i}\left[\left(\mu + \frac{\mu_t}{\sigma_k} \right)\frac{\partial k}{\partial x_i} \right] + G_k + G_b - \rho\varepsilon - Y_M \tag{5.8}$$

$$\rho \frac{\mathrm{d}\varepsilon}{\mathrm{d}t} = \frac{\partial}{\partial x_i}\left[\left(\mu + \frac{\mu_t}{\sigma_\varepsilon} \right)\frac{\partial \varepsilon}{\partial x_i} \right] + C_{1\varepsilon}\frac{\varepsilon}{k}(G_k + C_{3\varepsilon}G_b) - C_{2\varepsilon}\rho\frac{\varepsilon^2}{k} \tag{5.9}$$

式中，$C_{1\varepsilon}$、$C_{2\varepsilon}$、$C_{3\varepsilon}$ 为经验常数；σ_k、σ_ε 分别为 k、ε 的湍流普朗特数；G_k、G_b 分别为由平均速度梯度和浮力引起的湍动能产生项；Y_M 为可压缩湍流脉动膨胀对总耗散率的影响；ρ 为密度；t 为时间；μ 为动力黏度。

本节模拟过程中分别用到了标准 k-ε 湍流模型和 RNG k-ε 湍流模型，同时，使用 ANSYS/FLUENT 软件提供的标准壁面函数法处理近壁区的湍流流动。

2)基本方程的离散与求解

ANSYS/FLUENT 软件采用有限体积法对控制方程进行离散[29]。控制方程的离散过程是将偏微分方程形式的湍流控制方程转化为流体网格中各节点上的代数方程组。离散格式是指对方程进行离散时采用的差分格式，本节采用迎风格式对物理量进行离散，根据求解条件的不同，分别用到一阶迎风格式和二阶迎风格式。离散方程的求解采用分离隐式求解器，应用压力修正法进行数值计算，本节分别用到 SIMPLE 算法和 SIMPLEC 算法。

3)离散相模型

ANSYS/FLUENT 软件利用离散相模型(discrete phase model, DPM)来实现稀疏气-固两相流的模拟[30]。DPM 的应用前提是离散相足够稀疏，离散相的体积分数应小于 10%，计算过程中忽略颗粒与颗粒之间的相互作用，也不考虑颗粒体积分数对连续相的影响。DPM 在欧拉坐标系下处理连续相，在拉格朗日坐标系下计算离散相颗粒的运动轨迹，同时，可以考虑相间的相互作用及影响，耦合求解连续相和离散相。

对于一般的冲蚀环境，冲蚀颗粒浓度不是很高，可以把颗粒相当作离散相来处理，因此采用欧拉-拉格朗日方法对气-固两相流场进行模拟。

(1)离散相模型基本方程。

DPM 在欧拉坐标系下处理连续相，在拉格朗日坐标系下处理颗粒相中的单个颗粒运动，颗粒在拉格朗日坐标系下的运动方程为

$$\frac{\mathrm{d}v_{\text{p粒}}}{\mathrm{d}t} = F_{\mathrm{D}}\left(u - v_{\text{p粒}}\right) + g_x\left(\rho_{\mathrm{p}} - \rho\right)/\rho_{\mathrm{p}} + F_x \tag{5.10}$$

式中，u 为连续相速度；$v_{\text{p粒}}$ 为颗粒冲击速度；ρ 为流体密度；ρ_{p} 为颗粒密度；F_{D} 为颗粒的单位质量曳力；g_x 为重力分量；F_x 为颗粒所受的其他各种力，如质量力、Magnus 力、Saffman 力、哥氏力等。

(2)轨道方程的积分。

对颗粒运动方程(5.10)积分可以得到颗粒轨道上每一个位置的颗粒速度，沿着每个坐标方向求解方程(5.11)即可得到离散相颗粒的运动轨迹。

$$\frac{\mathrm{d}x}{\mathrm{d}t} = v_{\text{p粒}} \tag{5.11}$$

式中，$v_{p粒}$ 为颗粒冲击速度；t 为单位时间；x 为单位时间内坐标方向上的位移量。

2. 冲蚀模型

ANSYS/FLUENT 软件可以计算颗粒引起的壁面冲蚀速率。但是只有在两相间的耦合计算时，ANSYS/FLUENT 软件才能在颗粒轨道更新过程中计算颗粒在壁面的冲蚀速率。对于考察冲蚀磨损情况的壁面，需要给定壁面冲蚀磨损率的计算模型。同时，为了考察颗粒碰撞壁面前后轨迹的变化，还要给出颗粒撞击壁面的反弹模型，即颗粒碰撞的速度恢复系数。针对气-固两相流中固体颗粒对金属材料表面的冲蚀模型，应用最广泛的是美国 Cincinnati 大学的 Tabakoff 模型[31-38]。

ANSYS/FLUENT 软件提供了自定义函数(user-defined function, UDF)功能，通过编写 C 语言程序将用户命令与 ANSYS/FLUENT 软件实现动态链接。本节应用 UDF 对颗粒碰撞壁面的冲蚀率进行定义，同时记录颗粒冲击角度、冲击速度以及撞击次数等特征量，用于结果的分析。

1) 颗粒反弹模型

根据 2.2.1 节可知，计算气-固两相流中颗粒对材料表面的冲蚀问题时，颗粒的轨迹是需要考虑的重要因素。颗粒与材料表面碰撞，轨迹发生改变并反弹到流场，导致材料表面产生磨损。图 2.1 中，颗粒的反弹特性依赖冲击角度 β_1、冲击速度 $v_{p颗}$、颗粒物性和几何形状、材料表面的特性和几何形状。将颗粒碰撞前后的速度比定义为反弹系数，确定了颗粒与壁面发生碰撞前后动量和能量的变化，同时也确定了颗粒反弹回流场的初始轨迹[39]。

Grant 等对颗粒碰撞金属材料表面的冲蚀问题做了大量研究，提出了计算反弹系数的式(2.2)，该公式只和冲击角度 β_1 相关[40-43]。

根据 v_{n2} 和 v_{t2}，由式(2.3)可以求出颗粒碰撞后的反弹角度 β_2。

由此可以求出颗粒反弹模型中的冲击角度 β_1 和碰撞后的反弹角度 β_2。

2) 冲蚀率计算模型

根据 2.2.2 节，在靶材和颗粒属性确定的情况下，冲蚀率主要取决于颗粒的冲击速度和冲击角度[35-39]。Grant 和 Tabakof 归纳拟合出了包含冲击速度和冲击角度的半经验冲蚀率公式(2.4)，并且针对不同试验条件确定了相应的系数[43-45]。

ANSYS/FLUENT 软件可以监测所有与颗粒发生碰撞网格面的冲蚀情况。每一个网格面的冲蚀率定义为单位面积上所有与之碰撞的颗粒产生的冲蚀量的累加，用式(5.12)表示：

$$E_0 = \sum_{p=1}^{N} \frac{\dot{m}_p \varepsilon_p}{A_{face}} \tag{5.12}$$

式中，E_0 为一个网格面的冲蚀率，kg/(m²·s)；N 为与网格面发生碰撞的颗粒数；$\dot{m}_p$ 为颗粒的质量流量，kg/s；ε_p 为利用式(2.4)计算的某一颗粒对网格面的冲蚀率；A_{face} 为网格面的面积，m²。

3. 仿生试样冲蚀数值模拟

为了重点研究仿生试样对气流的影响，本节考察试样在气-固两相流管道中的冲蚀情况，对比分析仿生试样和光滑表面试样的抗冲蚀性能。

1)几何模型构建及计算区域

采用仿生凹槽表面试样和仿生凸包表面试样，同时利用光滑表面试样来做对比试验。在确定仿生试样单元体尺寸时，考虑到计算条件，对蝎子体表仿生形态尺寸做适当放大和修整，图 5.1 为仿生凹槽表面试样截面示意图，图 5.2 为冲蚀试样图。试样的具体尺寸为：长×宽×高=50mm×50mm×5mm，凹槽单元尺寸为：高度(H)×间距(D)×宽度(W)=1mm×1mm×2mm。凸包单元尺寸为：直径 2mm，相邻凸包中心距 4mm。

图 5.1　仿生凹槽表面试样截面示意图

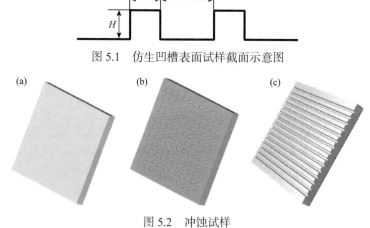

图 5.2　冲蚀试样

(a)光滑表面试样；(b)仿生凸包表面试样；(c)仿生凹槽表面试样

建立如图 5.3 所示的冲蚀管道计算区域，即长 1000mm、直径 150mm 的管道。试样置于距入口 600mm 的截面中心处，其中，凹槽试样的凹槽走向与气流方向垂直。

由于影响材料冲蚀的因素很多，包括冲击速度、冲击角度、颗粒属性和材料属性等而此处考察的是气-固两相流场中仿生表面形态对冲蚀率的影响，因此选取对试样表面气-固两相流场影响较大的三个因素来分析，即入射角度、入射速度和颗粒粒径。

本节对颗粒的入射角度、冲击角度以及入射速度、冲击速度做如下说明：规定初始气流方向与地面或试样表面方向的夹角为入射角度，颗粒与表面碰撞时冲击方向和表面方向的夹角为冲击角度，如图 5.4 所示，α 为入射角度，β_1 为冲击角度；与之对应的颗粒速度分别为颗粒入射速度 $v_{粒}$ 和颗粒冲击速度 $v_{p粒}$。

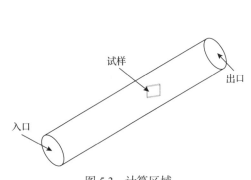

图 5.3　计算区域

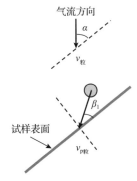

图 5.4　颗粒的入射角度和碰撞角度

颗粒以垂直于入口面的方向从每一个网格中心发出进入流场，与试样表面接触时，发生碰撞并产生冲蚀。颗粒在试样表面附近运动时，由于受到气流场的影响，其轨迹将会发生一定程度的改变。因此，当颗粒与试样表面发生接触时的冲击角度并不等于入射角度。同时，由于仿生表面形态的引入，颗粒与试样表面不同部位碰撞时，其冲击角度也不相同。因此，有必要明确这两组变量的意义，以便于分析和讨论。

(1)入射角度。气流流经试样表面时，试样在流场中的所处位置发生改变，入射角和冲击角也会随之改变。模拟过程中，通过调整试样在计算域中的位置来调整颗粒的入射角度，主要对 30°、60°和 90°三种入射角度进行研究。

(2)入射速度。本节模拟过程中，设定颗粒的入射速度等于气流速度。管道中的气流速度不同时，仿生表面形态对气流场的影响也不同，冲击角度也会随之改变。颗粒的冲击速度也是影响试样冲蚀率的重要因素之一，模拟时颗粒入射速度设定为 30m/s。

(3)颗粒粒径。气-固两相流场中，固相颗粒的粒径是影响气-固两相流场的重要因素。因此，数值计算前入射颗粒的粒径必须予以确定。本节根据实际情况，入射颗粒的粒径设定为 150μm。

利用冲蚀率和相对冲蚀率来评价试样的冲蚀情况。冲蚀率用来考察试样整体或者试样某一表面的冲蚀情况，定义为单位时间内所有网格面上冲蚀率的加权平均值，其单位为 kg/(m²·s)。相对冲蚀率用来比较仿生试样和光滑试样的冲蚀情况，可以评价仿生试样的减磨效果，相对冲蚀率越小，减磨效果越好；反之，则越差。

相对冲蚀率定义为相同条件下仿生试样的冲蚀率和光滑试样的冲蚀率的比值，用式(5.13)表示：

$$ER_S = \frac{E_B}{E_S} \tag{5.13}$$

式中，ER_S 为相对冲蚀率，为一无量纲数；E_B 为仿生试样的冲蚀率模拟结果，$kg/(m^2 \cdot s)$；E_S 为光滑试样的冲蚀率模拟结果，$kg/(m^2 \cdot s)$。

2)建模及网格划分

由于计算区域中包含不规则的仿生表面形态，使整个计算区域变得不规则，所以整个计算区域采用非结构网格进行网格划分。试样表面仿生形态对流场的影响是分析的重点，因此对试样受冲击表面周围网格要进行加密处理。图 5.5 为 $X=0$ 截面处试样周围的网格。

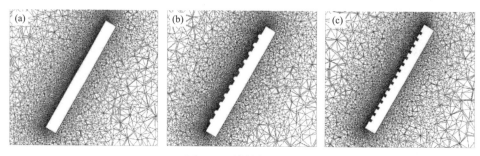

图 5.5　试样周围网格
(a)光滑表面试样；(b)仿生凸包表面试样；(c)仿生凹槽表面试样

3)计算模型及边界条件

采用速度入口(velocity inlet)边界条件，空气入口速度为 30m/s，湍流参数采用水力直径 D_H 和湍流强度 I 定义，出口采用出流(outflow)边界条件。

颗粒入射源为面入射源，入射面为气流入口面，颗粒从面上的每一个网格单元中心射入流场。颗粒入射速度和空气速度一样，设为 30m/s。入射颗粒为石英砂，主要成分为 SiO_2，颗粒粒径为 150μm，密度为 2650kg/m³，颗粒质量流量为 0.025kg/s。试样材料选为不锈钢。湍流模型采用标准 k-ε 模型，近壁区采用标准壁面函数法，壁面采用无滑移边界条件[24,28]。速度-压力耦合采用 SIMPLE 算法，控制方程中的变量和黏性参数使用二阶迎风格式离散，收敛标准为所有监测变量的残差小于 10^{-3}。在离散相模型设置面板中开启两相耦合计算。冲蚀率计算模型采用式(2.4)中石英砂对不锈钢的冲蚀率计算模型，通过 UDF 实现。壁面设置为 reflect 边界条件，采用式(2.2)的反弹模型[46-49]。

4. 模拟结果及分析

图 5.6 为三种试样分别在 30°、60°、90°入射角度下的冲蚀率直方图，由图可得以下结论。

(1) 三种试样的冲蚀率都是在 30°入射角度时最大，60°次之，90°最小。对于光滑试样，这种结果正好符合塑性材料的冲蚀率与入射角度的关系[50,51]。仿生试样也表现出同样的性质，说明仿生表面形态没有改变试样表面冲蚀率与入射角度的关系。

(2) 入射角度为 90°时，三种试样的冲蚀率比其他两个角度小很多，这种结果不符实际情况。其原因是模拟过程中对计算条件所进行的简化过于理想，同时，该冲蚀率计算模型计算高角度冲蚀率的准确性不高[39]。

(3) 入射角度为 30°时，仿生凸包表面试样的冲蚀率比光滑试样小，入射角度为 60°和 90°时，冲蚀率略大于光滑试样。仿生凹槽表面试样在三种入射角度的冲蚀率都比前两者小，即仿生凹槽表面试样在模拟条件下始终保持良好的抗冲蚀性能。

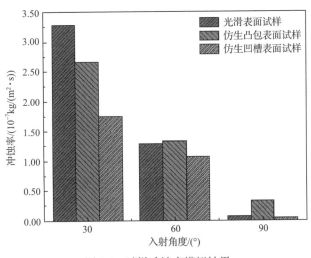

图 5.6　试样冲蚀率模拟结果

如图 5.7 所示，对比仿生凹槽表面试样在不同入射角度的相对冲蚀率可知，试样在 30°入射角度时的相对冲蚀率最小，即抗冲蚀效果最好。

试样表面仿生形态的引入，必然会导致其边界层流场速度、压力、湍流属性等的改变。同时，气-固两相流场中颗粒相的相关参数也会发生变化。由以上数值模拟计算结果可知，在 30°入射角度时，仿生试样的抗冲蚀性能优于光滑表面试样，并且具有良好的抗冲蚀效果。因此，选择这组条件，通过分析气相流场和颗粒相的相关性质，进一步讨论仿生试样的抗冲蚀机理。

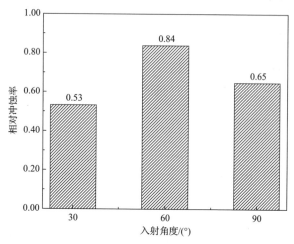

图 5.7　仿生凹槽表面试样在不同入射角度的相对冲蚀率

1)气相流场特性分析

图 5.8～图 5.10 为 $X=0$ 截面上不同表面试样的气流速度分布等值线图和流线图。从速度分布等值线图可以看出，光滑表面试样的气流速度比仿生凸包表面试样和仿生凹槽表面试样的大；凹槽槽道内的气流速度明显小于光滑表面试样表面的气流速度；仿生凸包表面试样的凸包附近区域的气流速度也有一定程度的减小。对比观察试样表面的流线图可知，光滑表面试样气流顺利流过表面，仿生凸包表面试样表面流线稍有弯曲，说明凸包对流经其表面的气流有一定的扰动作用。仿生凹槽表面试样对表面气流的影响很大，气流在凹槽内旋转流动，形成了比较稳定的低速回流区。

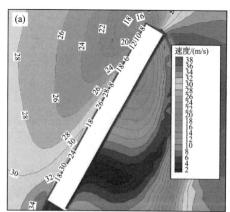
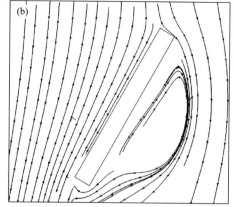

图 5.8　光滑表面试样气流分析结果

(a)速度分布等值线图；(b)流线图

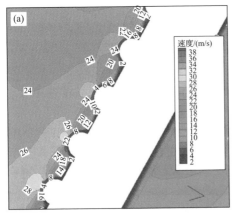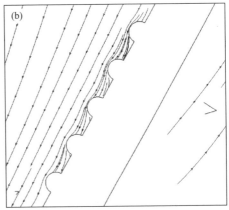

图 5.9　仿生凸包表面试样气流分析结果

(a)速度分布等值线图；(b)流线图

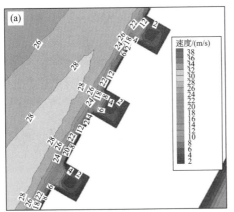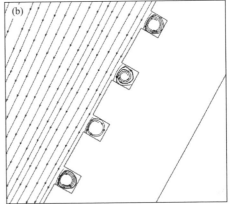

图 5.10　仿生凹槽表面试样气流分析结果

(a)速度分布等值线图；(b)流线图

仿生凹槽表面试样凹槽内特殊的流动形式对其耐冲蚀性能有重要的影响。凹槽内气流的旋转具有"空气垫"作用：一方面，使气流湍流程度增大，影响近壁流场，影响气流中颗粒的轨迹，改变原本可能与凹槽表面相撞颗粒的运动轨迹，使其随气流离开试样表面；另一方面，气流旋转产生的气团能够吸收颗粒的动能，减轻颗粒碰撞时的冲击能量。同时，由于试样表面气流速度的减小，气流带动颗粒运动所做的功将会减少，必然会导致气流中颗粒冲击速度减小。仿生凹槽表面试样的这些特性均有助于减小颗粒对试样表面的碰撞损伤，降低冲蚀磨损程度[41,42]。

2)颗粒与试样表面碰撞的相关信息分析

同一属性的颗粒对某一特定材料表面冲蚀的影响因素主要是冲击速度、冲击角度和撞击次数[41,42,52]。利用 ANSYS/FLUENT 软件的后处理系统提取颗粒与试样表面碰撞的相关信息并分析，这些信息包括颗粒冲击速度、冲击角度和撞击次数等。

(1)颗粒冲击速度分析。

颗粒的冲击速度是影响材料冲蚀率的一个重要因素[51-55]，冲蚀率与冲击速度的关系为

$$\varepsilon = k v_{p粒}^{n} \tag{5.14}$$

式中，ε 为冲蚀率；k 为系数；$v_{p粒}$ 为颗粒冲击速度；n 为速度指数，对于固体颗粒冲蚀，速度指数 n 为 2.0～3.0。

对颗粒碰撞试样表面的速度进行统计，分析颗粒冲击速度在不同范围内的分布概率。如图 5.11 所示，为颗粒冲击速度的概率分布图，光滑表面试样颗粒冲击速度分布比较集中，在 30m/s 左右；颗粒对仿生凸包表面试样的碰撞速度分布在 5～30m/s 范围内，但超过 80%颗粒的冲击速度分布在 30m/s 附近；对于仿生凹槽表面试样，颗粒对其表面的冲击速度主要分布在 10m/s、16m/s 和 30m/s 附近。研究结果表明，由于凹槽分布比较规律，颗粒冲击速度分布也比较规律，主要集中在某几个值附近，没有大范围波动。由此可见，仿生凹槽表面试样的颗粒冲击速度整体小于仿生凸包表面试样和光滑表面试样，这直接导致仿生凹槽表面试样冲蚀率小于光滑试样和仿生凸包表面试样。

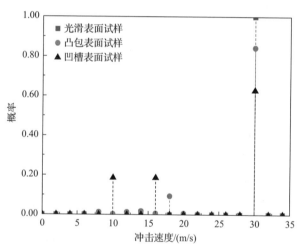

图 5.11 颗粒与试样表面冲击速度分布

(2)颗粒冲击角度分析。

颗粒碰撞试样表面的冲击角度也是影响表面冲蚀的重要因素之一，对于塑性材料，最大冲蚀率对应的冲击角度为 20°～30°[51-55]。图 5.12 为颗粒碰撞试样表面

的冲击角度分布。颗粒与光滑试样表面冲击角度集中在 30°附近,说明颗粒轨迹在流场中没有发生大的变化,颗粒对表面的冲击角度和颗粒进入流场的入射角度相差不大。颗粒与凸包表面试样的冲击角度分布在 0°~90°,但主要集中在 30°区域,落在 30°区域的概率为 67%。由此可见,颗粒对光滑表面试样和仿生凸包表面试样的碰撞主要发生在低角度区域。对于仿生凹槽表面试样,颗粒冲击角度主要分布在 25°~35°和 50°~65°两个区域,而且分布在 50°~65°区域的概率比较大,说明颗粒对凹槽表面的冲击角度主要分布在高角度区域。冲击角度发生改变的原因可能有两个:一是凹槽的存在,使气流与凹槽前后壁所成的角度变为 60°,即颗粒相对于凹槽前后壁的入射角度为 60°;二是凹槽试样表面和槽道内的气流运动比较复杂,气流中的颗粒运动轨迹会随之发生变化,冲击角度也会随之改变。

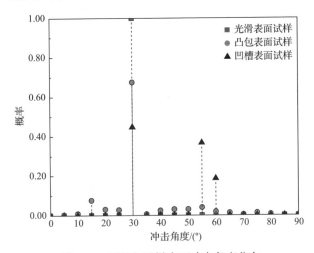

图 5.12 颗粒与试样表面冲击角度分布

对比三种试样的颗粒冲击角度分布情况可知,颗粒对仿生凹槽表面试样的碰撞主要发生在相对不易被冲蚀的高角度区域,而光滑表面试样和仿生凸包表面试样的碰撞主要发生在冲蚀量较大的低角度区域,该结论也解释了仿生凹槽表面试样具有更小冲蚀率的原因。

(3)颗粒轨迹及撞击频率分析。

图 5.13~图 5.15 为从入射源发出的 10 个颗粒在给定模拟条件下的运动轨迹。颗粒与光滑表面试样碰撞后直接反弹离开表面。颗粒与仿生凸包表面试样碰撞时,由于表面不规则,部分颗粒反弹后还会与试样表面发生碰撞,导致撞击次数增加;颗粒与仿生凹槽试样表面碰撞时,若碰撞点没有落在凹槽内,则会反弹离开表面,若碰撞点落在凹槽内,颗粒反弹后还会与凹槽的其他面发生碰撞,因此颗粒的撞击次数也会大大增加。

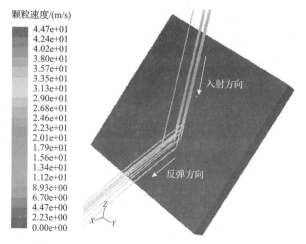

图 5.13 颗粒碰撞光滑表面试样的运动轨迹图

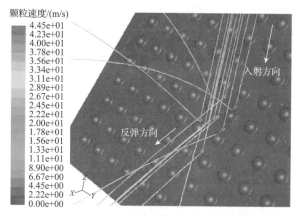

图 5.14 颗粒碰撞仿生凸包表面试样的运动轨迹图

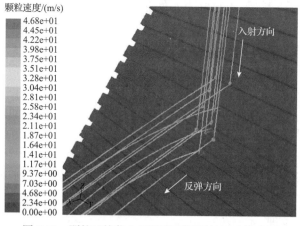

图 5.15 颗粒碰撞仿生凹槽表面试样的运动轨迹图

对颗粒轨迹采样统计分析得出，由入射源发射的 4240 个颗粒，与光滑表面试样、仿生凸包表面试样和仿生凹槽表面试样发生碰撞的次数分别为 291 次、332 次和 452 次。但是，仿生凸包表面试样和仿生凹槽表面试样上仿生表面形态的存在，导致其表面积大于光滑试样。通过计算得出，三种试样表面单位面积上的撞击次数分别为 0.116 次/mm²、0.115 次/mm² 和 0.113 次/mm²。由此可见，单位面积上颗粒与仿生凸包、凹槽表面试样碰撞的次数小于光滑表面试样，并且仿生凹槽表面试样单位面积上的撞击次数最少。因此，仿生凹槽表面试样单位面积上碰撞次数的减少，也在一定程度上降低了其冲蚀破坏的概率。

综上所述，仿生凹槽表面试样在给定模拟条件下的抗冲蚀特性优于仿生凸包表面试样和光滑表面试样，并且在 30° 入射角度时，其抗冲蚀特性尤为突出。总结其抗冲蚀机理，主要包括两个方面。

①凹槽表面降低颗粒对试样的冲击速度。主要原因如下：凹槽降低了试样表面的气流速度，气流带动颗粒运动所做的功将会减少，必然会导致颗粒冲击速度减小；旋转气团起到"空气垫"的作用，能够吸收和缓冲颗粒的冲击动能，最终也会降低颗粒的冲击速度。

②凹槽表面改变了气流中颗粒的冲击角度和撞击频率。冲击角度和撞击频率会直接影响试样表面冲蚀率。凹槽试样表面形态和气相流场的变化，一方面使撞击发生在高角度区域的概率增加，另一方面使撞击频率减小。这两种因素的共同作用，增加了仿生凹槽表面试样的抗冲蚀性能。

(4) 颗粒粒径对仿生试样冲蚀影响的分析。

在入射角度为 30° 时，与仿生凸包表面试样和光滑表面试样相比，仿生凹槽表面试样具有较好的抗冲蚀性能。为了进一步考察仿生凹槽表面试样的冲蚀情况，分析了颗粒粒径对仿生凹槽表面试样冲蚀率的影响，同时对光滑试样进行模拟，用于对比分析。考察的粒径为 20μm、50μm、100μm、150μm、300μm。

图 5.16 为不同粒径颗粒对仿生凹槽表面试样和光滑表面试样的冲蚀率的影响结果。在考察的粒径范围内，仿生凹槽表面试样的冲蚀率都小于光滑试样。两种试样的冲蚀率随粒径变化趋势大体相同，当颗粒粒径较小时，如 20～100μm 粒径范围内，冲蚀率随粒径增大而增大，且变化比较明显；当粒径较大，如粒径为 100μm、150μm、300μm 时，冲蚀率变化较小，说明当颗粒粒径到达一定的临界值后，粒径变化对冲蚀率的影响较小。这种结果和冲蚀率与颗粒粒径的关系相符[51-55]。

图 5.17 显示了不同粒径颗粒时仿生凹槽表面试样的相对冲蚀率。在所考察的粒径范围内，颗粒粒径为 20μm 时，试样相对冲蚀率最小；当颗粒粒径为其他数值时，试样的相对冲蚀率相差不大，说明仿生凹槽表面试样对小粒径颗粒抗冲蚀

效果最好。

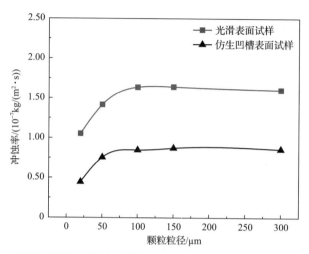

图 5.16　不同粒径颗粒对仿生凹槽表面试样和光滑表面试样的冲蚀率的影响

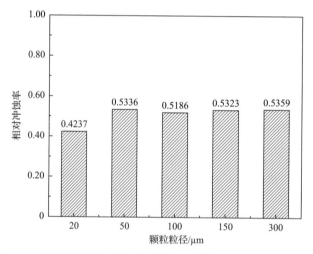

图 5.17　不同粒径颗粒对仿生凹槽表面试样的相对冲蚀率的影响

　　由式(5.14)可知，冲蚀率是一个与颗粒粒径不相关的量，利用这个公式计算冲蚀率时，无需考虑粒径的影响。因此，由粒径不同而导致的冲蚀率变化，主要取决于颗粒在气-固两相流中的运动状态。颗粒粒径不同时，气-固两相流中颗粒相和连续相的相间耦合作用不同，小粒径的颗粒更容易受到气流场的影响，其运动状态比较容易受气流场的影响而发生改变[39]。因此，20μm 和 50μm 的颗粒对试样表面的冲蚀率小于大粒径颗粒，同时也解释了粒径颗粒较小时仿生凹槽表面试样具有较好抗冲蚀性能的原因。

5.2.2　不同横截面结构的仿生凹槽表面抗冲蚀过程

1. 仿生模型的建立

根据前文所述，建立四种仿生模型：方形槽表面仿生模型、V 形槽表面仿生模型、弧形槽表面仿生模型和凸包表面仿生模型，分析不同横截面结构的仿生凹槽表面和凸包表面的抗冲蚀性能。结合数值模拟的计算条件，制定这四种仿生模型的表面形态尺寸。表 5.1 为各表面形态的尺寸参数。

表 5.1　表面形态尺寸

仿生模型	单元形态			间距/mm
	截面特征	特征参数	特征值/mm	
方形槽表面仿生模型	正方形	边长	4	2
V 形槽表面仿生模型	正三角形	边长	4	2
弧形槽表面仿生模型	半圆形	直径	4	2
凸包表面仿生模型	半圆形	直径	4	2

2. 网格划分与边界条件设定

网格划分的质量直接影响数值计算结果的准确性，Gambit 通过计算单元网格的歪斜度(EquiSize Skew)来评价网格质量的好坏。歪斜度的值通常为 0～1，0 表示质量最好，1 表示质量最差。表 5.2 给出了所划网格的质量。

表 5.2　网格质量

起始值	终值	计数	总数(3023568)的百分比/%
0	0.1(不包括 0.1，下同)	239656	7.93
0.1	0.2	555844	18.38
0.2	0.3	801575	26.51
0.3	0.4	776790	25.69
0.4	0.5	410047	13.56
0.5	0.6	181830	6.01
0.6	0.7	50842	1.68
0.7	0.8	6984	0.23
0.8	0.9	0	0
0.9	1	0	0
0	1	3023568	100.00

　　网格划分的密度也影响数值计算结果的准确性。网格越密，计算结果的精确度越高，但网格过密将大大增加计算机的工作时间，有时甚至超出计算机的工作能力范围。为了准确考察冲蚀与仿生形态之间的关系，本节在数值模拟过程中对仿生形态表面附件区域进行网格加密，这样既保证了计算精度，也缩短了计算时间。加密后的网格如图 5.18 所示。

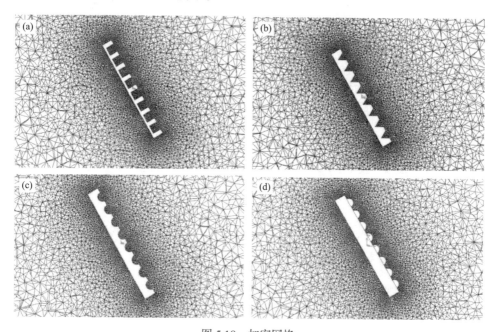

图 5.18　加密网格

(a)方形槽表面仿生模型；(b)V 形槽表面仿生模型；(c)弧形槽表面仿生模型；(d)凸包表面仿生模型

　　数值模拟过程中流场计算域、边界条件、计算过程中的参数参照 5.2.1 节设置。

3. 数值模拟结果与分析

1)冲蚀率

　　材料的冲蚀率与冲击角度有密切的关系，塑性材料在 30°冲击角度时具有较大的冲蚀率。因此，本节将考察冲击角度为 30°时，四种仿生模型的抗冲蚀性能。图 5.19 为四种仿生模型冲蚀率的分布云图，方形槽表面仿生模型冲蚀率在 0～2.73×10^{-6}kg/(m²·s) 范围内波动，V 形槽表面仿生模型冲蚀率在 0～1.54×10^{-6}kg/(m²·s) 范围内波动，弧形槽表面仿生模型冲蚀率在 0～2.14×10^{-6}kg/(m²·s) 范围内波动，凸包表面仿生模型冲蚀率在 0～3.33×10^{-6}kg/(m²·s) 范围内波动。前三种仿生模型冲蚀均发生在肋条顶端，槽的内部几乎没有发生冲蚀；而凸包表面仿生模型冲蚀发生位置则显得杂乱无章，可能发生在凸包顶端，也可能发生在基底处。

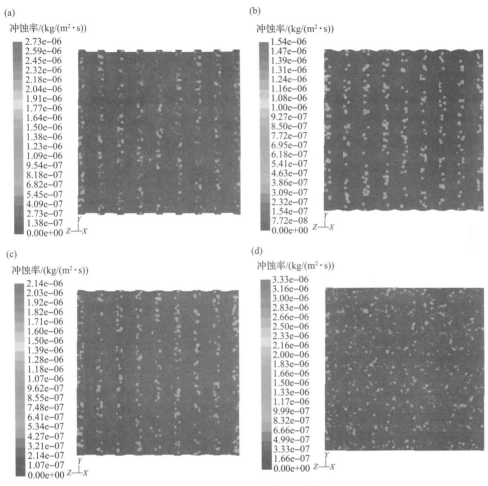

图 5.19 冲蚀磨损分布云图

(a) 方形槽表面仿生模型；(b) V 形槽表面仿生模型；(c) 弧形槽表面仿生模型；(d) 凸包表面仿生模型

在 ANSYS/FLUENT 软件中冲蚀率定义为单位时间内固体颗粒与单位面积材料表面碰撞所切削掉的材料质量。为了便于整体分析，本节对四种仿生表面的冲蚀率进行面积加权平均计算，以得到四种仿生表面的平均冲蚀率。图 5.20 所示为四种仿生模型的平均冲蚀率计算结果。由图可知，平均冲蚀率大小依次为：凸包表面仿生模型>方形槽表面仿生模型>弧形槽表面仿生模型>V 形槽表面仿生模型。然而，冲蚀率越大，材料的抗冲蚀性能越差；冲蚀率越小，材料的抗冲蚀性能越好。因此，四种仿生模型的抗冲蚀性能依次为：V 形槽表面仿生模型>弧形槽表面仿生模型>方形槽表面仿生模型>凸包表面仿生模型。

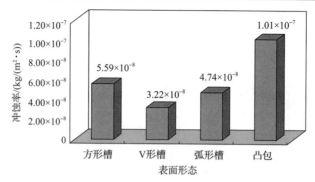

图 5.20　四种仿生模型平均冲蚀率

2)固体颗粒运动轨迹分析

冲蚀的形成过程与许多因素有关，主要因素包括颗粒运行轨迹、颗粒冲击速度、颗粒与试样表面的撞击频率等[41,42,56]。图 5.21 为固体颗粒运动轨迹图。

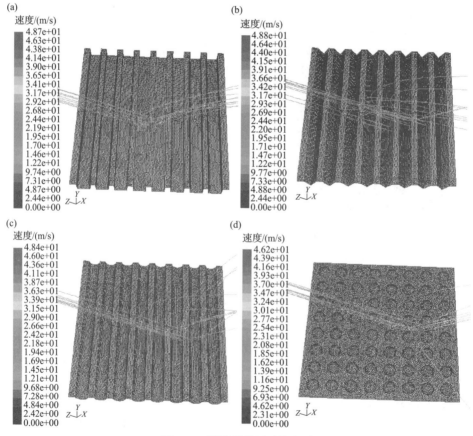

图 5.21　固体颗粒运动轨迹图

(a)方形槽表面仿生模型；(b)V 形槽表面仿生模型；(c)弧形槽表面仿生模型；(d)凸包表面仿生模型

　　观察发现，固体颗粒的运动轨迹均在碰撞壁面处发生转折，且颗粒与凸包形壁面碰撞时的冲击速度大于颗粒与方形槽壁面、V 形槽壁面、弧形槽壁面碰撞时的冲击速度，而颗粒与 V 形槽壁面的撞击频率明显小于颗粒与方形槽壁面、弧形槽壁面、凸包壁面的撞击频率。

　　当空气流经四种仿生表面时，体表形态不同，流线也随之变化。对于凸包表面仿生模型，部分流线将在凸包表面产生弯曲，形成绕流。对于方形槽表面仿生模型、V 形槽表面仿生模型和弧形槽表面仿生模型，气流将在槽内旋转流动，形成"空气垫"。"空气垫"的形成，增加了气流的湍流程度，破坏了近壁流场，改变了固体颗粒的运动轨迹，使部分固体颗粒没有与仿生壁面碰撞而直接随气流离开；同时"空气垫"具有缓冲作用，能在槽内形成低速回流区，有效降低固体颗粒的运动速度，从而大大减小了颗粒与仿生壁面碰撞时的冲击动能。

　　"空气垫"可以阻止部分颗粒与三种仿生形态表面(方形槽、V 形槽和弧形槽)碰撞，起到降低冲蚀的作用。但对于已经与仿生表面碰撞的固体颗粒，由于碰撞壁面仿生形态的不同，固体颗粒的碰撞轨迹也不同。为了便于比较分析，本节将固体颗粒视为球体，仅考虑其与壁面的弹性碰撞，忽略碰撞过程中其他因素的影响。图 5.22 为固体颗粒与方形槽碰撞轨迹图，当入射角度为 30°时固体颗粒与方形槽壁面实际冲击角度为 60°，且与方形槽壁面碰撞 3 次后离开方形槽表面。图 5.23 为固体颗粒与 V 形槽碰撞轨迹图，当入射角度为 30°时固体颗粒与 V 形槽壁面实际冲击角度为 90°，但只与 V 形槽壁面碰撞 1 次后即离开 V 形槽表面。图 5.24 为固体颗粒与弧形槽碰撞轨迹图，当入射角度为 30°时固体颗粒与弧形槽壁面实际冲击角度也远大于 30°，其与弧形槽壁面碰撞 2 次后离开弧形槽表面。

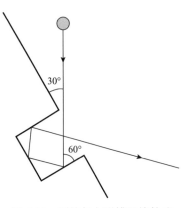

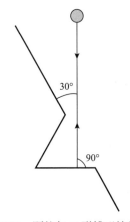

图 5.22　颗粒与方形槽碰撞轨迹　　　　　图 5.23　颗粒与 V 形槽碰撞轨迹

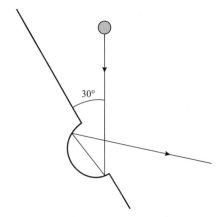

图 5.24　颗粒与弧形槽碰撞轨迹

　　在实际数值模拟过程中，固体颗粒的碰撞轨迹与许多因素有关，如固体颗粒的形状、运动状态以及气流场等。因此，本节应用采样统计法对固体颗粒的碰撞轨迹进行分析。对于方形槽表面仿生模型，当入口处射流源喷射 25726 个固体颗粒时，颗粒与方形槽壁面撞击的次数为 5570 次，单个颗粒的撞击频率为 0.217 次。对于 V 形槽表面仿生模型，当入口处射流源喷射 18426 个固体颗粒时，颗粒与 V 形槽壁面撞击的次数为 2777 次，单个颗粒的撞击频率为 0.151 次。对于弧形槽表面仿生模型，当入口处射流源喷射 15896 个固体颗粒时，颗粒与弧形槽壁面撞击的次数为 3097 次，单个颗粒的撞击频率为 0.195 次。综上所述，固体颗粒与仿生表面撞击频次顺序为：方形槽>弧形槽>V 形槽。

　　冲击速度越小，撞击频次越低，撞击壁面的冲蚀磨损越小，壁面的抗冲蚀性能越好。因此，四种仿生模型的抗冲蚀性能依次为：V 形槽表面仿生模型>弧形槽表面仿生模型>方形槽表面仿生模型>凸包表面仿生模型。

5.3　复合仿生表面抗冲蚀过程数值模拟

5.3.1　凹槽与弧形复合仿生表面抗冲蚀过程

　　为了综合考虑试样表面结构、曲率对试样抗冲蚀性能的影响，在对仿生 V 形槽表面试样进行仿真分析的基础上，进行凹槽(V 形槽)与弧形复合仿生表面的抗冲蚀过程数值模拟。

　　1. 基于 ANSYS/FLUENT 软件的气相仿真

　　图 5.25 为仿生模型的气体流速分布云图。如图 5.25(a)所示，无曲率试样 X

方向的气体流速最大值为 60m/s，V 形槽内的涡流流速为 0m/s；如图 5.25(c)所示，有曲率试样 X 方向的气体流速最大值为 30m/s，V 形槽内的涡流流速为 10m/s；如图 5.25(b)所示，无曲率试样 Y 方向的气体流速最大值为 30m/s，V 形槽内的涡流流速为 0m/s；如图 5.25(d)所示，有曲率试样 Y 方向的气体流速最大值为 15m/s，V 形槽内的涡流流速为 15m/s。无曲率试样表面及 V 形槽内的气体流速均小于有曲率试样表面及 V 形槽内气体的流速，由于两种试样 V 形槽内所形成的涡流是较为稳定的，即 V 形槽内所形成的涡流夹带的运动速度应该与涡流的速度一致。由此可以推断，对于无曲率试样，V 形槽内冲蚀粒子 X 方向与 Y 方向的速度均小于有曲率试样 V 形槽内冲蚀粒子的运动速度，冲蚀粒子的速度小，因此冲蚀粒子对于无曲率试样的冲蚀程度较有曲率试样轻。

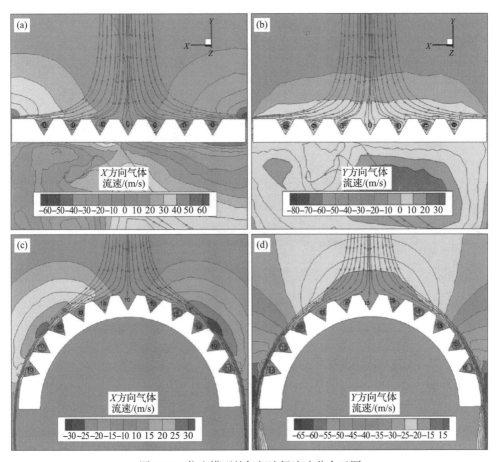

图 5.25　仿生模型的气相流场流速分布云图

(a)无曲率试样 X 方向的气体流速分布云图；(b)无曲率试样 Y 方向的气体流速分布云图；
(c)有曲率试样 X 方向的气体流速分布云图；(d)有曲率试样 Y 方向的气体流速分布云图

2. 基于 ANSYS/LS-DYNA 的颗粒相仿真

1）ANSYS/LS-DYNA 求解过程

采用ANSYS/LS-DYNA模拟冲蚀粒子撞击靶材的过程,具体应用到WORKBENCH和 LS-DYNA，运用 WORKBENCH 当中的 Explicit Dynamics（LS-DYNA Export）模块对粒子冲击模型进行网格的划分及边界条件的定义，生成 K 文件，并运用ANSYS MECHANICAL APDL PRODUCT LAUNCHER 求解器对所生成的 K 文件进行求解，最后应用后处理模块 LS-DYNA 对计算结果进行后处理显示。

如图 5.26 所示为粒子撞击靶材的模型，其中冲蚀粒子为球状颗粒，粒径为0.25mm。运用 WORKBENCH 对模型进行前处理的过程主要包括模型材料的定义、模型网格的划分及粒子冲击速度及求解时间步的设定。对冲蚀粒子进行材料定义如下：密度为 8930kg/m^3，弹性模量为 1.17×10^{11}Pa，泊松比为 0.35；硬质层的材料属性为：密度为 7850kg/m^3，弹性模量为 2×10^{11}Pa，泊松比为 0.3；柔性体（橡胶）的材料属性为：密度为 1000kg/m^3，其应变-应力曲线如图 5.27 所示。模型采

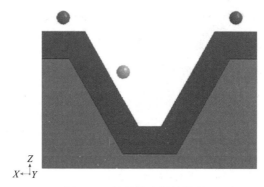

图 5.26　粒子撞击靶材模型

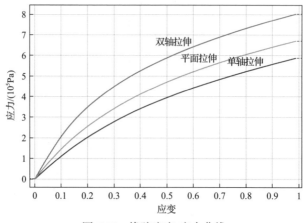

图 5.27　橡胶应变-应力曲线

用自由网格划分的方法，网格最小边长设为 0.125mm。时间步参数设定为：最大循环次数为 10000000，终止时间为 0.001s，显示点数为 300。将试样模型设为静止，冲蚀粒子冲击速度设为 30m/s，与模型水平面成 30°角入射。

　　图 5.28 为 ANSYS MECHANICAL APDL PRODUCT LAUNCHER 求解器的求解环境，Simulation Environment 设定为 LS-DYNA Solver，License 选用 ANSYS Multiphisics/LS-DYNA，Analysis Type 选用 Tipical LS-DYNA Analysis。

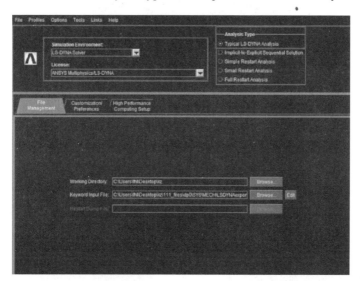

图 5.28　ANSYS MECHANICAL APDL PRODUCT LAUNCHER 求解环境设定面板

2）基于 LS-DYNA 的颗粒相仿真结果

　　运用 WORKBENCH 当中的 Explicit Dynamics（LS-DYNA Export）模块，对计算模型进行前处理；生成求解文件之后，再运用 ANSYS MECHANICAL APDL PRODUCT LAUNCHER 求解器对求解文件进行求解；最后，运用后处理器 LS-DYNA 对计算结果进行显示等后处理操作。

　　图 5.29 为无曲率耦合仿生模型在四个连续时刻的等效应力的分布云图。当冲蚀粒子撞击靶材表面时，靶材所受应力集中于硬质层；在粒子撞击靶材反弹的时刻，集中于硬质层的应力开始向整个硬质层及位于其下方的柔性体扩散，此时最大应力仍集中于硬质层；在下一时刻，硬质层所受的应力进一步向下方的柔性体扩散，此时，主要应力集中于柔性体；随后，集中于下方柔性体的应力又开始向上方的硬质层扩散，此时最大应力位于上方的硬质层。可见，冲蚀粒子对靶材的冲击所产生的应力，周期性地由硬质层向柔性体传递，再由柔性体向硬质层传递。在此过程中，靶材的最大应力逐渐减小，由于柔性体的存在，靶材所受的应力逐渐被缓释掉，如此一来，便削弱了冲蚀粒子对于靶材的冲蚀作用。

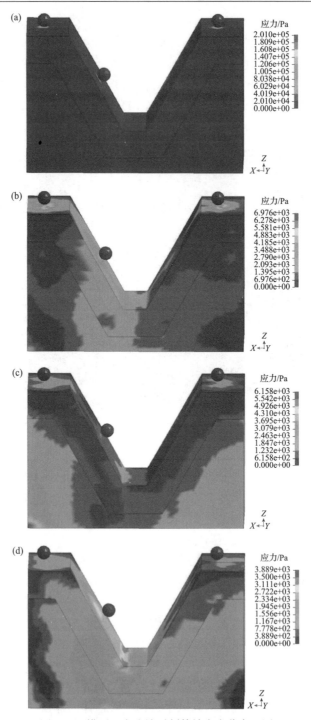

图 5.29　模型四个连续时刻等效应力分布云图

(a)时刻 1；(b)时刻 2；(c)时刻 3；(d)时刻 4

图 5.30 为四种模型的颗粒相分析模型图，其中冲蚀粒子为球状颗粒，粒径为

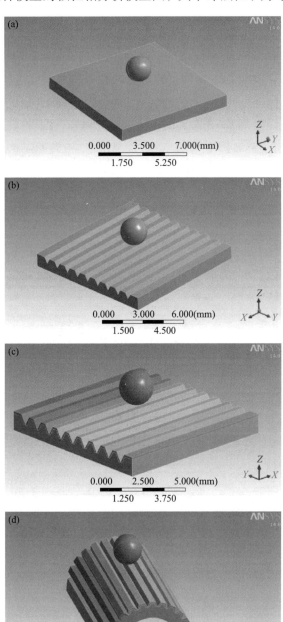

图 5.30　四种模型的颗粒相分析模型图

(a)光滑表面模型；(b)V 形槽结构模型；(c)无曲率耦合仿生模型；(d)有曲率耦合仿生模型

1mm。为了研究四种不同模型的能量缓释效应的差异，在冲蚀粒子冲击靶材的过程中提取粒子动能的瞬时值。上述四种模型的材料属性同图 5.26 中模型的材料属性，在此分析中，冲蚀粒子垂直于靶材表面入射，入射速度为 30m/s。

图 5.31 为冲蚀粒子动能随时间的变化曲线。对于四种模型，粒子冲击靶材前后的动能变化不同，因此四种模型对粒子动能吸收的程度不同。对四种模型而言，冲蚀粒子冲击靶材后的动能变化量大小顺序为：无曲率耦合仿生模型>V 形槽结构模型>有曲率耦合仿生模型>光滑表面模型。由此可知，四种模型的能量缓释能力强弱次序为：无曲率耦合仿生模型>V 形槽结构模型>有曲率耦合仿生模型>光滑表面模型。因此，上述四种模型的抗冲蚀能力强弱次序为：无曲率耦合仿生模型>V 形槽结构模型>有曲率耦合仿生模型>光滑表面模型。

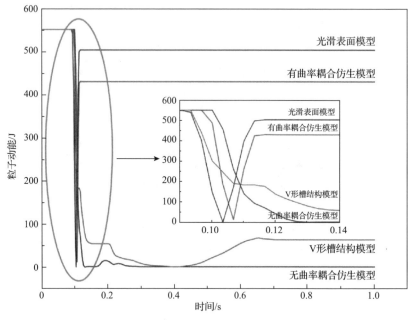

图 5.31　粒子动能随时间的变化曲线

5.3.2　凸包与弧形复合仿生表面抗冲蚀过程

1. 建立几何模型及计算域

建立内弧面直径 D_1 为 52mm、外弧面直径 D_2 为 60mm、拉伸长度 L（几何模型总长度）为 40mm 且夹角为 60°的弧面模型，以模型表面最中间作为对称轴使左右两侧对称，设置疏密、大小不一的凸包。对于中间部分，共三列且每列之间间隔 6°，大凸包直径 D_3 为 1.2mm，小凸包直径 D_4 为 0.8mm，纵向相邻的大凸包之间间隔为 2.7mm，纵向相邻的小凸包之间间隔为 2.4mm；左右两侧部分，每侧共四列且每列之间间隔 4°，纵向相邻的大凸包之间间隔为 1.4mm，纵向相邻的小凸包之间间隔为 1.3mm。图 5.32 为建立的六种待模拟分析的几何模型图，图 5.32(a)~(f)分别代表几何模型 1~6。

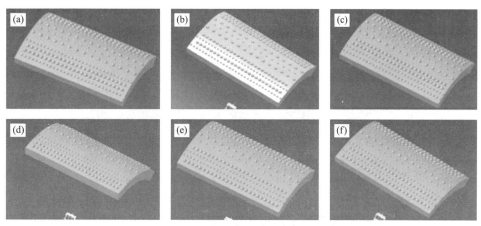

图 5.32　六种三维几何模型图

(a)模型 1 中间部分的中间列为小凸包，左右两侧部分的中间两列为大凸包；(b)模型 2 中间部分的中间列为小凸包，左右两侧部分的最外列为小凸包且小大凸包交错排布；(c)模型 3 中间部分的中间列为小凸包，左右两侧部分的最外列为小凸包且先两列小凸包再两列大凸包依次排布；(d)模型 4 中间部分的中间列为大凸包，左右两侧部分的最外列为大凸包且先两列小凸包再两列大凸包依次排布；(e)模型 5 中间部分的中间列为大凸包，左右两侧部分的中间两列为小凸包；(f)模型 6 中间部分的中间列为大凸包，左右两侧部分的最外列为大凸包且大小凸包交错排布

在模型基础上建立流体计算域模型，如图 5.33 所示，计算域是以几何模型表面中间位置处的切线与入口处初始气流方向成 30°夹角方向的交点作为中心基准，长 400mm、宽 200mm、高 90mm 的长方体。在进行模拟分析时，将六种几何模型均放置在计算域的中心处。

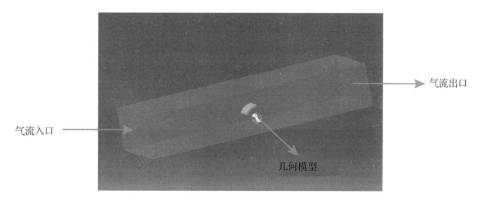

图 5.33　流体计算域模型

2. 划分网格及边界条件的设置

采用 ICEMCFD 软件对几何模型进行网格划分，考虑到试样表面复杂的仿生形态会导致计算域变得不规则，因此采用四面体非结构网格并且在试样周围进行网格加密。图 5.34 显示了以模型 1 为例在 XY 截面处的网格。

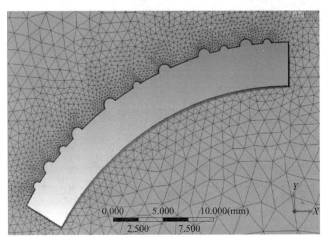

图 5.34　几何模型截面处网格图

湍流模型采用标准的 $k\text{-}\varepsilon$ 模型，湍流参数采用水力直径和湍流强度定义。速度入口作为边界条件，气流速度为 30m/s，出口采用出流边界条件。气流入口面也是固体颗粒入射面，入射颗粒是密度为 2640kg/m³、粒径为 140μm 的石英砂，入射速度为 30m/s 且设定颗粒质量流量为 0.025kg/s。采用 SIMPLE 算法求解控制方程，当监测变量的残差小于 10^{-4} 时，结果视为收敛，终止迭代。

3. 模拟结果分析

将上述划分好网格的六种模型导入 ANSYS/FLUENT 软件，通过边界条件的设置，初始化进行计算分析，单击软件 GraphicsandAnimations 里面的 contours 和 vectors 可以得到试样表面的静压力云图和速度矢量图，如图 5.35 所示。

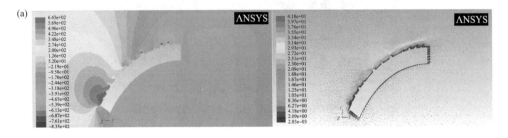

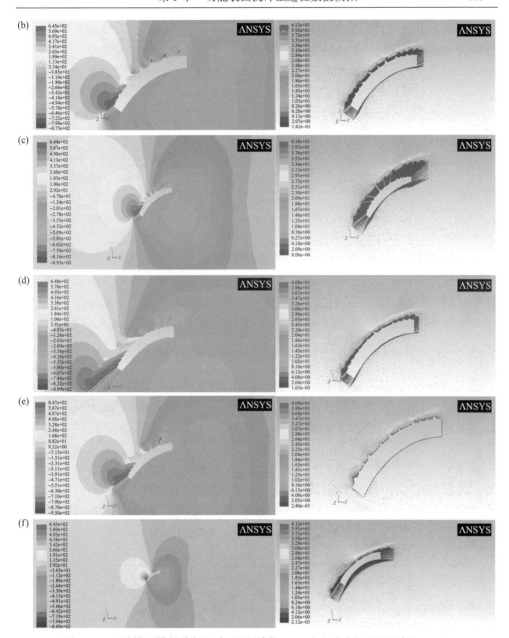

图 5.35　六种模型模拟分析压力云图(单位：MPa)和速度矢量图(单位：m/s)

(a)模型 1 的压力云图和速度矢量图；(b)模型 2 的压力云图和速度矢量图；(c)模型 3 的压力云图和速度矢量图；(d)模型 4 的压力云图和速度矢量图；(e)模型 5 的压力云图和速度矢量图；(f)模型 6 的压力云图和速度矢量图

影响冲蚀的主要因素有冲击角度、冲击速度、粒子的粒径和形状及材料的硬度和强度等。上述六种模型在同样的条件下进行模拟分析，发现模型表面的速度各不相同，所以只需要分析六种模型表面的静压力和速度大小，便可以得知不同模型表面形态分布对表面速度的影响，进而分析模型表面形态分布的优异性能。已知模型表面静压分布和速度分布呈相反趋势，即静压大的区域速度较小，静压小的区域速度大。因此，结合模型最外层表面的静压云图和速度分布图，可以分析模型表面形态分布的优异性能。在 ANSYS/FLUENT 云图里，单击✐图标(Print information about selected item)，可以得知不同模型表面的速度分布情况。例如，图 5.35 中的模型按照编排的顺序(a)～(f)同样分别代表模型 1～6 表面形态的静压力云图和速度分布图：模型 1 的速度在 8.0237～15.0996m/s 范围内，模型 2 的速度在 7.4182～13.9011m/s 范围内，模型 3 的速度在 7.9186～14.8257m/s 范围内，模型 4 的速度在 5.1602～12.2791m/s 范围内，模型 5 的速度在 6.0328～13.4205m/s 范围内，模型 6 的速度在 6.8793～13.0294m/s 范围内。研究结果表明，六种模型表面的静压力云图与实际情况吻合，由此得知六种模型的表面形态分布影响表面速度大小的排序为：模型 4>模型 5>模型 6>模型 2>模型 3>模型 1。模型表面的不同形态分布影响模型表面的速度越大，即说明该模型表面形态越能够改变粒子冲蚀在材料表面的动能，换言之，该模型表面形态分布越优异。由此可知，六种模型的优异性能排序为：模型 4>模型 5>模型 6>模型 2>模型 3>模型 1。

5.3.3 凸包与凹槽复合仿生表面抗冲蚀过程

采用 ANSYS/FLUENT 软件进行凸包与凹槽复合仿生表面抗冲蚀过程影响的数值模拟，分析不同气-固两相流入射角度下，凸包与凹槽复合仿生表面对材料表面流场分布规律、冲蚀粒子运动轨迹和材料表面冲蚀率的影响，并通过冲蚀率来评价材料表面的抗冲蚀性能。经典冲蚀磨损理论认为，气-固两相流入射角度是影响冲蚀率的重要因素，并且它们与冲蚀率之间为复杂的函数关系。为了分析凸包与凹槽复合仿生表面对冲蚀过程的影响，需要分析尽可能多的气-固两相流入射角度情况下，凸包与凹槽复合仿生表面对冲蚀过程的影响。因此，取气-固两相流入射角度为 10°、20°、30°、40°、50°、60°、70°、80°和 90°。

1. 建立模型

分别进行光滑表面和仿生表面形态的数值模拟建模，如图 5.36 所示。在数值模拟分析过程中，需要设定流场域，设定流场域为直径 100mm、高度 200mm 的圆柱体，将相应的物理模型放置在圆柱体中心位置。同时，为了提升数值模拟分析的效率和节约时间，冲蚀数值模拟过程中，流场域以及具有光滑表面和凸包与凹槽复合仿生表面的物理模型均建立 1/2 模型，以此来提升工作效率。

2. 网格划分

作为有限元数值模拟分析的基础，网格质量对数值模拟分析结果的精确性和真实性有极大影响，而且其会影响仿真计算的稳定性和收敛性。在进行冲蚀数值模拟分析的过程中，光滑表面或凸包与凹槽复合仿生表面附近区域的流场流动参数变化显著，因此需要对光滑表面或仿生表面附近区域进行网格细化。

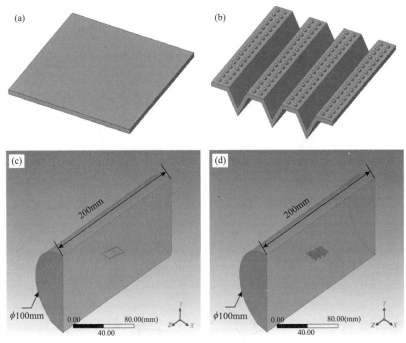

图 5.36　数值模拟建模
(a)光滑表面；(b)凸包与凹槽复合仿生表面；(c)光滑表面的数值模拟模型；
(d)凸包与凹槽复合仿生表面的数值模拟模型

整体网格尺寸设置为 3mm，同时对光滑表面或仿生表面附近区域的网格进行局部细化，局部网格尺寸为 0.1mm。不同气-固两相流的入射角度下整个计算域的节点数与网格数统计结果见表 5.3，不同气-固两相流入射角度时光滑表面形态和仿生表面形态的数值模拟模型的网格划分结果如图 5.37 和图 5.38 所示，本节以气-固两相流入射角度 10°为例。

表 5.3　不同气-固两相流入射角度时计算域的节点数和网格数

入射角度/(°)	光滑表面		仿生表面	
	节点数	网格数	节点数	网格数
10	490257	2637448	705694	3789874
20	490409	2638737	707927	3802945
30	494717	2664374	708975	3809966
40	496095	2674474	705661	3790839
50	497549	2679073	705583	3789601

续表

入射角度/(°)	光滑表面		仿生表面	
	节点数	网格数	节点数	网格数
60	494061	2660955	709023	3809027
70	490058	2636909	708418	3805778
80	490685	2639292	705512	3788147
90	432607	2294699	699962	3757149

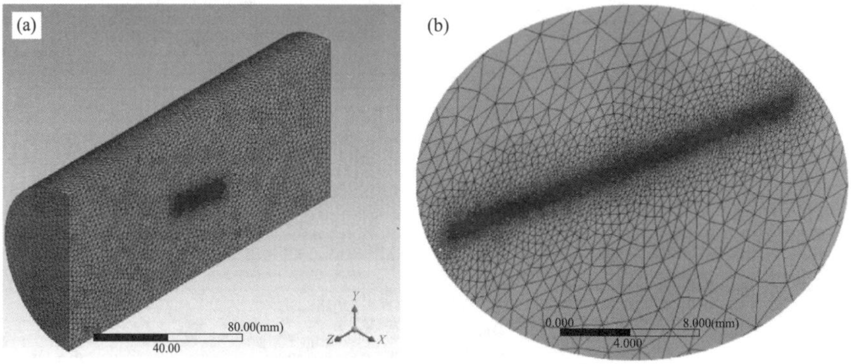

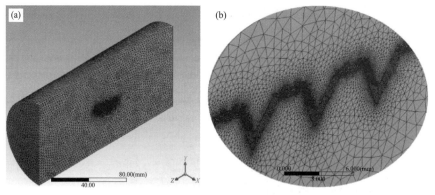

图 5.37 光滑表面形态数值模拟模型的网格划分
(a)整体网格；(b)光滑表面附近区域的网格

图 5.38 仿生表面形态数值模拟模型的网格划分
(a)整体网格；(b)仿生表面附近区域的网格

3. 仿生表面形态对流场分布的影响

冲蚀过程中材料表面的流场分布规律会影响冲蚀粒子的运动轨迹，进而影响冲蚀粒子与材料表面的撞击状态，导致材料表面的冲蚀率发生改变。因此，分析冲蚀过程中，凸包与凹槽复合仿生表面对流场分布规律的影响是十分有必要的。图 5.39 为不同气-固两相流入射角度时光滑表面和仿生表面附近的流场分布情况。

为了便于观察分析，取横截面方向的视图进行分析。与光滑表面相比，仿生表面具有均匀分布的凹槽和凸包表面形态。不同区域流场线的颜色代表该位置的空气流速，而不同颜色与流速之间的关系则通过左侧的标尺表示。仿生表面上的凹槽和凸包表面形态附近的流线颜色与附近区域有明显的区别，说明凹槽和凸包表面形态的存在可以改变流场的分布规律。

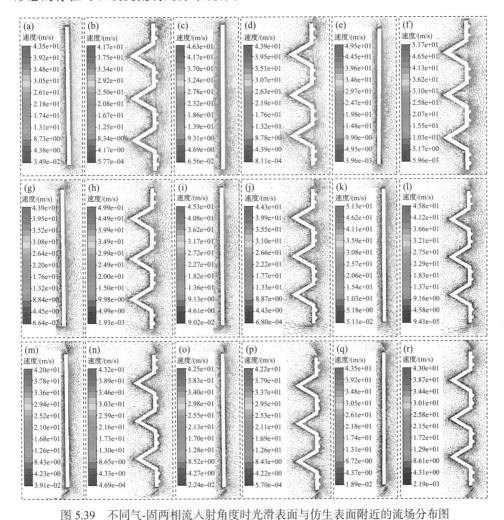

图 5.39　不同气-固两相流入射角度时光滑表面与仿生表面附近的流场分布图

(a) 10°时光滑表面；　(b) 10°时仿生表面；　(c) 20°时光滑表面；　(d) 20°时仿生表面；　(e) 30°时光滑表面；

(f) 30°时仿生表面；　(g) 40°时光滑表面；　(h) 40°时仿生表面；　(i) 50°时光滑表面；　(j) 50°时仿生表面；

(k) 60°时光滑表面；　(l) 60°时仿生表面；　(m) 70°时光滑表面；　(n) 70°时仿生表面；　(o) 80°时光滑表面；

(p) 80°时仿生表面；　(q) 90°时光滑表面；　(r) 90°时仿生表面

由图 5.39 可以看出，仿生表面形态导致了明显的气流扰动，在气-固两相流入射角度不同时，凹槽表面形态和凸包表面形态引起的气流扰动现象也有区别。另外，随着气-固两相流入射角度的不断增大，凹槽表面形态和凸包表面形态附近的流场分布规律也发生了明显的改变。凹槽表面形态内部的流场线呈圆环状，说明凹槽表面形态的存在会引起涡流；而凸包表面形态附近的流场线则出现了一定程度的变向，说明凸包表面形态的存在会导致气流扰动。但是，相对于凹槽表面形态，凸包表面形态引起的流场变化程度较弱。随着气-固两相流入射角度的改变，两种表面形态引起的流场变化程度也改变。在气-固两相流入射角度为 10° 时，凹槽表面形态内部出现明显的涡流，随着气-固两相流入射角度的增大，涡流强度不断变大；在气-固两相流入射角度达到 50° 后，随着气-固两相流入射角度的上升，涡流强度反而下降。而对凸包表面形态来说，气-固两相流入射角度为 10° 造成的气流扰动现象最强烈，随着气-固两相流入射角度的增大，凸包表面形态引起的流场变向程度则越来越弱。

综上所述，凹槽表面形态和凸包表面形态可以明显改变附近流场的分布规律，且随着气-固两相流入射角度的改变，它们的影响程度也发生变化。凹槽表面形态在气-固两相流入射角度为 50° 时引起的涡流强度最大；而凸包表面形态在气-固两相流入射角度为 10° 时造成的气流扰动现象最强烈。流场分布规律的变化会直接影响冲蚀粒子的运动轨迹，进而造成它与材料表面撞击时的入射速度发生改变，最终导致冲蚀率的变化。

4. 仿生表面形态对冲蚀率的影响

通过仿生表面形态对流场分布的影响分析可知，仿生表面形态可以显著地改变材料表面的流场分布和冲蚀粒子与材料表面撞击瞬间的速度，进而影响材料表面的冲蚀率。数值模拟分析过程中，冲蚀粒子的粒径、密度、入射速度和进给速率是保持不变的，而且光滑表面和仿生表面在气-固两相流入射方向上的投影面积也相同。因此，数值模拟过程中，只有气-固两相流入射角度一个因变量，而气-固两相流入射角度会影响冲蚀粒子的冲击角度，其对冲蚀率的影响通过冲击角函数 $f(\beta_1)$ 体现。本节中 $f(\beta_1)$ 值与冲击角度的关系采用经验公式，两者关系如图 5.40 所示，为分段线性函数[57]。以 $f(\beta_1)$ 值为 0.5 时冲击角度为分界值，将 $f(\beta_1)$ 值高于 0.5 的冲击角度称为高冲蚀率角度，将 $f(\beta_1)$ 值低于 0.5 的冲击角度称为低冲蚀率角度。得到高冲蚀率角度范围为 12.5°～45°，而低冲蚀率角度位于 0°～12.5° 和 45°～90°。

冲蚀数值模拟完成后，对光滑表面形态和仿生表面形态在不同气-固两相流入射角度时的冲蚀率统计后可得到图 5.41，光滑表面的冲蚀率随着气-固两相流入射角度的变大，呈先上升再缓慢下降的趋势。光滑表面上冲蚀粒子通过流场的带动与其发生碰撞，变化规律符合冲击角函数 $f(\beta_1)$ 的变化趋势。而仿生表面上的冲蚀率呈整体上升的趋势，在 30° 与 50° 之间基本保持稳定，与光滑表面上的冲蚀率变化趋势完全不同，说明仿生表面形态的存在可以明显改变材料的抗冲蚀性能。

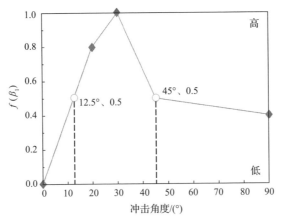

图 5.40　不同冲击角度下的 $f(\beta_1)$ 值

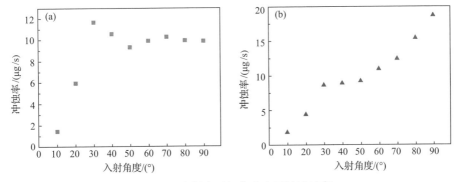

图 5.41　光滑表面与仿生表面的冲蚀率
(a)光滑表面；(b)仿生表面

图 5.42 为不同气-固两相流入射角度时光滑表面与仿生表面的冲蚀率,而图 5.43 为不同气-固两相流入射角度时仿生表面的抗冲蚀性能提升率。从两图可以看出,仿生表面的冲蚀率与光滑表面的冲蚀率有明显的区别。在气-固两相流入射角度为 20°、30°和 40°时,仿生表面的冲蚀率明显低于光滑表面,证明仿生表面形态的存在可以在气-固两相流入射角度为 20°、30°和 40°时明显提升材料的抗冲蚀性能,提升率分别为 25.6%、25.94%和 15.34%。在气-固两相流入射角度为 50°时仿生表面的冲蚀率略低于光滑表面,提升率为 0.74%,可以忽略。而在其他气-固两相流入射角度时,仿生表面的冲蚀率反而高于光滑表面,仿生表面形态不仅不能提升材料的抗冲蚀性能,反而降低了材料的抗冲蚀性能。气-固两相流入射角度为 10°时,降低率为 30.6%。气-固两相流入射角度在 60°~90°范围内,降低率为 10.80%~89.01%,随着气-固两相流入射角度的上升,降低率越来越大。气-固两相流入射角度为 20°、30°和 40°时对应冲击角函数 $f(\beta_1)$ 中的高冲蚀率角度,说明只有在气-固两相流入射角度对应冲击角函数 $f(\beta_1)$ 中的高冲蚀率角度时,仿生表面形态才能提升材料的抗冲蚀性能。

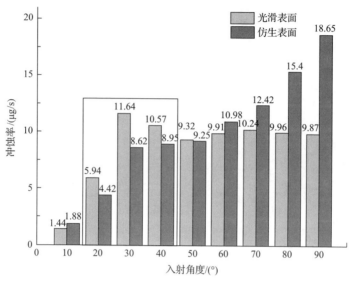

图 5.42　不同气-固两相流入射角度时光滑表面与仿生表面的冲蚀率

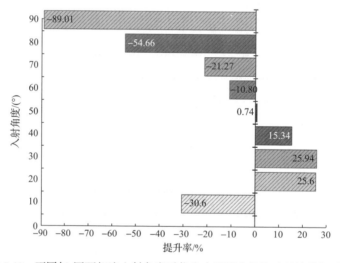

图 5.43　不同气-固两相流入射角度时仿生表面形态的抗冲蚀性能提升率

5.4　耦合仿生表面抗冲蚀过程数值模拟

5.4.1　凹槽形态与材料耦合仿生表面抗冲蚀过程

1. 试样冲蚀模型的建立

对于耦合仿生表面的凹槽形仿生形态, 建好长方体以后, 使用布尔运算的减命令，从长方体上减去一个小长方体，得到了一个凹槽。如此反复操作多次，便得到了预先设计好的凹槽形仿生形态。耦合仿生试样网格划分方法与仿生形态表面网格划分方法完全一致，在此不再赘述。图 5.44 是耦合仿生试样三维有限元模拟过程中所使用的有限元模型，对应尺寸为凹槽深度 1mm，凹槽宽度 2mm。

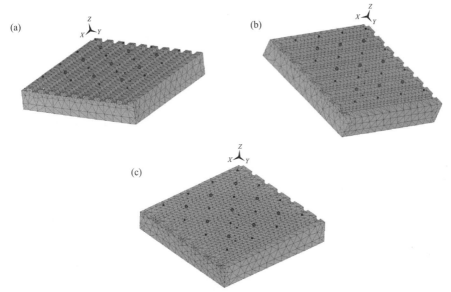

图 5.44　耦合仿生试样三维有限元模型

(a)凹槽间距为 4mm；(b)凹槽间距为 5mm；(c)凹槽间距为 6mm

在耦合仿生试样冲蚀模拟过程中，三种不同粒径的粒子共 28 个，随机分布在试样表面，粒子采用刚性材料模型，且限制了除了 Z 方向平动外的所有自由度；耦合仿生试样顶层采用黏弹性(viscoelastic)材料模型。对于高分子这类材料，该模型的力学性能会根据时间而改变，产生蠕变或松弛现象。耦合仿生试样底层采用使用第二类 Piola-Kirchoff 应力的 Blatz-Ko 模型，且限制了耦合仿生试样底层的所有自由度，具体参数如下。

1)材料参数

(1)粒子材料模型参数。

弹性模量：EX=3.02Mbar[①]。

材料密度：DENS=2.32g/cm^3。

泊松比：ν=0.35。

---

① 1bar=0.1MPa。

(2)耦合仿生试样顶层材料模型参数。

弹性模量：EX=0.02Mbar。

材料密度：DENS=1.10g/cm³。

泊松比：ν=0.38。

(3)耦合仿生试样底层材料模型参数。

材料密度：DENS=1.3g/cm³。

泊松比：ν=0.463。

2)几何参数

(1)耦合仿生试样的几何尺寸。

耦合仿生试样顶层(ABS)：长 L=40mm，宽 W=40mm，高 H=5mm。

耦合仿生试样底层(硅胶)：长 L=40mm，宽 W=40mm，高 H=2mm。

(2)粒子的几何尺寸。

粒子半径：r_1=0.5mm，r_2=0.3mm，r_3=0.2mm。

3)运动参数

粒子的初始速度：v=0.23m/s。

2. 试样冲蚀磨损计算结果与分析

耦合仿生试样冲蚀过程的模拟条件设置与 5.3.3 节三种仿生形态表面模拟条件的设置完全相同，在此不再赘述。与仿生形态表面的模拟分析类似，本节对柔性与三种不同间距的凹槽形耦合仿生试样的等效应力结果进行对比分析。等效应力也称米泽斯应力，符合形状改变比能理论，只要形状改变比能达到一个极限值材料就发生屈服破坏，等效应力峰值越大屈服破坏越严重，相应的材料表面的冲蚀也越严重。对柔性与三种不同间距的凹槽形耦合仿生试样的模拟结果进行对比分析，对比凹槽形态与柔性材料耦合仿生试样等效应力峰值。由图 5.45 和图 5.46所示的对比分析可知，凹槽形态与柔性材料耦合仿生试样可以改变材料的抗冲蚀性，本模拟条件下，抗冲蚀性顺序依次为凹槽间距为 6mm、凹槽间距为 5mm、凹槽间距为 4mm。

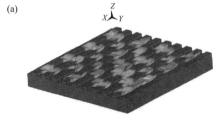

(a)

等效应力 /MPa	0.412e−07	0.249e−04	0.498e−04	0.747e−04	0.996e−04
	0.125e−04	0.374e−04	0.622e−04	0.871e−04	0.112e−03

(b)

等效应力 /MPa	0.526e−07	0.315e−04	0.629e−04	0.943e−04	0.126e−03
	0.158e−04	0.472e−04	0.786e−04	0.110e−03	0.141e−03

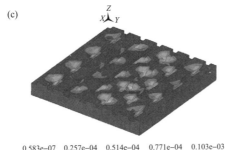

图 5.45　耦合仿生试样等效应力分布图

(a)凹槽间距为 4mm；(b)凹槽间距为 5mm；(c)凹槽间距为 6mm

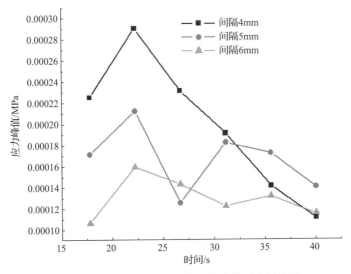

图 5.46　耦合仿生样件等效应力峰值对比折线图

5.4.2　复合形态与材料耦合仿生表面抗冲蚀过程

本节采用 EXPLICIT DYNAMICS 软件，分析不同气-固两相流入射角度下复合形态与材料耦合仿生表面对冲蚀过程影响的数值模拟，并通过等效应力峰值来评价材料表面的抗冲蚀性能。经典冲蚀理论认为，冲蚀粒子以不同入射角度与材料表面撞击时，其冲蚀损伤形式会发生改变。为了分析复合形态与材料耦合仿生表面对冲蚀过程的影响，需要分析尽可能多的气-固两相流入射角度情况下，异质材料对冲蚀过程的影响，因此取冲蚀粒子入射角度为 10°、20°、30°、40°、50°、60°、70°、80°和 90°。

1. EXPLICIT DYNAMICS 有限元模型建立

1）模型建立

与流体力学数值模拟过程相同，取冲蚀粒子的粒径为 100μm，并将其简化为球形颗粒。为了分析不同表面形态时，异质材料对冲蚀过程的影响，需要对冲蚀粒子与不同表面形态撞击时的情况进行分析。光滑表面形态的冲蚀粒子撞击材料表面的情况只有一种，即冲蚀粒子与平面撞击。仿生表面形态下分为冲蚀粒子与平面、斜面和凸包弧面撞击的三种情况。冲蚀粒子与斜面撞击时，其可以转化为冲蚀粒子改变入射角度与平面撞击；同理，冲蚀粒子与凸包弧面上不同位置撞击，也可以转化为冲蚀粒子改变入射角度与凸包弧面顶点撞击。因此，在进行数值模拟分析时，可以将冲蚀粒子撞击材料表面不同位置转化为冲蚀粒子与平面和凸包弧面撞击两种情况来进行分析，这样可以极大地提升数值模拟的效率。同时，考虑异质材料的影响，瞬态动力学数值模拟过程中的物理模型可以简化为四种：平面单层材料、弧面单层材料、平面异质材料和弧面异质材料。为了提升数值模拟的效率，在尽量模拟真实工况的前提下，只取材料表面上受冲蚀粒子撞击影响较大的区域来进行模拟分析，即在材料表面上切出一部分区域进行模拟分析，以撞击点为中心、边长为 200μm 的正方形为边界，从撞击点由上而下截取深度为 300μm 的部分材料进行数值模拟分析，简化后的物理模型可以极大地降低计算网格的数量，进而提升数值模拟效率。

2）材料设置

选用线弹性模型来分析材料冲蚀过程中的受力状态，在线弹性模型下，应力与应变成正比，在卸载时材料将完全恢复到原来的形状。在数值模拟分析过程中，不同材料的力学性能参数见表 5.4。假设异质材料的界面处没有缺陷存在，同时将冲蚀粒子设定为刚性材料来提高数值模拟分析过程的运算效率。

表 5.4　数值模拟过程中不同材料的力学性能参数

材料	密度/(kg/m³)	弹性模量/GPa	泊松比
冲蚀粒子	2200	344	0.16
硬质镀层	8900	210.36	0.3
软质镀层	8930	120.88	0.3
基体与球形颗粒	7930	205	0.3

3）网格划分

数值模拟过程中，需要选择一个具有必要自由度的单元类型来描述模型的响应，包括不必要的自由度会增加运算内存需求和时间。瞬态动力学数值模拟过程中的物理模型为三维模型，同时研究结构力学方面的内容。因此，选择结构体网格，具体的网格划分情况为：异质材料的网格类型为六面体网格，而冲蚀粒子的网格类型选择四面体网格。为了提高计算精度，在考虑计算资源的情况下，对网格大小进行适当的加密，网格的单元尺寸选择为 0.0025mm。不同物理模型时的节点数和网格数见表 5.5，而划分好的各物理模型如图 5.47 所示。

表 5.5　不同物理模型的节点数和网格数

物理模型类型	节点数	网格数
平面单层材料	863782	1146515
弧面单层材料	807454	1093145
平面异质材料	883465	1152915
弧面异质材料	887029	1157410

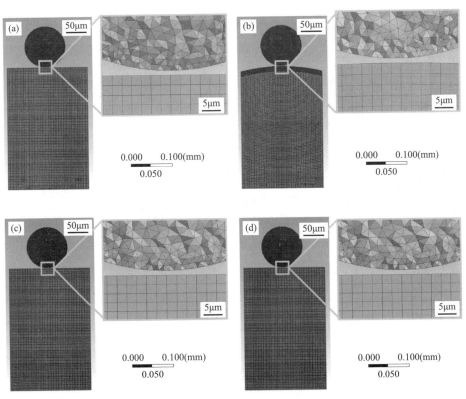

图 5.47　不同物理模型的网格划分

(a)平面单层材料；(b)弧面单层材料；(c)平面异质材料；(d)弧面异质材料

4）定义接触

设置冲蚀粒子与被冲蚀材料间的接触为刚体-柔体、面面接触，摩擦系数为 0.15，异质材料之间采用固定约束。

5) 约束及冲击速度设定

被冲蚀不锈钢材料和异质材料的底面和四个侧面的自由度均被固定，粒冲击子速度为30m/s，冲蚀粒子入射角度取 10°、20°、30°、40°、50°、60°、70°、80° 和90°九个值，对冲蚀粒子各方向的自由度均不做约束。

6) 模型求解及分析

为了尽量减少时间步长对数值模拟分析结果的影响，上述四种模型在不同冲蚀粒子入射角度下的求解时间步长设为定值，即总的求解时间设定为 6×10^{-7}s，最小时间步长为 5×10^{-11}s，最大时间步长为 7×10^{-11}s，平均时间步长为 6×10^{-11}s。

2. 数值模拟结果分析

冲蚀过程中，材料表面遭受的等效应力是时刻变化的。图5.48为冲蚀粒子入

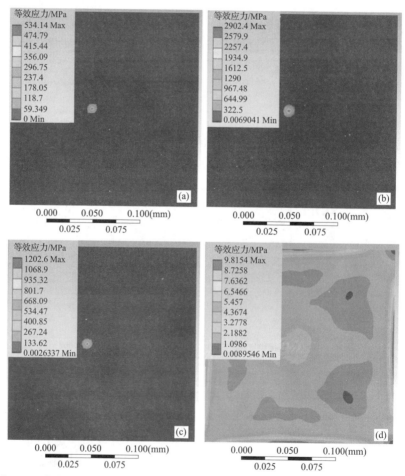

图 5.48　冲蚀粒子入射角度为 10°时平面单层材料在不同时刻的表面等效应力云图

(a)挤压阶段；(b)最低点；(c)反弹阶段；(d)完成碰撞过程后

射角度为 10°时，平面单层材料表面上等效应力的变化趋势。在冲蚀粒子与材料表面撞击的过程中，材料表面所受的等效应力为先上升后下降的趋势。当冲蚀粒子与材料表面发生接触后，在冲蚀粒子的挤压作用下，材料表面出现等效应力，如图 5.48(a)所示；随着冲蚀粒子的持续挤压，材料表面的等效应力不断上升，在冲蚀粒子达到最低点时，材料表面的等效应力达到最大，如图 5.48(b)所示；在出现最大等效应力后冲蚀粒子开始反弹，材料表面的等效应力也出现减小的趋势，如图 5.48(c)所示；在冲蚀粒子完成碰撞过程后，材料表面依旧存在部分残余应力，如图 5.48(d)所示。其他工况下，材料表面等效应力与时间的关系变化为相同趋势，不做赘述。

数值模拟过程中，应力集中主要发生在材料表面区域，而实际工况下冲蚀也是出现在材料表面。外力不变的情况下，应力与应变成正比，两者的比例系数为弹性模量。例如，304 不锈钢的弹性模量比镍镀层稍低，说明在相同应力下，镍镀层如果要达到与 304 不锈钢一样的应变量需要更大的应力。反之，应力相同的情况下，镍镀层的应变量较小，材料表面的应变量大小可以在一定程度反映其抵御冲蚀粒子冲蚀性能的好坏。因此，冲蚀粒子撞击材料表面的过程中，材料表面所受的等效应力峰值在一定程度上可以体现材料的抗冲蚀性能。以冲蚀粒子与材料表面撞击过程中等效应力峰值为自变量、冲蚀粒子入射角度为因变量来进行统计分析，得到平面单层材料、弧面单层材料、平面异质材料和弧面异质材料的表面在不同入射角度下的等效应力峰值变化规律，并进行对比分析。

图 5.49(a)为冲蚀粒子以不同入射角度与平面单层材料和平面异质材料撞击时的等效应力峰值。这里说的平面对应复合形态与材料耦合仿生表面上的平面和凹槽部位，即图 5.49(a)为在复合形态与材料耦合仿生表面平面和凹槽部位上，随着冲蚀粒子入射角度的增大，材料表面上等效应力峰值的变化趋势。可以看出，随着冲蚀粒子入射角度的增大，材料表面上等效应力峰值呈不断变大的趋势。另外，在不同冲蚀粒子入射角度下，异质材料表面的等效应力峰值均小于单层材料表面。这说明当冲蚀粒子与复合形态和材料耦合仿生表面上平面及凹槽撞击时，异质材料可以有效地降低材料表面由冲蚀粒子撞击造成的等效应力峰值，进而提升材料表面的抗冲蚀性能。为了更加直观地表达异质材料降低等效应力峰值的效果，引出等效应力峰值降低率 σ 的概念：

$$\sigma = \frac{\varepsilon_1 - \varepsilon_3}{\varepsilon_3} \qquad (5.15)$$

式中，σ 为等效应力峰值降低率，用百分比表示，%；ε_1 为单层材料时的等效应力峰值，MPa；ε_3 为异质材料时的等效应力峰值，MPa。

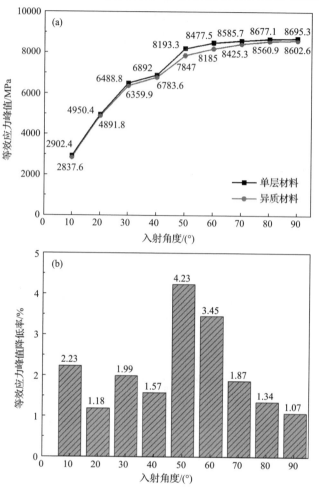

图 5.49　平面单层和异质材料的等效应力峰值与异质材料的等效应力峰值降低率
(a)等效应力峰值随冲蚀粒子入射角度的变化趋势；(b)异质材料的等效应力峰值降低率

通过式(5.15)计算可知复合形态与材料耦合仿生表面上平面和凹槽部位异质材料的等效应力峰值降低率，如图 5.49(b)所示。当冲蚀粒子与复合形态和材料耦合仿生表面上平面及凹槽部位撞击时，随着冲蚀粒子入射角度的变化，材料表面的等效应力峰值降低率在不同冲蚀粒子入射角度下各不相同。在冲蚀粒子入射角度为 50°时等效应力峰值降低率达到最大值 4.23%，在冲蚀粒子入射角度为 90°时等效应力峰值降低率达到最小值 1.07%。选择等效应力峰值作为抗冲蚀性能的评价标准，说明在不同冲蚀粒子入射角度时，异质材料可以提升复合形态与材料耦合仿生表面上平面和凹槽部位的抗冲蚀性能，而且在冲蚀粒子入射角度为 50°时效果最好，在冲蚀粒子入射角度为 90°时效果最差。

图 5.50(a)为冲蚀粒子以不同入射角度与弧面单层材料和弧面异质材料撞击

时的等效应力峰值，此处弧面对应复合形态与材料耦合仿生表面的上凸包部位。在复合形态与材料耦合仿生表面凸包部位上，随着冲蚀粒子入射角度的增大，材料表面上等效应力峰值也呈现不断变大的趋势。另外，在不同冲蚀粒子入射角度情况下，异质材料表面的等效应力峰值也均小于单层材料表面。研究结果表明，当冲蚀粒子和复合形态与材料耦合仿生表面上的凸包撞击时，异质材料可以有效地降低材料表面由于冲蚀粒子撞击而造成的等效应力峰值，进而提升材料表面的抗冲蚀性能。

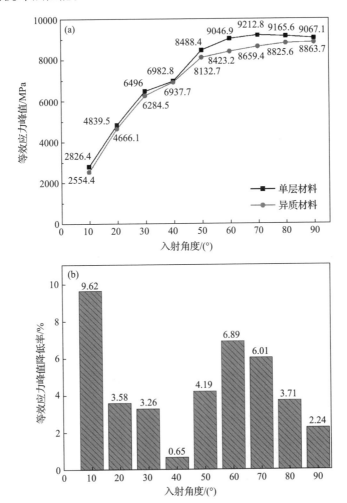

图 5.50　弧面单层材料和异质材料的等效应力峰值与异质材料的等效应力峰值降低率

(a)等效应力峰值随冲蚀粒子入射角度的变化趋势；(b)异质材料的等效应力峰值降低率

同样，通过式(5.15)可以得出不同冲蚀粒子入射角度时复合形态与材料耦合仿生表面上凸包部位异质材料的等效应力峰值降低率，如图 5.50(b)所示。当冲蚀粒子与复合形态和材料耦合仿生表面上凸包部位撞击时，随着冲蚀粒子入射角度的变化，材料表面的等效应力峰值降低率在不同冲蚀粒子入射角度时各不相同，在冲蚀粒子入射角度为 10°时等效应力峰值降低率达到最大值 9.62%，在冲蚀粒子入射角度为 40°时等效应力峰值降低率达到最小值 0.65%。选择等效应力峰值作为抗冲蚀性能的评价标准，说明在不同冲蚀粒子入射角度时，异质材料可以提升复合形态与材料耦合仿生表面上凸包部位的抗冲蚀性能，而且在冲蚀粒子冲击角度为 10°时效果最好，在冲蚀粒子入射角度为 40°时效果最差。

图 5.51 为不同冲蚀粒子入射角度时平面与弧面上异质材料的等效应力峰值降低率，即在复合形态与材料耦合仿生表面上平面和凹槽部位、凸包部位异质材料的等效应力峰值降低率。在冲蚀粒子入射角度为 40°时，平面和凹槽部位异质材料引起的等效应力峰值降低率明显高于凸包部位异质材料。在冲蚀粒子入射角度为 50°时，平面和凹槽部位异质材料引起的等效应力峰值降低率略高于凸包部位异质材料。除冲蚀粒子入射角度为 40°和 50°情况下，凸包部位异质材料引起的等效应力峰值降低率均明显高于平面和凹槽部位异质材料。另外，对不同冲蚀粒子入射角度时平面和凹槽部位、凸包部位异质材料的等效应力峰值降低率取平均值，平面和凹槽部位异质材料在不同冲蚀粒子入射角度下等效应力峰值降低率的平均值为 2.1%，凸包部位异质材料在不同冲蚀粒子入射角度下等效应力峰值降低率的平均值为 4.46%。选择等效应力峰值作为抗冲蚀性能的评价标准，说明凸包部位异质材料的抗冲蚀性能提升效果优于平面和凹槽部位异质材料。

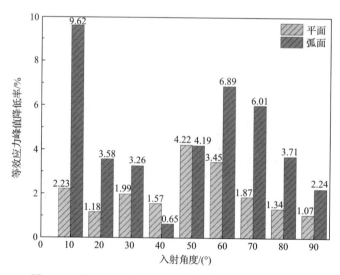

图 5.51　平面与弧面上异质材料的等效应力峰值降低率

5.5　离心风机叶片冲蚀数值模拟

前文模拟和试验研究表明，具有凹槽表面仿生形态的试样在载粒气流冲击下，其抗冲蚀性能优于光滑表面试样。本节利用 ANSYS/FLUENT 软件的 DPM 对离心风机气-固两相流场进行模拟，计算颗粒对风机叶片的冲蚀率，并对比分析标准离心风机叶片和仿生风机叶片的冲蚀情况。

5.5.1　离心风机

本节对离心风机进行气-固两相流数值模拟，分析叶片的冲蚀情况。该离心风机主要由集流器、叶轮、蜗壳和电机组成，其中叶轮由 10 个后倾的机翼型叶片、曲线型前盘和平板后盘组成，叶轮材料为钢或铸铝合金。该风机用于工厂及大型建筑物的通风换气，要求工作环境中的气体内不能含有黏性物质，所含灰尘及硬质颗粒物浓度低于 150mg/m^3，其性能参数见表 5.6。离心风机的 3 号工况点为六个工况点中效率最高点，因此对 3 号工况点进行数值模拟分析。风机转速为 1000r/min，流量 Q 为 32385m^3/h，全压为 1434Pa，可以计算出入口气流速度为

$$v_{气流} = \frac{Q}{\frac{\pi}{4}D_0^2} = 11.6\text{m/s} \tag{5.16}$$

式中，$v_{气流}$ 为出入口气流速度；Q 为流量；D_0 为出入口直径，D_0=0.994m。

表 5.6　离心风机性能参数

转速/(r/min)	工况点序号	流量/(m³/h)	全压/Pa	效率/%
	1	27890	1514	86.7
	2	30363	1494	88.7
	3	32835	1434	89.0
1000	4	34952	1364	88.2
	5	37010	1288	86.6
	6	39038	1199	84.2

5.5.2　离心风机气-固两相流场模拟

1. 离心风机建模

采用 AutoCAD 和 Gambit 软件对离心风机进行建模以及网格划分。为了保证

气流进入集流器时能达到稳定的状态，对离心风机建模时，在集流器前加一段管道。同时，为了保证风机出口处的流动充分发展，并且避免计算时产生回流，蜗壳出口处也加一段管道。根据工程实践经验，出风口加长段管道的长度一般为物体特征长度的4～6倍。离心风机的出风口加长管道长度大约为蜗壳出口特征长度的4倍，进风口加长管道长度为集流器入口直径的2倍。风机计算区域整体模型如图5.52所示。

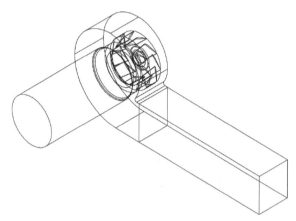

图 5.52 离心风机流道整体结构示意图

在建立离心风机计算域模型时，将风机各部件的板材厚度做适当假设：交界处的板材厚度取为0，同时将叶轮进口和集流器的间隙处理为0。离心风机计算域从进气口加长段的入口到出气口加长段的出口，分为五个部分：进气口加长段、集流器流道、叶轮流道、蜗壳流道和出气口加长段。原点位于集流器入口面的中心，Z轴负方向为集流器进口方向，X轴正方向为蜗壳出口方向。

1)叶片建模

风机叶片分为标准叶片和仿生叶片，分别如图5.53和图5.54所示。叶片建模时先利用叶片型线的各个特征点拟合叶片型线，再由线生成面，由面生成体。在风机叶片表面设计凹槽时，考虑到要尽可能小地影响风机叶片的气动性能，将凹槽的棱边处理成圆弧过渡，这样有利于表面气流的扩展。图5.55为叶片截面图，由图可看出，仿生叶片上的凹槽截面为椭圆，长短半轴长度分别为10mm和5mm，凹槽在截面弧线上的间距相等，距离为20mm。

2)其他区域建模

进口加长段和出口加长段通过截面拉伸生成流道。首先将叶轮截面型线沿旋转轴旋转生成叶轮腔体，再在叶轮腔体内减去叶片、轮毂，生成叶轮流道模型，利用集流器截面型线绕旋转轴旋转即可得到集流器流道模型。对于蜗壳流道，先用蜗壳流道侧面型线拉伸得到体，再减去叶轮、集流器、防涡圈和轴等部分即可得到。图 5.56 给出了风机各区域计算模型。

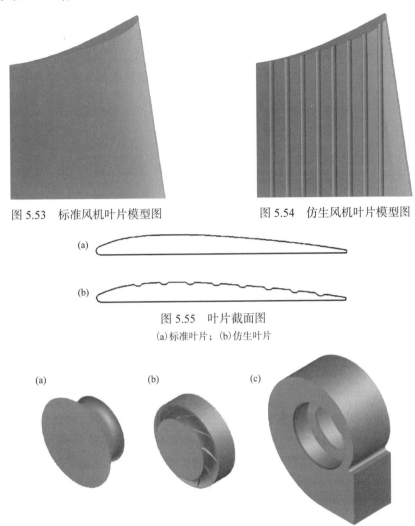

图 5.53　标准风机叶片模型图　　　　　图 5.54　仿生风机叶片模型图

图 5.55　叶片截面图

(a)标准叶片；(b)仿生叶片

图 5.56　风机各区域计算模型

(a)集流器流道模型；(b)叶轮流道模型；(c)蜗壳流道模型

2. 网格划分

离心风机各部分的结构和流动形式都不同，因此对各个区域划分网格时，采用的网格类型和网格尺寸也不尽相同。进风口和出风口加长段结构简单，流动相对比较稳定，在这两个区域选用六面体网格。集流器流道是连接进口加长段和叶轮的过渡区域，会受到叶轮旋转的影响，进口和出口的流动变化比较大，因此对集流器流道采用规则的六面体网格。叶轮区域气流强烈旋转，流动相当复杂，叶片的结构也比较复杂。因此，对叶轮流道选用对几何体结构适应性较强的非结构网格。因为仿生凹槽的引入，以及叶片表面的流场相对比较复杂，所以对叶片表面网格进行加密处理，如图 5.57 所示。对于蜗壳区域，其结构比叶轮简单，但是受到叶轮旋转的影响，其流场仍然比较复杂，划分网格时也采用四面体网格。网格划分的结果见表 5.7。网格划分完毕后，定义好合适的边界条件，输出网格文件，用于 ANSYS/FLUENT 计算分析。

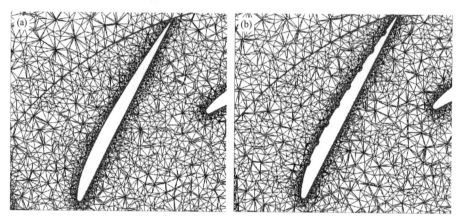

图 5.57　风机叶片周围网格

(a)标准叶片；　(b)仿生叶片

表 5.7　离心风机各计算区域网格信息

风机区域	进风口加长段	出风口加长段	集流器	蜗壳	叶轮	
					标准叶片	仿生叶片
网格类型	六面体网格	六面体网格	六面体网格	四面体网格	四面体网格加密处理	四面体网格加密处理
网格总数	223816	498200	48760	1830419	2000671	2089127

3. 计算模型及边界条件

风机入口处采用速度入口(velocity-inlet)边界条件，速度大小根据风机流量以及入口面积算出，湍流参数采用水力直径和湍流强度定义。风机出口采用压力出口(pressure outlet)边界条件，给定出口静压为大气压，压力出口的湍流参数采用水力直径和湍流强度定义[24-28]。

颗粒入射速度和气流入口速度均为 11.6m/s。入射颗粒为煤灰，选取三种粒径的颗粒进行分析，分别为 20μm、50μm 和 100μm。颗粒密度为 1500kg/m^3，颗粒流量按照颗粒体积承载率小于 0.5%取值，取为 2kg/s。

风机内部流场视为不可压缩稳定流动，湍流模型采用 RNG k-ε 模型，近壁区的湍流处理采用标准壁面函数法。固壁边界满足无滑移条件，壁面粗糙度取为 0.5μm。进口加长段和集流器、集流器和叶轮、叶轮和蜗壳以及蜗壳和出口加长段流体区域的交界面采用 interface 边界条件。

速度-压力耦合采用 SIMPLEC 算法，压力差值方式选择 PRESTO 格式。控制方程中的变量和黏性参数采用一阶迎风格式离散，收敛标准为所有监测的变量残差小于 10^{-3}。

由于风机叶轮流道是旋转区域，进出口加长段、集流器和蜗壳流道是静止区域，因此在两个区域之间采用多参考坐标系(multiple reference frame, MRF)。叶轮流体区域采用旋转坐标系，叶片、叶轮前盘和后盘采用相对于叶轮流体区域的相对静止坐标系；进出口加长段、集流器和蜗壳流体区域采用绝对静止坐标系。

在离散相模型设置面板中开启两相耦合计算，壁面冲蚀率计算模型采用式(2.4)中煤灰对不锈钢的冲蚀率计算模型，通过 UDF 来实现。壁面设置为 reflect 边界条件，采用式(2.2)的反弹模型。

5.5.3　模拟结果及分析

1. 颗粒运动轨迹分析

图 5.58 为风机流道的流线图，图 5.59～图 5.61 为三种粒径(20μm、50μm 和 100μm)的颗粒在风机流道内的运动轨迹图。颗粒随气流沿轴向从集流器进入叶轮旋转区域后，无论颗粒大小，都会发生 90°转向进入叶轮流道。颗粒在入射源上的位置不同，其发生转向进入叶片流道的过程也不同：部分颗粒从集流器进入叶轮区域后，可以直接进入叶轮流道；部分颗粒会在叶轮的叶片进口区域随气流一起旋转，之后再进入叶轮流道。颗粒粒径不同，其在风机流道中的运动轨迹明显不同。粒径为 20μm 的颗粒进入叶轮流道后，沿着叶片压力面运动，少数颗粒会与叶片的前缘和压力面发生碰撞。其运动轨迹与气相流场十分接近，这是因为小颗粒主要受到气体对它的黏性拖拽力作用，受到的离心力很小，在流场中更趋向于“流体”以跟随气流运动[24]。粒径为 50μm 的颗粒从集流器进入叶轮区域后，由于固体颗粒的质量相对较大，会以较大的惯性冲击到叶轮后盘处，之后转向进入叶轮流道。同时，由于颗粒受到的离心力较大，进入叶轮流道后，运动轨迹与流线产生了很大程度的偏离，在叶片压力面根部附近和叶轮后盘运动，部分颗粒会与叶片前缘和叶片压力面靠近轮盘的区域发生碰撞。粒径为 100μm 的颗粒相较于 50μm 的颗粒，其运动轨迹与流线产生了更明显的偏离，受到的离心力更强，贴着叶片压力面根部和后盘运动。颗粒除与叶片前缘相撞外，大部分颗粒会与叶片压力面根部、叶轮后盘发生碰撞，尤其是在叶片的出口处，颗粒几乎贴在叶片表面运动，碰撞发生的频率很高。同时，部分颗粒与叶片压力面发生碰撞反弹后，还会与叶片的吸力面发生碰撞。颗粒与叶片频繁碰撞对叶片产生严重的冲蚀。

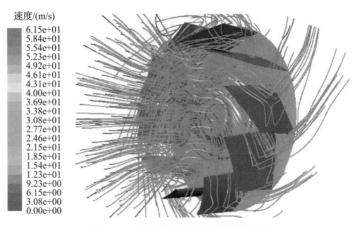

图 5.58　离心风机叶轮流道流线图

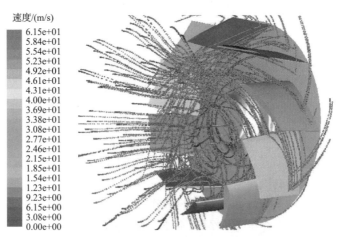

图 5.59　粒径 20μm 的颗粒在叶轮中的运动轨迹

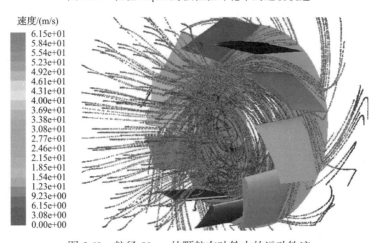

图 5.60　粒径 50μm 的颗粒在叶轮中的运动轨迹

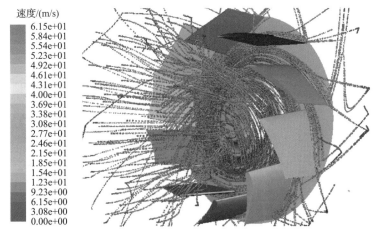

图 5.61　粒径 100μm 的颗粒在叶轮中的运动轨迹

2. 风机叶片冲蚀分析

颗粒粒径为 20μm 时,标准风机叶片和仿生风机叶片的冲蚀情况分别如图 5.62 和图 5.63 所示。由图 5.62 可看出,标准风机叶片的磨损主要集中在叶片前缘和压力面靠近出口的中间部位,叶片的吸力面在靠近前缘处稍有磨损,这种现象和 20μm 颗粒的运动轨迹相对应。由图 5.63 可看出,仿生风机叶片的磨损部位主要集中在叶片前缘,叶片的压力面稍有磨损,但是磨损区域明显小于标准风机叶片。在所给的模拟条件下,标准风机叶片和仿生风机叶片的冲蚀率模拟结果分别为 9.42×10^{-9}kg/($m^2 \cdot$s) 和 7.36×10^{-9}kg/($m^2 \cdot$s),仿生风机叶片的冲蚀率低于标准风机叶片,约为标准风机叶片的 78%。

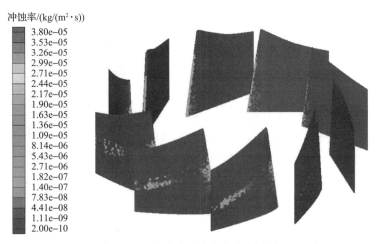

图 5.62　标准风机叶片冲蚀率分布(颗粒粒径 20μm)

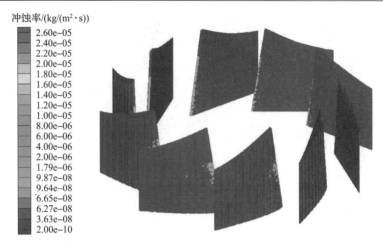

图 5.63　仿生风机叶片冲蚀率分布(颗粒粒径 20μm)

颗粒粒径为 100μm 时,标准风机叶片和仿生风机叶片的冲蚀情况分别如图 5.64 和图 5.65 所示。由图 5.64 可看出,标准风机叶片的磨损主要集中在叶片压力面靠近后盘的叶根处,靠近出口区域的磨损最为严重,叶片的吸力面稍有磨损,叶片前缘几乎没有碰撞痕迹,这种现象和 20μm 颗粒的运动轨迹相对应。由图 5.65 可看出,仿生风机叶片的磨损部位和标准风机叶片的磨损部位大体相同。在所给的模拟条件下,标准风机叶片和仿生风机叶片的冲蚀率模拟结果分别为 4.87×10^{-7} kg/$(m^2 \cdot s)$ 和 4.54×10^{-6} kg/$(m^2 \cdot s)$,仿生风机叶片的冲蚀率大于标准风机叶片,其抗冲蚀性能不如标准风机叶片。

仿生风机叶片和标准风机叶片的冲蚀情况模拟结果表明,颗粒粒径为 20μm 时,仿生叶片的抗冲蚀性能优于标准风机叶片;粒径为 100μm 时,仿生叶片的冲

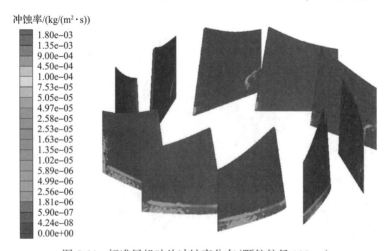

图 5.64　标准风机叶片冲蚀率分布(颗粒粒径 100μm)

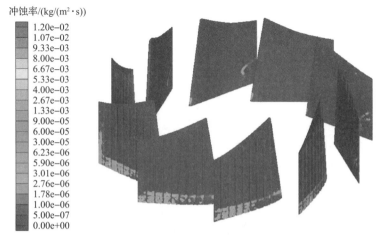

冲蚀率/(kg/(m²·s))

图 5.65　仿生风机叶片冲蚀率分布(颗粒粒径 100μm)

蚀程度大于标准风机叶片。这说明仿生凹槽应用于离心风机的抗冲蚀设计时，只能对小颗粒冲蚀产生减磨效果。其原因可能是：小颗粒在流场中趋向于"流体"的性质，受气流的影响较大，仿生凹槽比较容易改变小颗粒的运动状态；而流场中的大颗粒，因自身惯性比较大，更趋向于"粒子"的性质，其运动轨迹不易受到流场的影响。凹槽对小颗粒运动状态的改变，使颗粒与叶片表面碰撞的相关参数发生改变，提高了仿生风机叶片的抗冲蚀性能，对仿生凹槽表面试样的冲蚀磨损模拟也得到了同样的结果。但是，凹槽对于大颗粒运动状态的改变，导致影响冲蚀率的相关参数没有向冲蚀率减小的方向发展，而且在凹槽边缘处的材料更容易被冲蚀颗粒去除，因此颗粒对叶片表面的冲蚀更严重。

5.6　直升机旋翼叶片冲蚀数值模拟

由于工作环境的特殊性，直升机经常在沙漠或战场上起飞和降落，该过程中其旋翼叶片冲蚀问题是难以避免的。本节利用 ANSYS/FLUENT 软件对前缘具有仿生结构的旋翼叶片进行冲蚀数值模拟研究。根据施翼叶片处冲蚀粒子冲击速度和冲击角度的变化，对具有仿生结构和无仿生结构的合金材料进行抗冲蚀性能模拟，以优化直升机旋翼叶片的抗冲蚀性能。

5.6.1　局部桨叶冲蚀分析

1. 局部桨叶

NACA0012 是经典直升机翼型，其横截面轮廓和几何细节如图 5.66 所示。直升机旋翼叶片主要由复合结构构成：外层由合金包裹，内层由复合材料制成。Ti-4Al-1.5Mn、Mg-Li9-Al3-Zn3 和 Al7075-T6 是常用的航空材料，三种材料的密度、硬度及组成元素见表 5.8，本节拟针对这三种材料进行模拟分析。

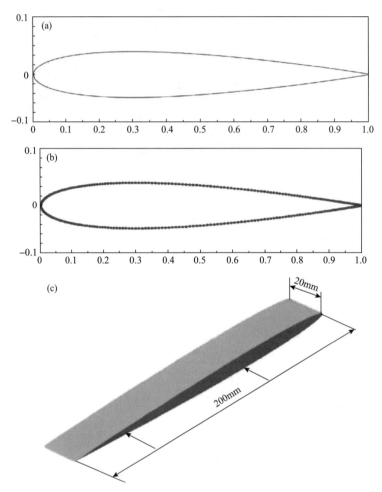

图 5.66　NACA0012 旋翼叶片

(a)翼型光滑曲线；(b)翼型点段线；(c)翼型三维模型

表 5.8　三种材料的元素质量分数和相关属性

材料	元素质量分数/%					密度/(kg/m³)	维氏硬度	弹性模量/Pa
Ti-4Al-1.5Mn	钛	铝	锰	氧	其他	4500	330	9.6×10¹⁰
	余量	3.5~5.0	0.8~2.0	0.15	0.55			
Mg-Li9-Al3-Zn3	镁	锂	铝	锌	其他	1510	158	4.5×10¹⁰
	余量	8.5~9.5	2.5~3.5	2.5~3.5	0.5			

续表

材料	元素质量分数/%					密度/(kg/m³)	维氏硬度	弹性模量/Pa
	铝	锌	镁	铜	其他			
Al7075-T6	余量	5.1~6.1	2.1~2.9	1.2~2.0	1.5	2800	89	7.1×10^{10}

　　直升机旋翼叶片的前端是受冲蚀较为严重的部位[57]，因此主要在叶片截面的前端应用仿生结构，如图 5.67 和图 5.68 所示。

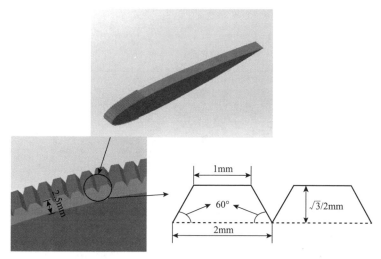

图 5.67　具有 V 形槽(V 形)仿生结构的叶片

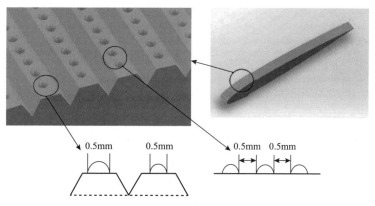

图 5.68　具有 V 形和凸包(VC 形)仿生结构的叶片

2. 直升机旋翼叶片气-固两相流场模拟

　　冲蚀颗粒类型设置为石英晶体，密度为 2200kg/m³，莫氏硬度为 7。颗粒流量设定为 0.97kg/s。粒子冲击速度为 70m/s、150m/s、220m/s，冲击角度为 6°、3°和 0°。将颗粒进口表面的射流速度设为冲击速度。将转子叶片的边界条件定义为稳态。数值模拟材料及参数见表 5.9。图 5.69 为直升机旋翼叶片的 CFD 模型，其中(a)和(b)分别为边界条件和网格结构。

表 5.9 数值模拟相关参数

参数	Ti-4Al-1.5Mn	Mg-Li9-Al3-Zn3	Al7075-T6
粒径/μm	100	100	100
冲击速度/(m/s)	70	150	220
颗粒流量/(kg/s)	0.97	0.97	0.97
冲击角度/(°)	6	3	0

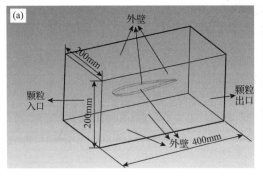 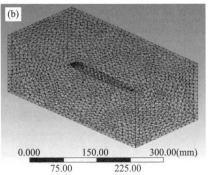

图 5.69 直升机旋翼叶片的 CFD 模型
(a)边界条件；(b)网格结构

3. 模拟结果及分析

1)不同冲击条件下不同材料局部桨叶的冲蚀模拟

图 5.70 给出了不同冲击速度下三种材料桨叶二维冲蚀率曲线。三种材料在不同冲击速度下的平均冲蚀率见表 5.10，能够清晰地展示出桨叶各处所受到的颗粒冲蚀率。可以看到，Mg-Li9-Al3-Zn3 桨叶材料具有最高的最大冲蚀速率和平均冲蚀率，这表明其抗冲蚀性能很差；Ti-4Al-1.5Mn 桨叶材料的最大冲蚀率和平均冲蚀率都远低于其他两种材料，具有最优的抗冲蚀性能；而 Al7075-T6 桨叶材料介于其他两种桨叶材料之间。从图 5.70 可以看出，在中低速时冲蚀率大约呈正态分布，但是在颗粒冲击速度为 220m/s 时，冲蚀率变得紊乱，并不遵循正态分布。三种材料的最大冲蚀率均大致在桨叶中心分布，这与桨叶冲蚀云图中的图像相吻合，且数据中还存在冲蚀率更低的点，量级均低于 10^{-8}kg/(m²·s)。这些点上虽然也发生了冲蚀且很多很密集，但是与整体主要冲蚀数值相差较大，因此图中数据去除

了这些点。从颗粒不同冲击速度的数值模拟可以看出，Ti-4Al-1.5Mn 桨叶材料在这三种材料中表现出最优的抗冲蚀性能，而 Al7075-T6 桨叶材料稍次之，最后则是 Mg-Li9-Al3-Zn3 桨叶材料。

2) 具有不同仿生结构的旋翼叶片冲蚀模拟

在局部桨叶外层的 Ti-4Al-1.5Mn 材料上做出 V 形和 VC 形仿生结构。图 5.71 显示了冲击角度为 0°时两种仿生结构的三维相对冲蚀率。具有不同仿生结构的旋翼叶片在不同冲击速度下的平均冲蚀率见表 5.11。V 形仿生结构具有较好的抗冲蚀性能，与 VC 型相比，V 形仿生结构在 70m/s、150m/s 和 220m/s 三种冲击速度下的抗冲蚀性能提升率无明显区别。

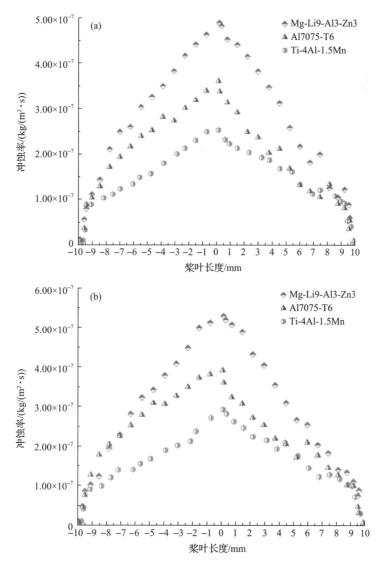

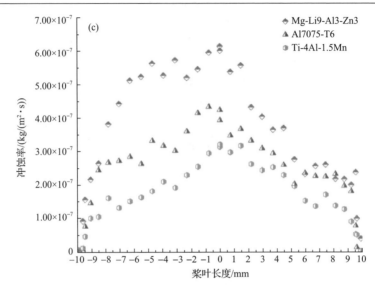

图 5.70　颗粒不同冲击速度下三种材料桨叶二维冲蚀率曲线

(a) $v_{p粒}$=70m/s；(b) $v_{p粒}$=150m/s；(c) $v_{p粒}$=220m/s

表 5.10　三种材料在不同颗粒冲击速度下的平均冲蚀率

材料	平均冲蚀率/(kg/(m²·s))		
	70m/s	150m/s	220m/s
Ti-4Al-1.5Mn	1.38×10^{-7}	1.51×10^{-7}	1.68×10^{-7}
Mg-Li9-Al3-Zn3	2.56×10^{-7}	2.71×10^{-7}	3.57×10^{-7}
Al7075-T6	1.83×10^{-7}	2.08×10^{-7}	2.66×10^{-7}

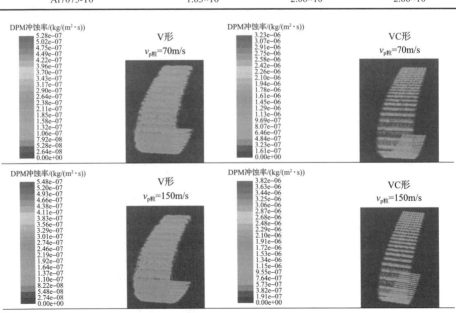

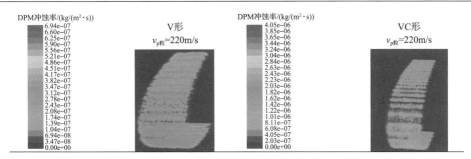

图 5.71　仿生局部桨叶三维相对冲蚀率（冲击角度为 0°）

表 5.11　仿生结构的旋翼叶片在不同冲击速度下的平均冲蚀率

仿生结构	平均冲蚀率/(kg/(m²·s))		
	70m/s	150m/s	220m/s
V 形	$2.61×10^{-7}$	$2.73×10^{-7}$	$2.91×10^{-7}$
VC 形	$1.06×10^{-6}$	$1.11×10^{-6}$	$1.19×10^{-6}$

　　图 5.72 显示了 V 形仿生结构在不同冲击角度下的相对冲蚀率。结果表明，添加仿生结构后，粒子冲击角度对直升机局部桨叶的冲蚀率影响不大。

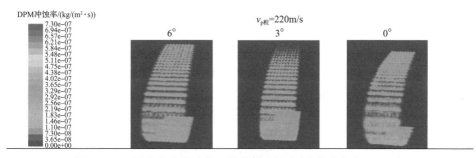

图 5.72　V 形仿生旋翼叶片三维相对冲蚀率（冲击速度为 220m/s）

5.6.2　无人直升机全桨叶冲蚀分析

1. 旋翼模型及网格划分

　　模拟中使用的直升机旋翼桨叶模型如图 5.73 所示，选用的无人直升机的起飞质量为 200kg。

　　如图 5.74 所示，将 ANSYS/FLUENT 软件中的模型分为旋转区域和静止区域。为了模拟尘土飞扬环境中的无人直升机飞行状况，旋翼旋转速度分别为 500r/min、1000r/min、2000r/min。不同的区域网格尺寸不同，如图 5.75 所示。每个区域中总元素数、总节点数以及偏态值见表 5.12。

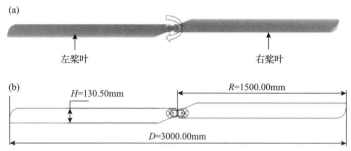

图 5.73　直升机旋翼桨叶模型

(a)模型图；(b)尺寸图

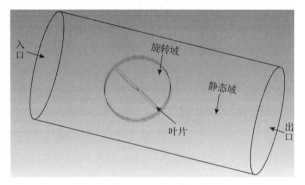

图 5.74　边界区域划分

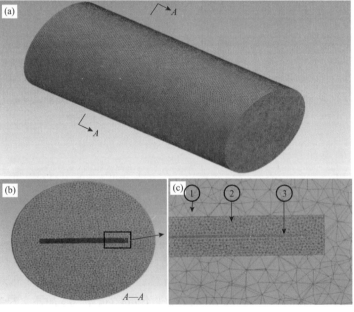

图 5.75　网格划分

(a)模型图；(b)横截面图；(c)细节放大图

表 5.12　网格信息

网格区域	平均网格尺寸/mm	总节点数	总元素数	偏态值
1	100	358570	2060721	0.33
2	20	360363	2001113	0.21
3	10	11841	41368	0.20

将模型引入 ANSYS/FLUENT 软件中以模拟旋翼转动，定义 DPM，将颗粒定义为 SiO_2，将颗粒的流量定义为 0.5kg/s、1kg/s、1.5kg/s，以相同的速度注入粒径为 100μm 的颗粒，叶片转速设置为 500r/min、1000r/min、2000r/min，见表 5.13。

表 5.13　设置参数

材料	颗粒粒径/μm	颗粒速度/(m/s)	叶片转速/(r/min)	颗粒流量/(kg/s)
	100	20	500	0.5
Ti-4Al-1.5Mn	100	20	1000	1
	100	20	2000	1.5

2. 模拟结果及分析

图 5.76 为桨叶在质量流量 0.5kg/s 时不同旋转速度的三维冲蚀率云图，图 5.77 中的冲蚀率的二维散点图比图 5.76 能更直观地展示出各段的冲蚀率数值。由图可知，桨叶前缘和桨叶尖端受到的冲蚀更严重，越靠近桨叶的根部，严重冲蚀区域几乎没有，因为最大冲蚀率往往出现在桨叶尖端附近。在桨叶旋转速度较小时，冲蚀面积主要发生在桨叶压力面尖端附近。这可能是因为虽然桨叶旋转速度远大于传入风速和颗粒入射速度，但是由于颗粒入射带有较大的惯性力，桨叶旋转速度并没有达到使颗粒能够进行多次冲击的程度并且旋转平面与传入风速不在同一平面上，这导致颗粒没有足够的时间进入旋转中心，很快就会流出流场，只让桨叶尖端受到主要冲蚀。这可能就是桨叶旋转速度低时，尖端更容易受到冲蚀的原因。

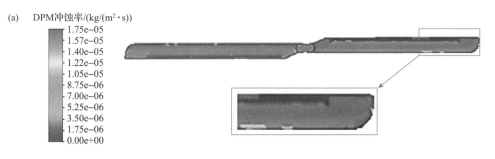

(a)　DPM冲蚀率/(kg/(m²·s))

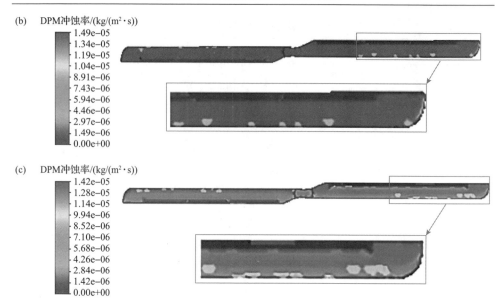

图 5.76　在不同桨叶旋转速度下，颗粒质量流量为 0.5kg/s 时的冲蚀区域分布图

(a) 500r/min；(b) 1000r/min；(c) 2000r/min

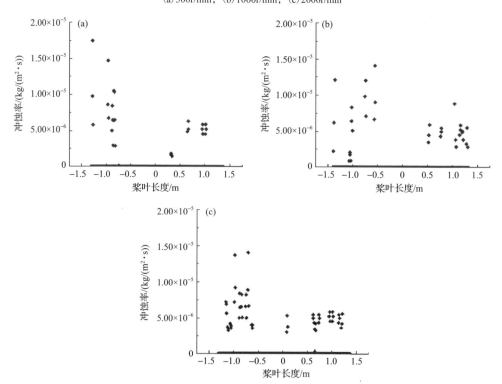

图 5.77　在不同桨叶旋转速度下，颗粒质量流量为 0.5kg/s 时桨叶冲蚀分布散点图

(a) 500r/min；(b) 1000r/min；(c) 2000r/min

由图 5.77 可知，横坐标上的黑色水平线不是连续的，而是密集分散的黑点，它们不是冲蚀率为零，而是冲蚀率的数值远小于 10^{-6}。由此可以推断，叶片上的冲蚀非常强烈，个别区域的冲蚀率很高。但是，如图 5.76 所示，叶片冲蚀分布不是很规则，这可能与叶片旋转引起的气流场变化有关。随着叶片速度的增加，由于同时具有较高速度的叶片可以接触更多的颗粒，叶片的冲蚀面积变得更大。然而，有趣的是，由于颗粒碰撞时间缩短，在较快的叶片速度中叶片的最大冲蚀率反而降低。

颗粒质量流量被认为是引起材料表面冲蚀磨损的重要因素。因此，本节中也进行在不同颗粒质量流量影响下的直升机桨叶的数值模拟。模拟过程是在图 5.74 所示的整个流场入口处注入不同质量流量(0.5kg/s、1kg/s 和 1.5kg/s)的颗粒，其他条件和参数保持不变。

对图 5.76、图 5.78 和图 5.80 三维图及图 5.77、图 5.79 和图 5.81 二维图进行综合对比分析，可以观察到桨叶的受冲蚀区域和受冲蚀程度。在不同的颗粒质量

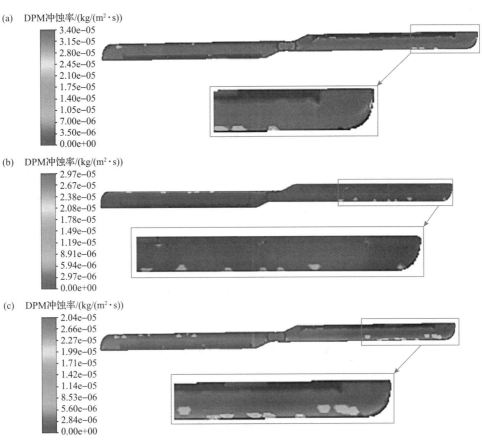

图 5.78　在不同桨叶转速下，颗粒质量流量为 1.0kg/s 时冲蚀区域分布图
(a) 500r/min；(b) 1000r/min；(c) 2000r/min

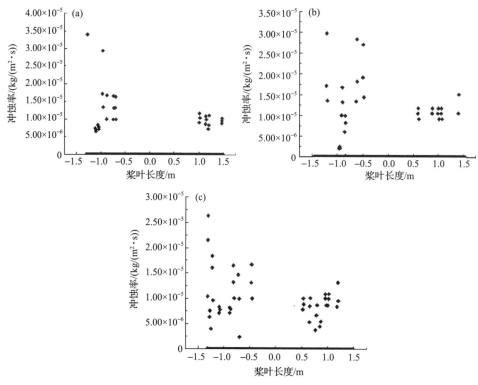

图 5.79　在不同桨叶转速下，颗粒质量流量为 1.0kg/s 时桨叶冲蚀分布散点图

(a) 500r/min；(b) 1000r/min；(c) 2000r/min

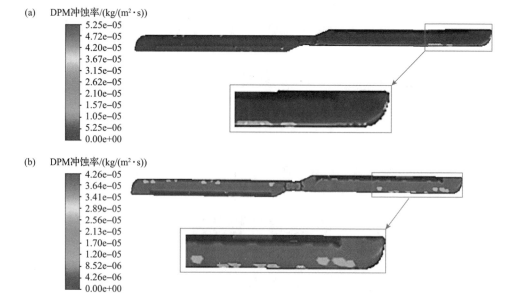

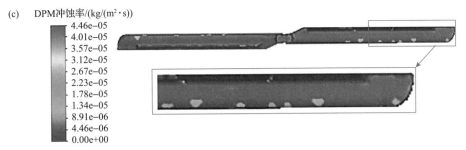

图 5.80 在不同桨叶转速下，颗粒质量流量为 1.5kg/s 时冲蚀区域分布图
(a) 500r/min；(b) 1000r/min；(c) 2000r/min

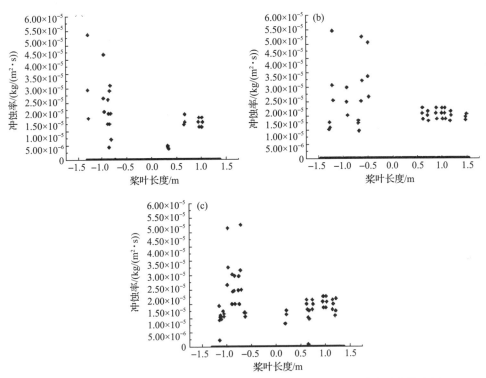

图 5.81 在不同桨叶转速下，颗粒质量流量为 1.5kg/s 时桨叶冲蚀分布散点图
(a) 500r/min；(b) 1000r/min；(c) 2000r/min

流量（0.5kg/s、1kg/s 和 1.5kg/s）下，桨叶的受冲蚀区域几乎不变，仅桨叶的冲蚀率发生了变化。随着颗粒质量流量的增加，桨叶的最大冲蚀率和整体冲蚀率也都增加，且最大冲蚀率一般发生在尖端附近。这说明颗粒质量流量仅对桨叶的冲蚀速率有影响而对桨叶受冲蚀区域变化影响不大。因为增加颗粒质量流量只会增加单位时间内入射的颗粒数量，从而增加颗粒桨叶之间的撞击次数，这只会使桨叶冲

蚀率更严重，桨叶的磨损区域基本不变。同时可以发现，在相同的颗粒质量流量下(0.5kg/s)，随着桨叶转速的增加(500r/min、1000r/min 和 2000r/min)，桨叶的最大冲蚀率反而降低。这可能是由于桨叶转速的增加使同一时间内桨叶受冲蚀的同一区域表面与入射的颗粒碰撞时间缩短，颗粒碰撞数目也随之减少，这就导致桨叶受到的最大冲蚀率随着转速的增加反而降低。

使用图像识别方法提取图 5.76、图 5.78 和图 5.80 中严重冲蚀的区域。两个叶片的总像素单位为 17750，两个叶片的总表面积为 191059.90mm²。表 5.14～表 5.16 给出了不同颗粒质量流量下的冲蚀严重区域的面积和比例。表中，A_L 表示左叶片的严重冲蚀面积，P_L 表示左叶片的严重冲蚀面积与左叶片的面积之比，A_R 和 P_R 对应于右叶片的该值，$A_{R+L} = A_R + A_L$ 表示两个转子叶片严重冲蚀面积的总和，$|\Delta A_{R+L}| = \left| \dfrac{(A_{R+L})_{i+1} - (A_{R+L})_i}{(A_{R+L})_i} \right|$ (i=1、2、3) 表示左叶片和右叶片严重冲蚀面积增长的比率。

表 5.14　冲蚀严重区域面积和比例(0.5kg/s)

冲蚀条件	A_L/mm^2	P_L/%	A_R/mm^2	P_R/%	$\left\|A_{R+L}\right\|$ /mm²	$\left\|\Delta A_{R+L}\right\|$
0.5kg/s、500r/min	1335.51	0.67	1967.91	1.03	3303.42	
0.5kg/s、1000r/min	3095.17	1.62	4356.17	2.28	7451.34	1.26
0.5kg/s、2000r/min	4738.29	2.48	7413.12	3.88	12151.41	0.63

表 5.15　冲蚀严重区域面积和比例(1.0kg/s)

冲蚀条件	A_L/mm^2	P_L/%	A_R/mm^2	P_R/%	$\left\|A_{R+L}\right\|$ /mm²	$\left\|\Delta A_{R+L}\right\|$
1.0kg/s、500r/min	1485.53	0.78	1719.53	0.90	3205.06	
1.0kg/s、1000r/min	2674.84	1.40	4298.85	2.25	6973.69	1.18
1.0kg/s、2000r/min	4,700.07	2.46	7069.22	3.70	11176.29	0.69

表 5.16　冲蚀严重区域面积和比例(1.5kg/s)

冲蚀条件	A_L/mm^2	P_L/%	A_R/mm^2	P_R/%	$\left\|A_{R+L}\right\|$ /mm²	$\left\|\Delta A_{R+L}\right\|$
1.5kg/s、500r/min	1318.31	0.69	1757.75	0.92	3076.06	
1.5kg/s、1000r/min	3228.91	1.69	4451.70	2.33	7680.61	1.50
1.5kg/s、2000r/min	5426.10	2.84	7125.53	3.73	12551.63	0.63

在相同的颗粒质量流量和不同的桨叶转速下，随着桨叶转速的增加，叶片的严重冲蚀面积显著增加，P_L 和 P_R 也随之增加。严重冲蚀区的 P_L 和 P_R 比率为

0.67%～3.88%。随着桨叶转速的增加，$|A_{R+L}|$ 比率增加，而 $|\Delta A_{R+L}|$ 比率减小。

综上所述，利用 ANSYS/FLUENT 软件离散相模型分析了三种材料(Ti-4Al-1.5Mn、Mg-Li9-Al3-Zn3 和 Al7075-T6)的直升机局部桨叶在不同颗粒冲击速度和冲击角度下的冲蚀行为。研究结果表明，在不同颗粒冲击速度(70m/s、150m/s 和 220m/s)下，Ti-4Al-1.5Mn 材料的桨叶具有最佳的抗冲蚀性能，其次是 Al7075-T6 和 Mg-Li9-Al3-Zn3。三种材料的桨叶受到的冲蚀率都随颗粒冲击速度的增加而增加。在不同的颗粒冲击角度(0°、3°和 6°)下，发现三种材料的冲蚀率基本不受颗粒冲击角度的影响。基于此可知，颗粒冲击角度的变化只会影响叶片的冲蚀破坏区域。随后，由仿生桨叶尖端的抗冲蚀数值模拟发现，不同条件下 V 形仿生结构的平均冲蚀率明显低于 VC 形仿生结构。

运用 ANSYS/FLUENT 软件中的滑移网格模块，模拟了直升机桨叶旋转过程的冲蚀情况，从不同颗粒质量流量(0.5kg/s、1.0kg/s 和 1.5kg/s)和不同桨叶转速(500r/min、1000r/min 和 2000r/min)下的模拟结果可知，桨叶冲蚀严重区域主要发生在桨叶的前缘处。随着颗粒质量流量的增加，桨叶的冲蚀率显著增加，但是随着桨叶转速的增加，最大冲蚀率是降低的，这些规律在左右桨叶上是一致的。

参 考 文 献

[1] Farokhipour A, Mansoori Z, Saffar-Avval M, et al. 3D computational modeling of sand erosion in gas-liquid-particle multiphase annular flows in bends[J]. Wear, 2020, 450-451: 203241.

[2] Zhang H, Li G, An X Z, et al. Numerical study on the erosion process of the low temperature economizer using computational fluid dynamics-discrete particle method[J]. Wear, 2020, 450-451: 203269.

[3] 张俊秋. 耦合仿生抗冲蚀功能表面试验研究与数值模拟[D]. 长春: 吉林大学, 2011.

[4] Song X Q, Lin J Z, Zhao J F, et al. Research on reducing erosion by adding ribs on the wall in particulate two-phase flows[J]. Wear, 1996, 193(1): 1-7.

[5] Ghenaiet A. Numerical study of sand ingestion through a ventilating system[C]. Proceedings of the World Congress on Engineering, London, 2009.

[6] Yang H, Boulanger J. The whole annulus computations of particulate flow and erosion in an axial fan[J]. Journal of Turbomachinery, 2013, 135(1): 011040.

[7] Sedrez T A, Decker R K, da Silva M K, et al. Experiments and CFD-based erosion modeling for gas-solids flow in cyclones[J]. Powder Technology, 2017, 311: 120-131.

[8] Liu D, Zhu H T, Huang C Z, et al. Prediction model of depth of penetration for alumina ceramics turned by abrasive waterjet—Finite element method and experimental study[J]. The International Journal of Advanced Manufacturing Technology, 2016, 87(9): 2673-2682.

[9] Diao Y F, Li X, Gu P D, et al. Numerical simulation of gas-solid flow in the axisymmetric inlets

square separator[J]. Korean Journal of Chemical Engineering, 2009, 26 (3): 879-883.

[10] Hadavi V, Arani N H, Papini M. Numerical and experimental investigations of particle embedment during the incubation period in the solid particle erosion of ductile materials[J]. Tribology International, 2019, 129: 38-45.

[11] Shimizu K, Noguchi T, Seitoh H, et al. FEM analysis of erosive wear[J]. Wear, 2001, 250 (1-12): 779-784.

[12] Liu Z G, Wan S, Nguyen V B, et al. A numerical study on the effect of particle shape on the erosion of ductile materials[J]. Wear, 2014, 313 (1-2): 135-142.

[13] Sooraj V S, Radhakrishnan V. Elastic impact of abrasives for controlled erosion in fine finishing of surfaces[J]. Journal of Manufacturing Science and Engineering, 2013, 135 (5): 051019.

[14] Li W Y, Liao H L, Li C J, et al. Numerical simulation of deformation behavior of Al particles impacting on Al substrate and effect of surface oxide films on interfacial bonding in cold spraying[J]. Applied Surface Science, 2007, 253 (11): 5084-5091.

[15] Woytowitz P J, Richman R H. Modeling of damage from multiple impacts by spherical particles[J]. Wear, 1999, 233-235: 120-133.

[16] Aquaro D, Fontani E. Erosion of ductile and brittle materials[J]. Meccanica, 2001, 36 (6): 651-661.

[17] Aquaro D. Erosion due to the impact of solid particles of materials resistant at high temperature[J]. Meccanica, 2006, 41 (5): 539-551.

[18] Molinari J F, Ortiz M. A study of solid-particle erosion of metallic targets[J]. International Journal of Impact Engineering, 2002, 27 (4): 347-358.

[19] Bielawski M, Beres W. FE modelling of surface stresses in erosion-resistant coatings under single particle impact[J]. Wear, 2007, 262 (1-2): 167-175.

[20] Griffin D, Daadbin A, Datta S. The development of a three-dimensional finite element model for solid particle erosion on an alumina scale/MA956 substrate[J]. Wear, 2004, 256 (9-10): 900-906.

[21] ElTobgy M S, Ng E, Elbestawi M A. Finite element modeling of erosive wear[J]. International Journal of Machine Tools and Manufacture, 2005, 45 (11): 1337-1346.

[22] Mishra A, Pradhan D, Behera C K, et al. Modeling and optimization of parameters for high-temperature solid particle erosion of the AISI 446SS using RSM and ANN[J]. Materials Research Express, 2018, 6 (2): 026513.

[23] Palavar O, Özyürek D, Kalyon A. Artificial neural network prediction of aging effects on the wear behavior of IN706 superalloy[J]. Materials & Design, 2015, 82: 164-172.

[24] 眭曦. 离心式通风机内部气固两相流场的数值模拟[D]. 杭州: 浙江大学, 2006.

[25] Lin J Z, Shen L P, Zhou Z X. The effect of coherent vortex structure in the particulate two-phase

boundary layer on erosion[J]. Wear, 2000, 241(1): 10-16.

[26] 徐文汗. 离心压缩机叶轮冲蚀磨损与动力特性分析[D]. 济南: 山东大学, 2016.

[27] [德]埃克(Eck B). 通风机[M]. 沈阳鼓风机研究所, 等译. 北京: 机械工业出版社, 1983.

[28] 李建锋. 排粉风机内部气固两相流动特性研究[D]. 北京: 清华大学, 2006.

[29] 王福军. 计算流体动力学分析——CFD 软件原理与应用[M]. 北京: 清华大学出版社, 2004.

[30] 岑可法, 樊建人, 池作和, 等. 锅炉和热交换器的积灰、结渣、磨损和腐蚀的防止原理与计算[M]. 北京: 科学出版社, 1994.

[31] Chen X H, McLaury B S, Shirazi S A. Numerical and experimental investigation of the relative erosion severity between plugged tees and elbows in dilute gas/solid two-phase flow[J]. Wear, 2006, 261(7-8): 715-729.

[32] Edwards J K, McLaury B S, Shirazi S A. Modeling solid particle erosion in elbows and plugged tees[J]. Journal of Energy Resources Technology, 2001, 123(4): 277-284.

[33] Mazumder Q H, Shirazi S A, McLaury B S, et al. Development and validation of a mechanistic model to predict solid particle erosion in multiphase flow[J]. Wear, 2005, 259(1-6): 203-207.

[34] Schade K P, Erdmann H J, Hädrich T, et al. Experimental and numerical investigation of particle erosion caused by pulverised fuel in channels and pipework of coal-fired power plant[J]. Powder Technology, 2002, 125(2-3): 242-250.

[35] Forder A, Thew M, Harrison D. A numerical investigation of solid particle erosion experienced within oilfield control valves[J]. Wear, 1998, 216(2): 184-193.

[36] Mbabazi J G, Sheer T J. Computational prediction of erosion of air heater elements by fly ash particles[J]. Wear, 2006, 261(11-12): 1322-1336.

[37] Mbabazi J G, Sheer T J, Shandu R. A model to predict erosion on mild steel surfaces impacted by boiler fly ash particles[J]. Wear, 2004, 257(5-6): 612-624.

[38] Dobrowolski B, Wydrych J. Evaluation of numerical models for prediction of areas subjected to erosion wear[J]. International Journal of Applied Mechanics and Engineering, 2006, 11(4): 735-749.

[39] 沈天耀, 林建忠. 叶轮机械的气固两相流基础[M]. 北京: 机械工业出版社, 1994.

[40] Wang Z L, Fan J R, Luo K. Numerical study of solid particle erosion on the tubes near the side walls in a duct with flow past an aligned tube bank[J]. AIChE Journal, 2010, 56(1): 66-78.

[41] Fan J R, Yao J, Zhang X Y, et al. Experimental and numerical investigation of a new method for protecting bends from erosion in gas-particle flows[J]. Wear, 2001, 251(1-12): 853-860.

[42] Yao J, Zhang B Z, Fan J R. An experimental investigation of a new method for protecting bends from erosion in gas-particle flows[J]. Wear, 2000, 240(1-2): 215-222.

[43] Grant G, Tabakoff W. Erosion prediction in turbomachinery resulting from environmental solid particles[J]. Journal of Aircraft, 1975, 12(5): 471-478.

[44] Tabakoff W, Kotwal R, Hamed A. Erosion study of different materials affected by coal ash particles[J]. Wear, 1979, 52(1): 161-173.

[45] Tabakoff W. Investigation of coatings at high temperature for use in turbomachinery[J]. Surface and Coatings Technology, 1989, 39-40: 97-115.

[46] 戈超. 离心风机叶片抗冲蚀磨损仿生研究[D]. 长春: 吉林大学, 2011.

[47] 林建忠. 湍动力学[M]. 杭州: 浙江大学出版社, 2000.

[48] 岑可法, 倪明江, 严建华, 等. 气固分离理论及技术[M]. 杭州: 浙江大学出版社, 1999.

[49] Li Y Z, Li T, Zhang H T, et al. LDV measurements of particle velocity distribution and annular film thickness in a turbulent fluidized bed[J]. Powder Technology, 2017, 305: 578-590.

[50] Neilson J H, Gilchrist A. Erosion by a stream of solid particles[J]. Wear, 1968, 11(2): 111-122.

[51] Bitter J G A. A study of erosion phenomena part I[J]. Wear, 1963, 6(1): 5-21.

[52] Metwally M, Tabakoff W, Hamed A. Blade erosion in automotive gas turbine engine[J]. Journal of Engineering for Gas Turbines and Power, 1995, 117(1): 213-219.

[53] 朱斌. 活体蝎子体表抗冲蚀特性机理及评价模型[D]. 长春: 吉林大学, 2018.

[54] 李诗卓, 董祥林. 材料的冲蚀磨损与微动磨损[M]. 北京: 机械工业出版社, 1987.

[55] 刘家浚. 材料磨损原理及其耐磨性[M]. 北京: 清华大学出版社, 1993.

[56] 胡坤, 胡婷婷, 马海峰, 等. ANSYS FLUENT 实例详解[M]. 北京: 机械工业出版社, 2019.

[57] Bai X P, Yao Y M, Han Z W, et al. Study of solid particle erosion on helicopter rotor blades surfaces[J]. Applied Sciences, 2020, 10(3): 977.

第6章 仿生抗冲蚀功能表面模型建立与设计原理

前述章节介绍了典型沙漠生物优异的抗冲蚀功能，揭示了典型沙漠生物抗冲蚀机理，完成了仿生抗冲蚀功能表面数值模拟。在此基础上，本章将介绍抗冲蚀功能表面研究涉及的数学模型、物理模型、结构模型及仿生模型，并提出仿生抗冲蚀功能表面的设计原理，即把从自然界获得的抗冲蚀研究的仿生模本信息转变为有望解决抗冲蚀工程技术问题的具体方案。

6.1 仿生抗冲蚀功能表面模型分析

仿生抗冲蚀功能表面模型的构建是一个极其复杂的过程，目前尚无固定的方法和标准。这是因为仿生抗冲蚀功能表面模型是从生物模型的不同信息源、不同功能目标等角度多方面综合考虑而建立的，在建模过程中，必须从实际出发，根据实际情况，具体问题具体分析。借助建立的模型，研究者能更清晰明了地揭示仿生抗冲蚀功能表面模型的功能原理，从而能够更精确地制造出相应的仿生抗冲蚀产品[1-3]。一般来说，仿生抗冲蚀功能表面建模主要包括如下步骤。

1) 明确问题

不同的仿生模型可能面向不同的生物功能，而不同的功能目标也将对应不同的建模过程。因此，明确拟研究生物的主要功能是生物模型建立的首要任务。首先，根据仿生抗冲蚀与该生物功能实现模式及其与环境因子的关系来确定建模目的；然后，按照"先核心后一般，先易后难"的建模顺序，根据研究的功能目标和具体要求提取与凝炼出影响功能目标的主要因素；最后，逐步完善合适的建模方法[4-6]。

2) 合理假设

建模的关键步骤是根据生物抗冲蚀的特征和建模的目的，对问题进行必要的、合理的假设。只有进行合理的假设，才能够相对容易地将实际问题"翻译"成数学语言或欲建的模型语言。同时，假设的合理性在很大程度上也决定了模型建立的成功与否。具体来说，如果对生物抗冲蚀方面的各个因素都事无巨细地考虑，那么模型在本质上无法建立或者建立的模型因为太复杂而失去可解性；如果过于简化生物抗冲蚀的影响因素，那么模型固然好建立并且容易求解，但是该模型在很大程度上不能反映出生物抗冲蚀的信息，从而使其失去存在的价值。因此，要根据欲达到的研究目标，做出合理的假设，在可解性的前提下保证较高的可信度，并且在满足目标任务要求的情况下，应尽量减少模型中包含因素的数量。一般应首先考虑主要因素，而合理简略一般性因素的影响[7]。虽然实际获得的仿生抗冲蚀模型已经是一个简化了的近似模型，但在功能目标有效实现不受影响的前提下，构建的模型越简单越好。此外，合理的假设在建模过程中的作用除了简化问题外，还可以对模型的使用范围加以明确限定。

3）模型构建

生物抗冲蚀建模的核心工作是根据生物受异相介质冲蚀的具体情况进行合理假设，全面分析生物本身抗冲蚀的特征与属性及其之间的关系，运用适当的建模工具与方法，建立所研究生物的各个特征参数之间的物理、数学等关系模型[8]。

4）模型求解

要想得到模型的有效解，需采用解方程、画图形、定理证明、逻辑运算、数值计算、可拓分析与优化处理等各种传统的和先进的方法相互结合对其进行处理。由于不同的仿生抗冲蚀模型的求解一般涉及的知识不同，求解的技术思路也可能各异，目前尚无统一的具有普适意义的求解方法。所以，对于不同的仿生抗冲蚀模型，首先应优选出合适的求解方法[9,10]。因此，所建立的仿生抗冲蚀模型必须具有可辨识性，即该模型的描述或表示方式必须确定，与仿生抗冲蚀功能目标有关的参数必须有唯一的确定解。

5）模型解分析

生物仿生抗冲蚀模型的建立相对于客观实际来说不可避免地存在一定的误差，这些误差一般来自模型假设、模型求解和数据测量等。因此，模型求解后，应该根据建立模型的目的、实际问题的需要去分析讨论最优化的模型解，同时模型解分析过程中还要兼顾仿生抗冲蚀因素之间的作用效果[11,12]。

6）模型解检验

由于仿生建模会受到许多主观和客观因素的影响，为确保其可信性，必须对所建模型进行检验。最直接有效的方法就是把仿生抗冲蚀模型分析的结果"翻译"回到实际问题中去，与实际的生物抗冲蚀现象、相关数据进行比较，以检验模型的合理性和实用性，这个过程即模型解的检验[11-13]。如果模型解的检验结果不符合或部分不符合实际，一般考虑模型假设，进一步修改完善模型或重新建模。

7）模型解释

根据一定的规范对模型进行文字描述，建立模型文档，即模型解释，主要目的是便于使用者迅速、清晰地了解模型的结构、功能、使用方法及适用范围等。除此之外，通过建立模型文档，不但可以加深对模型的认识，消除模型的不完全性、不确定性和不一致性，而且能提高建模的规范化程度[14,15]。

6.2　仿生抗冲蚀功能表面模型建立

6.2.1　数学模型

1. Mansouri 模型

在许多工程应用中，固体颗粒是在流体中携带的。颗粒对泵、管道和弯头等部件内壁的影响导致严重的表面退化，称为固体颗粒冲蚀。冲蚀预测是非常复杂的，因为在冲蚀建模中需要考虑很多因素，包括颗粒的冲击速度和角度、颗粒的撞击频率、颗粒的大小和形状。相关学者假设沙粒引起的冲蚀破坏是由于切削和变形两种机制，建立了相应的冲蚀模型[16]。切削冲蚀比可表示为

$$
\mathrm{ER_C} = \begin{cases} C\rho F_\mathrm{s} \dfrac{v_\mathrm{p粒}^{2.41}\sin\beta_1\left[2K\cos\beta_1 - \sin\beta_1\right]}{2K^2 P} & \beta_1 \leqslant \arctan K \\[3mm] C\rho F_\mathrm{s} \dfrac{U_\mathrm{p}^{2.41}\cos^2\beta_1}{2P} & \beta_1 \geqslant \arctan K \end{cases}
\tag{6.1}
$$

式中，C 和 K 是切削冲蚀比方程(the cutting erosion ratio equation)中的经验常数；ρ、F_s、$v_\mathrm{p粒}$ 分别是目标材料的密度、粒子锐度系数(sharpness factor)和粒子的冲击速度；P 是目标材料的塑性流动应力，假定为维氏硬度 H_v(GPa)。

同时，变形冲蚀比 $\mathrm{ER_D}$ 可表示为

$$
\mathrm{ER_D} = \frac{1}{2} F_s\rho \frac{\left(v_\mathrm{p粒}\sin\beta_1 - U_\mathrm{tsh}\right)^2}{\varepsilon}
\tag{6.2}
$$

式中，U_tsh 为阈速度。当速度小于这个速度时，变形系数可以忽略不计。ε 为变形磨损系数。U_tsh 值可表示为

$$
\frac{(U_\mathrm{tsh})_2}{(U_\mathrm{tsh})_1} = \sqrt{\frac{m_1}{m_2}} = \left(\frac{R_1}{R_2}\right)^{3/2}
\tag{6.3}
$$

式中，m 和 R 为粒子的质量和半径。总冲蚀比 $\mathrm{ER_{tot}}\left[\dfrac{\mathrm{kg}}{\mathrm{kg}}\right]$ 是两种机制引起的冲蚀率之和，可表示为

$$
\mathrm{ER_{tot}} = \mathrm{ER_C} + \mathrm{ER_D}
\tag{6.4}
$$

材料厚度损失 Δh 可表示为

$$\Delta h = \frac{\text{ER}_{\text{tot}} \dot{m}_{\text{sand}} t}{\rho_{\text{wall}} A_{\text{cell}}} \tag{6.5}$$

式中，$\dot{m}_{\text{sand}}$ 为沙的质量流量；ρ_{wall} 为壁材密度；A_{cell} 为计算单元的面积；t 为测试时间。

2. Arbanejad 模型

固体颗粒冲蚀对油气生产、钻井、油砂等矿物的加工和运输都具有重要影响。引起冲蚀破坏的固体颗粒大小、形状和硬度各不相同。相关试验和数值模拟研究表明，当颗粒被液体或高密度气体输送时，颗粒的冲击角非常小，在这些情况下，冲击角有时小于在气体中直接冲蚀试验中可以得到的最小值。Arabnejad 等基于 Finnie 和 Bitter 的工作，以空气为载流体，建立了一种半机理模型[17,18]：

$$\text{ER}_{\text{C}} = \begin{cases} C_1 \dfrac{v_{\text{p粒}}^{2.41} \sin\beta_1 \left(2K\cos\beta_1 - \sin\beta_1\right)}{2K^2} & \beta_1 < \arctan K \\[3mm] C_1 \dfrac{v_{\text{p粒}}^{2.41} \cos^2\beta_1}{2} & \beta_1 > \arctan K \end{cases} \tag{6.6}$$

$$\text{ER}_{\text{D}} = C_2 \left(v_{\text{p粒}} \sin\beta_1 - U_{\text{tsh}}\right)^2 \tag{6.7}$$

$$\text{ER} = F_{\text{s}} \left(\text{ER}_{\text{C}} + \text{ER}_{\text{D}} + \text{ER}_{\text{A}}\right) \tag{6.8}$$

式中，C_1、C_2、K、U_{tsh} 为经验常数；F_{s} 为颗粒锐度系数(尖锐颗粒取 1、半圆颗粒取 0.5、全圆颗粒取 0.25)。

3. Zhang 模型

在石油和天然气生产行业，沙粒通常夹带在油井生产的流体中。这些沙粒会撞击管道内壁、堵塞器、阀门和其他固定装置，并造成广泛的冲蚀损伤。油气田管道和设备的冲蚀非常复杂且受多因素影响，如流体特性、出沙率、出沙性能、出沙形状、出沙粒度分布、设备和管道壁材料、设备几何形状等。Zhang 等建立了一种计算冲蚀的经验模型[19]：

$$\text{ER} = C\text{BH}^{-0.59} F_{\text{s}} v_{\text{p粒}}^n f\left(\beta_1\right) \tag{6.9}$$

$$f\left(\beta_1\right) = \sum_{i=1}^{5} A_i \beta_1^i \tag{6.10}$$

式中，BH 为靶材的布氏硬度；F_{s} 为颗粒锐度系数(尖锐沙粒取 1，半圆形沙粒取 0.53，圆形沙粒取 0.2)；$v_{\text{p粒}}$ 为颗粒冲击速度；β_1 为冲击角度；n 为速度指数，

$n=2.41$；C 为常数。

4. Oka 模型

Oka 及 Yoshida 基于试验数据，综合考虑冲击角度、冲击速度、颗粒尺寸和材料类型[19]，将冲蚀率定义为

$$E(\beta_1) = g(\beta_1)E_{90} \tag{6.11}$$

$$g(\beta_1) = (\sin\beta_1)^{n1}\left[1 + H_v(1-\sin\beta_1)\right]^{n2} \tag{6.12}$$

$$E_{90} = KH_v^{k1}\left(\frac{v_{p粒}}{V'}\right)^{k2}\left(\frac{d_p}{d'}\right)^{k3} \tag{6.13}$$

$$n1 = (s1)H_v^{q1}, \quad n2 = (s2)H_v^{q2}, \quad k2 = 2.3H_v^{0.038} \tag{6.14}$$

式中，$E(\beta_1)$ 为任意冲击角度 β_1 下的冲蚀损伤；E_{90} 为正常冲击角度下的冲蚀损伤；H_v 为壁材材料的维氏硬度；$v_{p粒}$ 和 V' 分别为颗粒冲击速度和参考冲击速度；d_p 和 d' 分别为颗粒粒径和参考粒径。

5. Huang 模型

Huang 等[20]也分别计算了形变及切削造成的磨损。首先，法向碰撞造成的磨损体积如下：

$$\Delta Q_y = c\Delta Q_{ey}N \tag{6.15}$$

式中，c 为系数；N 为造成变形磨损的平均碰撞次数；ΔQ_{ey} 为压痕体积，可由下式估算：

$$\Delta Q_{ey} \approx \int_0^{y_{max}} A_y \mathrm{d}y \tag{6.16}$$

其中，A_y 为压痕面积，可由下式计算：

$$A_y \approx \pi y d_p \tag{6.17}$$

式中，d_p 为颗粒粒径。

y_{max} 为颗粒压入材料表面的最大深度，可由下式给出：

$$y_{max} = \left(\frac{mv_{p粒y}^2}{\pi d_p P_n}\right)^{1/2} \tag{6.18}$$

式中，m 为颗粒质量；$v_{p粒y}$ 为颗粒法向速度；P_n 的量纲为压力，是材料与加工硬化性质的函数。若设 $v_{p粒}$ 为颗粒实际冲击速度，β_1 为冲击角度，则颗粒法向速度为

$$v_{p粒y} = v_{p粒} \sin \beta_1 \tag{6.19}$$

将式(6.17)~式(6.19)代入式(6.16)可得

$$\Delta Q_{ey} \approx \frac{m v_{p粒}^2 \sin^2 \beta_1}{2 P_n} \tag{6.20}$$

类似地，切削作用造成的磨损可写为

$$\Delta Q_{ex} \approx \int_0^L A_x \mathrm{d}x \tag{6.21}$$

L 的最大切削长度为

$$L = \frac{C_L m v_{p粒x}^2}{y_{max}^n D_{max}^n P_t} \tag{6.22}$$

式中，系数 C_L 可通过一系列计算获得[21]，这里不再赘述；$v_{p粒x}$ 为颗粒切向速度；P_t 为材料表面塑性流动应力；指数 n 为磨粒在目标表面层上切割的横截面面积，$n=0.5$ 表示线切割，$n=1$ 表示面切割，$0.5<n<1$ 表示一般情况；D_{max} 为颗粒压入材料表面压痕的最大宽度：

$$D_{max} \approx 2 \left(\frac{m \mathrm{d}_p v_{p粒y}^2}{\pi P_n} \right)^{\frac{1}{4}} \tag{6.23}$$

6. E/CRC 模型

E/CRC 模型[19,21]常用于 CFD 模拟气-固或液-固两相流造成的冲蚀，其基本形式建立在 Finnie 模型的基础上：

$$ER = k F_s v_{p粒}^n f(\beta_1) \tag{6.24}$$

式中，ER 为单位质量颗粒造成的材料表面质量损失；k 为描述材料表面性质的参数，F_s 为颗粒球形度（极不规则颗粒取 1.0，球形颗粒取 0.2）；$v_{p粒}$ 为颗粒冲击速度；β_1 为冲击角度；n 为经验参数（取 2.4）；参数 k 以及 $f(\beta_1)$ 的计算则有两种方式，对于铬镍铁合金 718，Zhang 等[19]给出形式如下：

$$ER = CBH^{-0.59} F_s v_{p粒}^n f(\beta_1) \tag{6.25}$$

式中，C 为试验确定经验参数，为 2.17×10^{-7}；BH 为材料表面的布氏硬度，其指数同样由经验确定；$f(\beta_1)$ 为

$$f(\beta_1) = \sum_{i=1}^{5} A_i \beta_1^i \tag{6.26}$$

其中，A_i 为五次不同冲击角度下试验获得的经验系数。此外，Mansouri 等[21]基于 CFD 模拟和试验获得了一个半经验模型。首先，材料表面网格 i 的局部磨损深度 Δh_i 为

$$\Delta h_i = \frac{ER_i \times m_i \times t}{\rho_w \times Area_i} = \frac{kF_s v_{p流}^n f(\overline{\beta_1}) \times m_i \times t}{\rho_w \times Area_i} \tag{6.27}$$

式中，m_i 为撞击网格 i 的颗粒质量流量；t 为装置运行时间；ρ_w 为壁面材料密度；$Area_i$ 为壁面网格 i 的面积；$v_{p流}$ 为颗粒流平均冲击速度；$\overline{\beta_1}$ 为平均冲击角度；m_i 需要通过总质量流量 m_{tot} 来计算：

$$m_i = \frac{N_i}{N_{tot}} m_{tot} \tag{6.28}$$

其中，N_i 为撞击壁面网格 i 的颗粒数量；N_{tot} 为模拟中的总颗粒数量，代入式 (6.27) 有

$$\Delta h_i = \frac{kF_s v_{p流}^n f(\overline{\beta_1}) t}{\rho_w \times Area_i} \frac{N_i}{N_{tot}} m_{tot} \tag{6.29}$$

则有

$$kf(\overline{\beta_1}) = \frac{\Delta h_i}{\dfrac{F_s V_p^n t}{\rho_w Area_i} \dfrac{N_i}{N_{tot}} m_{tot}} \tag{6.30}$$

通过比对法向射流碰撞的试验数据以及 CFD 模拟结果，即可获得 k 为 2.57，标准化并拟合后的 $f(\beta_1)$ 为

$$f(\beta_1) = a_i \times \sin \beta_1^{b_1} \times (1.5 - \sin \beta_1)^{b_2} \tag{6.31}$$

式中，a_1 为 228.5；b_1 为 7.91；b_2 为 12.81。

7. MED 模型

单层能量耗散(monolayer energy dissipation，MED)是一种网格尺度冲蚀模型，适用于将颗粒相作为连续相处理的双流体模型(two fluid model，TFM)。MED 模型的基本思路是通过计算单层颗粒在材料表面滑动过程中耗散的能量来预测磨损，其基本形式如下：

$$E_{\mathrm{MED}} = \left(1 - e^2\right)\left[\varepsilon_{\mathrm{s}}\overline{\overline{\tau}}_{\mathrm{sv}}\nabla\vec{v}_{\mathrm{p粒}} + \frac{\overline{\overline{\beta}}_B\vec{v}_{\mathrm{p粒}}^2}{2}\right]\frac{d_{\mathrm{p}}}{P} \tag{6.32}$$

式中，e 为颗粒与壁面之间的恢复系数；ε_{s} 为固含率；$\overline{\tau}_{\mathrm{sv}}$ 为黏性剪切(或固相黏性应力)；$\vec{v}_{\mathrm{p粒}}$ 为颗粒冲击速度矢量；$\overline{\overline{\beta}}_B$ 为相间动量输运参数；d_{p} 为颗粒粒径；P 为压力[22]。

8. KTEM 模型

同 MED 模型一样，动力学理论冲蚀模型(kinetic theory erosion model，KTEM)同样是一种网格尺度冲蚀模型。1992 年，Ding 和 Lyczkowski[23]基于 Finnie 的塑性材料磨损模型提出了这一模型，其基本形式为

$$\dot{E} = 2\varepsilon_{\mathrm{s}}\rho_{\mathrm{p}}B_{\mathrm{F}} \times \left[\frac{(2T)^{3/2}}{\sqrt{\pi}}F_1(\beta_0) + \frac{v_{\mathrm{w}}^2}{2}\sqrt{\frac{2T}{\pi}}F_1(\beta_0) + \frac{3}{2}v_{\mathrm{w}}TF_2(\beta_0)\right] \tag{6.33}$$

式中，ε_{s} 为固含率；ρ_{p} 为颗粒密度；B_{F} 为 Finnie 模型中的系数，为 $1/(8PH)$(PH 为靶材表面的维氏硬度)；T 为由颗粒的温度计算获得的颗粒运动波动动能；v_{w} 为壁面网格附近颗粒相的平均切向速度；$F_1(\beta_0)$ 和 $F_2(\beta_0)$ 由下面两式给出：

$$F_1(\beta_0) = \frac{\pi}{8} - \frac{\beta_0}{4} + \frac{1}{12}\sin^4\beta_0 + \frac{1}{16}\sin^4\beta_0 - \frac{3}{4}\cos^4\beta_0 \tag{6.34}$$

$$\begin{aligned} F_2(\theta_0) = &-\frac{2}{5} + \frac{1}{15}\sin^5\theta_{\mathrm{c}} - \frac{2}{5}\cos\theta_{\mathrm{c}}\sin^4\theta_{\mathrm{c}} + \frac{2}{15}\left(\cos\theta_{\mathrm{c}}\sin^2\theta_{\mathrm{c}} + 2\cos\theta_{\mathrm{c}}\right) \\ &+ \frac{3}{5}\cos^2\theta_{\mathrm{c}}\sin^3\theta_{\mathrm{c}} + \frac{2}{5}\sin^3\theta_{\mathrm{c}} \end{aligned} \tag{6.35}$$

式中，β_0 为最大冲蚀率对应的冲击角。

9. 经验公式

(1) Goodwin 等[24]的模型：

$$\varepsilon = c v_{\mathrm{p流}} \beta_1 \tag{6.36}$$

式中，β_1 受粒径影响，粒径 25μm 时为 2.0°，粒径超过 125μm 时为 2.3°。

(2) Head 和 Harr[25]的脆性材料冲蚀统计模型：

$$A_{\mathrm{BS}} = \frac{v_{\mathrm{p流}}^{3.06} \beta_1^{2.6} H^{2.08} E^{0.03}}{B^{3.64}} \tag{6.37}$$

式中，$v_{\mathrm{p流}}$ 为颗粒流冲击速度；β_1 为冲击角度；H 为颗粒硬度；E 为单位体积材料的抗冲蚀系数；B 为材料表面硬度。式(6.38)为同样方法得到的塑性材料冲蚀统计模型：

$$A_{\mathrm{DS}} = \frac{v_{\mathrm{p流}}^{4.34} \beta_1^{0.46} H^{0.10} E^{0.21}}{R^{2.84} B^{3.64}} \tag{6.38}$$

式中，R 为球形度。

(3) Grant 和 Tabakoff[26]基于试验数据提出了针对 2024 铝合金的冲蚀经验公式：

$$\varepsilon = K_1 \left\{ 1 + C \left[1 + K_2 \sin\left(\frac{90}{\beta_0} \beta_1 \right) \right] \right\}^2 v_{\mathrm{p流}}^2 \cos^2 \beta_1 \left(1 - R_{\mathrm{T}}^2 \right) + K_3 \left(v_{\mathrm{p流}} \sin \beta_1 \right)^4 \tag{6.39}$$

式中，当颗粒为沙粒时，$K_1 = 3.67 \times 10^{-6}$，$K_2 = 0.585$，$K_3 = 6.0 \times 10^{-12}$；

$$C = \begin{cases} 1, & \beta_1 \leqslant 3\beta_0 \\ 0, & \beta_1 > 3\beta_0 \end{cases} \tag{6.40}$$

β_0 为发生最大冲蚀时的冲击角度(试验数据显示约为 25°)；$v_{\mathrm{p流}}$ 为颗粒流冲击速度；β_1 为颗粒流冲击角度；R_{T} 为碰撞前颗粒相对壁面切向速度/碰撞后颗粒相对壁面切向速度，可由下式估算：

$$R_{\mathrm{T}} = 1 - 0.0016 v_{\mathrm{p流}} \sin \beta_1 \tag{6.41}$$

此外，Tabakoff 等[27]基于试验数据提出了煤粉冲蚀不锈钢表面时磨损的经验参数：$K_1 = 1.505101 \times 10^{-6}$，$K_2 = 0.296007$，$K_3 = 5.0 \times 10^{-12}$。

(4) Jennings 等[28]提出的塑性材料冲蚀磨损模型：

$$A = \left(\frac{K_{\mathrm{T}}^{5/2}}{R} \frac{G^{1/3}}{\rho^{1/3} k T_{\mathrm{m}} \Delta H_{\mathrm{m}}} \right) S \tag{6.42}$$

式中，K_T 为颗粒碰撞过程中传递到材料表面的动能；R 为颗粒球形度；G 为磨损材料分子量；ρ 为材料密度；k 为材料表面导热系数；T_m 为材料熔融温度；ΔH_m 为材料熔融焓；S 为无量纲比例系数。

（5）Hutchings 等[29]基于试验数据给出了冲击角度为 30° 时磨损与冲击速度 $v_{p粒}$ 的经验关系式：

$$W = 5.82 \times 10^{-10} v_{p粒}^{2.9} \tag{6.43}$$

（6）Wiederhorn 和 Hockey[30]通过统计手段得到了脆性材料磨损关系式：

$$W \propto v_{p粒}^{2.8} R^{3.9} \rho^{1.4} K_c^{-1.9} H^{0.48} \tag{6.44}$$

式中，$v_{p粒}$ 为颗粒冲击速度；R 为入射颗粒半径；ρ 为颗粒密度；K_c 为材料表面韧性系数；H 为材料表面硬度。

（7）Reddy 和 Sundararajan[31]提出了可能与塑性材料磨损有关的几个因素：

$$E \propto \frac{L^3 \Delta \varepsilon_m}{\varepsilon_c} \tag{6.45}$$

式中，L 为材料表面变形深度；$\Delta \varepsilon_m$ 为每次碰撞引起的平均形变增量；ε_c 为开始形成磨损的临界应变。

（8）Hashish 提出了针对塑性材料的冲蚀经验模型[32]：

$$W = \frac{7}{\pi} \frac{m}{\rho_p} \left(\frac{v_{p流}}{C_k} \right)^{2.5} \sin(2\beta_1) \sqrt{\sin \beta_1} \tag{6.46}$$

式中，

$$C_k = \sqrt{\frac{3\sigma_f R_f^{3/5}}{\rho_p}} \tag{6.47}$$

W 为材料表面体积损失；m 为颗粒流总质量；ρ_p 为颗粒密度；$v_{p流}$ 为颗粒流冲击速度；β_1 为冲击角度；σ_f 为材料表面的屈服应力；R_f 为颗粒球形度系数。

6.2.2 物理模型

仿生抗冲蚀物理模型也称为实体模型，又可分为实物模型和类比模型。实物模型是根据一定的规则（如相似性原理）对生物抗冲蚀的形态特征进行简化或按比例缩放而构建出的实物模型。通过这些方法建立的仿生抗冲蚀物理实物模型与生物本身的抗冲蚀特征具有极高的相似性，其为仿生抗冲蚀研究提供了重要的依据。类比模型是指在不同的生物中，根据各生物所具有的不同特点和相似点，可以把某一生物所具有的一些复杂的、模糊不清的特征与其他生物中已知的信息相比较，寻找在某一方面的同一性，找出其共同遵循的规律，构造类比物理模型[33-36]。下面以砂鱼蜥、蝎子生物为例，对物理仿生模型进行阐述。

1. 砂鱼蜥耐磨减阻功能物理模型的建立

砂鱼蜥是沙漠蜥蜴中十分特殊的一属，主要分布在干旱或半干旱的沙漠地带。砂鱼蜥因可以在干旱的沙丘内部如游鱼般自由快速移动而得名。砂鱼蜥四肢发达，喜爱挖穴，其身体在钻进沙丘的过程中产生了较为严重的磨料磨损，历经沙土中严重的磨料磨损环境，为抵御沙土对其体表的伤害，其自身的表面特性、微观结构、材料成分和力学性能都进化出优异的抗磨料磨损的功能。在沙土内部运动时可以 300mm/s 的速度连续运动数千米，体表仍能免受损伤[33]。

砂鱼蜥在恶劣的风沙冲蚀和沙粒磨料磨损环境中体表不被损坏，因为其表皮鳞片具有耐磨功能的微观结构，如图 6.1 所示。经微观尺度观察发现，这些砂鱼蜥表皮鳞片上分布微刺结构，这种具有微刺结构鳞片分布的体表，在与沙粒摩擦

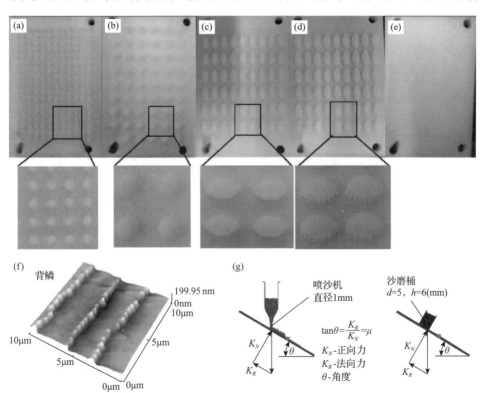

图 6.1　砂鱼蜥结构及其仿生物理模型

(a)一号微刺结构；(b)二号微刺结构；(c)鳞片结构；(d)微刺鳞片结构；(e)光滑表面结构；
(f)砂鱼蜥表皮微观结构；(g)喷沙实验

的过程中,一部分起到释放静电的作用,目的是防止摩擦带电而吸附沙粒;另一部分微刺所带静电的极性与沙粒相同,从而通过静电的同性相斥原理对沙粒产生排斥作用。

2. 蝎子抗冲蚀功能仿生物理模型的建立

1)分析蝎子特性及结构

在沙漠地区,因为其昼夜温差大,缺水和极端的风沙环境导致只有少数物种可以在这种环境下生存,而沙漠蝎子就是其中之一。在风沙环境中的生活经验使它们得到了特殊的体表形态、微观结构,形成了特殊的背甲材料,这些因素的共同作用使它们表现出优异的抗冲蚀特性[34]。

一般研究过程中,将蝎子分为两部分:头胸部和腹部。本次主要研究其头胸部的背甲部分。其背甲部分一般由七节背板组成,每一节背板的长度和宽度均不相同。背板与背板之间的连接由节间膜完成,构成一种软硬相间的结构,这种连接使蝎子的背甲不仅可以抵御外界环境的攻击,也可以使其具有较强的灵活性。蝎子身上的这种节间膜在其身体的其他部位也很常见,这种结构不仅赋予了蝎子耐饥饿的能力,还使其具有缓冲外界压力的能力。蝎子高度角质化的外骨骼、独特的背甲构成方式、背板上分布不均的凸包结构和颗粒状的脊使背甲的抗拉、抗压、抗变形和抗冲击等力学性能得到大幅的提升[35]。

2)仿生物理模型的建立

3D 打印技术又称为增材制造技术,将数字模型文件作为技术基础,以逐层打印的形式对金属或者塑料等材料进行粘合,以此来完成物体构造。该技术加工精度高、成形限制少、机械强度好,广泛应用于精密机械零部件制造领域。因此,选用 3D 打印技术进行仿生抗冲蚀功能表面试样的制造,选用 ABS 作为原材料,进行六种仿生试样的制备,然后进行冲蚀试验,仿生试样如图 6.2 所示[36]。

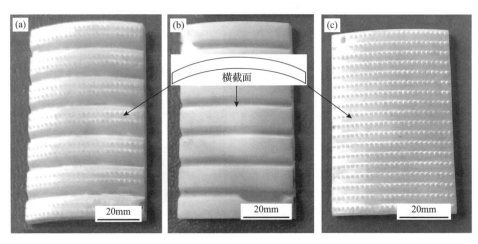

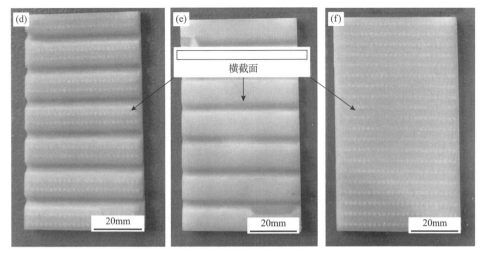

图 6.2　3D 打印技术制备的仿生抗冲蚀功能表面试样

(a) 弧形 V 形槽凸包表面试样横截面；(b) 弧形 V 形槽光滑表面试样横截面；(c) 弧形无 V 形槽凸包表面试样横截面；(d) V 形槽凸包表面试样横截面；(e) V 形槽光滑表面试样横截面；(f) 无 V 形槽凸包表面试样横截面

6.2.3　结构模型

仿生抗冲蚀结构模型是将生物抗冲蚀的某些特征视作结构关系而构建的一种模型。结构模型中有几何结构、机械结构、材料结构或上述结构的互相组合；结构模型也可分为静态结构、动态结构和稳健结构等；按偶联动力学原理，也可分为刚性结构、弹性结构、柔性结构或上述结构的互相组合。因此，采用结构模型化技术分析是揭示生物抗冲蚀原理的一个有效手段。该结构模型以定性分析为主，既可用几何图形、机械图形表征，也可用合适的符号表征，甚至可以用实物构件构建模型[37,38]。利用生物抗冲蚀中各结构间的已知关系，并根据结构相关性把复杂、模糊不清的偶联方式转化为直观的结构关系，最终构建出仿生抗冲蚀结构模型。

1. 喷嘴抗冲蚀结构模型

喷嘴是进行各种表面强化、表面清洗、喷射切割等机械设备的关键部件之一，广泛应用于机械、石油等行业。在实际复杂工况情况下，喷嘴的冲蚀相当严重，致使喷嘴工作效率低，寿命短。研究发现，喷嘴冲蚀与以往对各类材料的冲蚀研究并不相同。喷嘴工作时其入口端面所受冲击的冲击角度接近 90°，属于高角冲蚀，但内壁所承受的是低角冲蚀，喷嘴的不同部位同时受到不同角度的冲蚀，同时磨料颗粒在喷嘴内部的运动是一个加速的过程，冲击速度是变量，这也是喷嘴冲蚀过程独有的特性。并且喷嘴在长度方向上的磨损程度不同。针对上述现象，结合喷嘴冲蚀特点以及喷嘴不同部位对抗冲蚀特性的要求，在喷嘴不同部位分别采用不同的材料设计，建立梯度结构模型提高喷嘴抗冲蚀特性[39]。

2. 弯管抗冲蚀结构模型

在石油行业，运输管道中的介质主要为原油、天然气和水等，介质与管道之间的相对运动会引起管道冲蚀问题，其中机械运动是最主要的原因，该过程会导致输送流体的管道壁面形成表面起伏的冲蚀凹槽。严重的冲蚀问题会造成管道及相应的管道部件失效，为了延长弯管使用寿命，可对弯管进行基于数值模拟的结构优化设计[40]。

3. SAGD 井口结构模型

在石油行业中，蒸汽辅助重力泄油(steam assisted gravity drainage，SAGD)双管热采井口装置内冲蚀是十分严重的问题,转换接头内的返回液中常有颗粒存在，因此极易发生冲蚀现象。在研究该结构的冲蚀情况时，采用 ANSYS 有限元分析软件中的流固耦合(fluid-structure-interaction，FSI)单向流固耦合模块，液固两相流模拟采用 DPM，将沙粒视为离散相，先求解连续相流动，直至连续相收敛。ANSYS/FLUENT 求解器采用基于压力法求解不可压缩流动的 Pressure-Based 隐式求解器，控制方程为 SIMPLEC 算法和 QUICK 差分格式[41]。ANSYS/FLUENT 计算所得单位时间内冲蚀速率的定义式为

$$R_e = \sum_{p=1}^{N_p} \frac{m_p C(d_p) f(\beta_1) v_p^{b(v_{p粒})}}{A_f} \tag{6.48}$$

式中，$C(d_p)$ 为颗粒粒径函数；$f(\beta_1)$ 为颗粒冲击角函数；$b(v_{p粒})$ 为颗粒冲击速度函数；N_p 为颗粒数；m_p 为颗粒质量流率；β_1 为颗粒对壁面的冲击角度；$v_{p粒}$ 为颗粒冲击速度；A_f 为颗粒在壁面上的投影面积。

6.2.4 仿生模型

模拟是将模本转化为仿生抗冲蚀制品的途径和桥梁。要进行仿生模拟，就需要在生物模型的基础上，结合工程实际需要，建立可用于工程实际的仿生抗冲蚀模型，进而研发出各种仿生技术与装置。仿生抗冲蚀模型蕴含和展现的不仅有生物模型的重要信息，还有与工程技术需求相关的种种信息。仿生抗冲蚀模型既要对生物模型进行模拟、提炼，也要对欲仿生的各种技术要求进行集中展现，它是仿生技术、仿生产品研发与设计的基本依据。综上所述，建立仿生抗冲蚀模型是仿生的关键环节[42]。以沙漠蜥蜴、沙漠蝎子与沙漠红柳为例，对其仿生模型的建立进行阐述。

1. 沙漠蜥蜴抗冲蚀功能仿生模型的建立

为适应沙漠的风沙环境，新疆岩蜥经过亿万年的进化，体表具有呈覆瓦状排列的菱形鳞片。而且它的鳞片紧密嵌合附着于皮肤表层，而皮肤表层是由不同的材料梯度复合而成的多层结构，这样使得新疆岩蜥的鳞片与皮肤表层柔性连接，形成了刚性鳞片通过生物柔性连接的体表结构。以上特点使新疆岩蜥体表具有极高的抗冲蚀能力[43]。

新疆岩蜥受到的冲蚀主要是由风夹带沙粒产生的气-固两相流造成的，而气-固两相流的主要作用部位是其背部，新疆岩蜥的背部鳞片之间结合紧密，所以其背部具有较强的抗冲蚀特性。对于单一鳞片，鳞片上部较硬的角质层、角皮层与其下的软质相中层、结缔组织层等共同形成了一种壳状复合结构（由硬到软梯度复合），具有刚性强化和柔性吸收特点，对整体鳞片来说组成了一个系统。当面对风沙的袭击时，能够将一个鳞片的冲击力传递到相邻的其他鳞片，从而减小应力集中。此外，新疆岩蜥背部鳞片形状大多是五边形或六边形，其规则排列形成了垂直于风向的凹槽。当流体通过表面时会因为凹槽的存在形成湍流，改变了体表边界层的流场，进而减小了风沙冲蚀的速度及冲蚀的颗粒数目，从而对新疆岩蜥起到进一步的保护作用。从更微观的层面分析，发现新疆岩蜥背部鳞片上布满了孔状的疏松结构。当新疆岩蜥受到风沙冲蚀时，这种结构的存在使其体表可吸收沙粒的大量动能，减小对体表的冲蚀动能。这些生物本身的结构特点为建立新疆岩蜥抗冲蚀数学模型提供了重要依据。

1) 简化分析

对原型生物新疆岩蜥来说，体表抗冲蚀功能既受到外界环境因素的影响，如温度、湿度、风速、沙粒冲击速度、冲蚀粒子材质和颗粒大小等的影响，也受到新疆岩蜥本身特征因素的影响，如体表多层结构和色素颗粒等。因此，建立以新疆岩蜥为生物原型的仿生抗冲蚀数学模型必须综合考虑各因素，并进行适当的简化分析处理。本例只考虑风沙两相流、新疆岩蜥体表的多层结构、孔隙构造、多边形形态的鳞片和体表的梯度材料等因素[43]。

由生物原型可知，新疆岩蜥背部鳞片是按一定规律排布的，而且鳞片相对下层结缔组织具有较大的硬度。鳞片中部是致密的结缔组织，下部是疏松的结缔组织。新疆岩蜥背部鳞片为多边形，鳞片边长大约为 0.6mm，远端两个顶点间距约为 0.98mm，可以看成最长的对角线长度。其线边比值 0.98/0.6=1.63，更接近五边形的比值，为简化体表鳞片形态，用正五边形来表示其鳞片形状。如图 6.3 所示，简化的物理模型为在厚度相对较小而长宽很大的六面体上表面有五边形柱状体，其余各个部位分别都是各向同性的材质[43]。

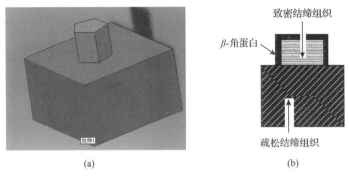

图 6.3　新疆岩蜥背部鳞片简化的物理模型[43]

(a)体模型；(b)剖面图

2)两相流和力传递分析

运用 CATIA 和 CAD 绘图软件画出简化的物理模型，在此模型上进行风沙两相流简化分析以及结构连接与力的传递分析。

对风沙两相流进行分析：在气-固两相流中，气体为连续相，冲蚀粒子为非连续相。当风速较低不能吹起冲蚀粒子时，为单相流，即只有单一气流作用于新疆岩蜥的背部；当风速较大能够吹起冲蚀粒子时，气流中会夹杂冲蚀粒子，此时为气体与冲蚀粒子共同作用于新疆岩蜥背部。当风速大到能够将冲蚀粒子完全吹起时，冲蚀粒子可以视为连续介质，此时为均匀的两相流。单相流、两相流均符合伯努利方程：

$$p + \rho g h + \frac{1}{2}\rho v_{\mathrm{p}}^2 = C \tag{6.49}$$

式中，p、ρ、v_{p} 分别为流体的压强、密度和冲击速度；h 为铅垂高度；g 为重力加速度；C 为常量，即在沿流线运动过程中，单位体积流体的压力能 p、重力势能 $\rho g h$ 和动能 $\rho v^2 / 2$ 总和保持不变，总能量守恒。取气流的密度为 $1.225 \times 10^{-3} \mathrm{g/cm}^3$，其对于冲蚀粒子 Al_2O_3 的密度 $3.97 \mathrm{g/cm}^3$ 来说很小，故气流的动能忽略。在试验条件下，气流和冲蚀粒子的压力与位置视为同一个值，其气-固两相流的位能、动能都可以简化为压能，最后简化为单一的压强[43]。

对连接与力传递分析：新疆岩蜥受到风沙的冲蚀时，风沙对新疆岩蜥背部产生的冲击力首先作用于鳞片表面的 β-角蛋白上。由于角蛋白自身硬度较大，其自身变形较小，同时 β-角蛋白还将外力传给致密的结缔组织与疏松的结缔组织以减小对新疆岩蜥的冲蚀伤害。

3)模型建立的假设条件

风与沙的入射角度假设为 30°。在宏观上风和沙粒都是连续介质，但是在微观上被当作连续介质处理。由于沙粒相是稀相(体积分数 $\alpha<0.01$)，忽略粒子相的

分压，认为 $1-\alpha \approx 1$。风和沙粒之间的动量交换是由黏性阻力描述的，并考虑沙粒的重力。风速是恒定的，沙粒的密度与形状都是相同的，温度和湿度等非生物因素都看成稳定不变的，即冲击变形和冲击磨损与上述非生物体因素无关。所有鳞片都是相同的五边形柱状体，其外表面（β-角蛋白）与其内部（致密的结缔组织，含色素）是由两种材料构成的。β-角蛋白与致密的结缔组织可看成过盈配合，致密的结缔组织与疏松的结缔组织可看成固定端配合，并且致密的结缔组织有柔性，可以在任意方向上转动、变形。β-角蛋白与疏松的结缔组织为铰接，疏松的结缔组织层可看成半无限大的具有一定厚度的弹性空间体。新疆岩蜥的表皮组织是具有弹性、黏性的组合体，所有外力都简化为均布载荷[43]。

4）数学模型的建立

为了解新疆岩蜥体表受风沙两相流作用的本构关系而采用组合元件来模拟，基本元件都是按新疆岩蜥体表的弹性和黏性变形性质设定的，将硬度较大的 β-角蛋白构成的鳞片视为塑性元件，致密含色素的结缔组织与疏松的结缔组织看成弹性模量不同的弹性元件。弹性元件称为胡克体，是服从胡克定律的弹性材料性质；塑性元件称为非牛顿体，在克服一定应力（σ_0）后，在广义上是服从牛顿黏滞定律的流体（为了简化计算与建模，σ_0 可以当作较小值处理）[43]。

将若干个基本元件串联或并联，可以得到各种各样的组合元件模型。串联时模型的总应力与各单元的应力相同，即

$$\sigma_\text{总} = \sigma_1 = \sigma_2 = \cdots = \sigma_m \tag{6.50}$$

而模型的总应变为各单元应变之和，即

$$\varepsilon_\text{总} = \varepsilon_1 + \varepsilon_2 + \varepsilon_3 + \cdots + \varepsilon_m \tag{6.51}$$

或

$$\varepsilon'_\text{总} = \varepsilon'_1 + \varepsilon'_2 + \varepsilon'_3 + \cdots + \varepsilon'_m \tag{6.52}$$

并联时模型的总应力由各单元分担，即

$$\sigma_\text{总} = \sigma_1 + \sigma_2 + \sigma_3 + \cdots + \sigma_m \tag{6.53}$$

而模型的总应变与各单元的应变相等，即

$$\varepsilon_\text{总} = \varepsilon_1 = \varepsilon_2 = \varepsilon_3 = \cdots = \varepsilon_m \tag{6.54}$$

按照假设条件，组合模型体（Z）由弹性元件 T_2 与一个塑性元件 S 并联，并联后再与弹性元件 T_1 串联组合而成，模型符号表示为 Z=(S\\T_2)—T_1，如图 6.4 所示。

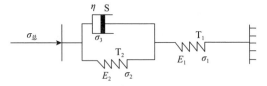

图 6.4　组合模型体

数学模型的符号说明：T 表示弹性元件，称为胡克体；S 表示塑性元件，称为非牛顿体；—表示元件串联；\\表示元件并联；Z 表示表层的组合模型；σ 为元件应力；η 为致密结缔组织的动力黏度，Pa·s；ε 为变形量；ε_s' 为塑性元件变形量的变化速度；E_1 为致密结缔组织的弹性模量；E_2 为疏松结缔组织的弹性模量；$\dfrac{\mathrm{d}\varepsilon}{\mathrm{d}t}$ 为应变对时间的导数，与 ε' 意义相同；t 为时间。

5）模型分析

组合模型体并联部分，根据元件并联原理，并联的总应力应为弹性元件和塑性元件的应力之和，有

$$\sigma_{并} = \sigma_2 + \sigma_3 \tag{6.55}$$

其中，$\sigma_2 = E_2\varepsilon_2$，$\sigma_3 = \eta\varepsilon_s'$，$\sigma_2 = \sigma_s$，则有

$$\sigma_{并} = E_2\varepsilon_2 + \eta\varepsilon_s' \tag{6.56}$$

由式（6.56）可得

$$\varepsilon_s' = \frac{\sigma_{并} - E_2\varepsilon_2}{\eta} \tag{6.57}$$

方程（6.57）的解为

$$\varepsilon_s = \mathrm{e}^{-\frac{E_2}{\eta}tc} + \frac{1}{\eta}\int_0^t \sigma_{并}\mathrm{e}^{-\frac{E_2}{\eta}}\mathrm{d}t \tag{6.58}$$

组合模型体整体，根据元件的串并联原理有如下关系式：

$$\sigma_{总} = \sigma_{并} = \sigma_1 \tag{6.59}$$

$$\varepsilon_{总} = \varepsilon_{并} + \varepsilon_1 = \varepsilon_s + \varepsilon_1 \tag{6.60}$$

式中，$\varepsilon_1 = \dfrac{\sigma_1}{E_1}$。

于是，可得

$$\varepsilon_{总} = \varepsilon_1 + \varepsilon_s = \frac{\sigma_1}{E_1} + \mathrm{e}^{-\frac{E_2}{\eta}tc} + \frac{1}{\eta}\int_0^t \sigma_{并}\mathrm{e}^{-\frac{E_2}{\eta}}\mathrm{d}t \tag{6.61}$$

由式(6.61)对时间求导就可以得到变形量的变化速度的表达式为

$$\frac{d\varepsilon_\text{总}}{dt} = \varepsilon'_\text{总} = \frac{d(\varepsilon_1 + \varepsilon_s)}{dt} \tag{6.62}$$

6) 模型求解

并联部分，当外力长时间作用时，即 $\sigma_\text{总} = \sigma_\text{并} = \sigma_\text{外}$ 可以视为常数，式(6.58)可以化简为

$$\varepsilon_s = \frac{\varepsilon_\text{并}}{E_2}\left(1 - e^{-\frac{E_2}{\eta}t}\right) \tag{6.63}$$

把式(6.63)和式(6.59)代入式(6.61)得

$$\varepsilon_\text{总} = \varepsilon_1 + \varepsilon_s = \frac{\sigma_\text{总}}{E_1} + \frac{\sigma_\text{总}}{E_2}\left(1 - e^{-\frac{E_2}{\eta}t}\right) \tag{6.64}$$

因 $\sigma_\text{总}$、σ_1、E_1、E_2 为常数，$\varepsilon_\text{总}$、ε_1、E_1、E_2 为常数，故变形量的变化速度表达式(6.62)可以简化为式(6.64)，求导得

$$\varepsilon'_\text{总} = \frac{\sigma_\text{总}}{\eta}e^{-\frac{E_2}{\eta}t} \tag{6.65}$$

式(6.64)就是新疆岩蜥体表层受长期载荷作用下的耦合变形数学方程。

2. 沙漠蝎子与沙漠红柳抗冲蚀仿生模型的建立

生活在风沙频繁活动的环境下，由于特殊的体表形态、结构及组成材料的协同作用，沙漠蝎子和沙漠红柳表现出优异的抗冲蚀特性。在长期的风沙刺激作用下，沙漠蝎子表皮系统的形态、结构慢慢发生了改变，表皮的材料属性也因外界环境的影响而留下形态结构改变的"影子"，这为蝎子抗冲蚀机理的研究提供了很好的方向[44-46]。特别是蝎子体表的坚硬背部，其复杂的形态、结构为工程界研究抗冲蚀机理提供了独特的思路。同样，在长期风沙环境的冲蚀下，红柳体表也进化出了具有优异抗冲蚀性能的结构[47]。

1) 物理模型的建立

蝎子背板和红柳体表上的凸包和沟槽结构随个体差异会有一定的改变，同时在同一个体上的凸包与沟槽的大小也不一致，在建立生物模型的过程中，将凸包和沟槽的尺寸设为一固定值。另外，蝎子背板的横截面并非规则的弧形，且曲率在不同位置也不尽相同，为了便于模型建立将其简化为具有固定直径的规则圆弧。最后，将蝎子背板上的类六边形凹坑结构简化为具有固定边长的规则六边形结构

来建立物理模型。

2)模型分析

如图 6.5 所示，各物理模型的抗冲蚀机理如下：①旋转流在沟槽结构中形成

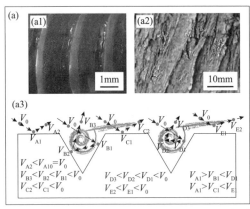
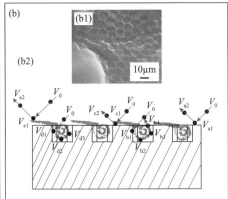

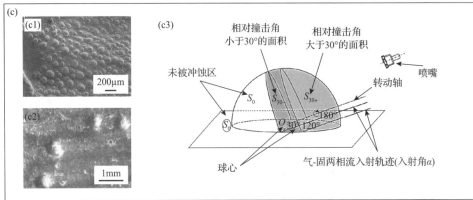

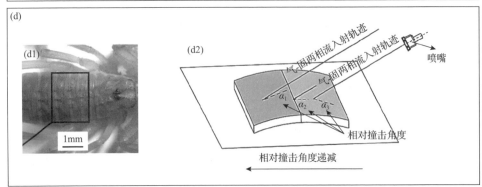

图 6.5　生物体表结构和抗冲蚀物理模型

(a1)蝎子体表的沟槽结构，(a2)红柳体表的沟槽结构，(a3)沟槽结构的抗冲蚀原理；(b1)蝎子体表的凹坑结构，
(b2)凹坑结构的抗冲蚀原理；(c1)蝎子体表的凸包结构，(c2)红柳体表的凸包结构，(c3)凸包结构的抗冲蚀原理；
(d1)蝎子体表的弯曲结构，(d2)弯曲结构的抗冲蚀原理

气垫，从而改变了固体颗粒的轨迹和速度[47]。首先，沟槽结构可以增强材料表面的湍流程度从而改变表面流场，造成颗粒的运动模式发生变化，同时降低生物材料表面被固体颗粒冲击的频率。其次，由于沟槽结构的存在，两相流中固体颗粒的冲击速度也会被降低，从而降低表面生物材料的冲蚀速率。②凹坑结构的抗冲蚀机理与沟槽结构相类似，特别地，当固体颗粒大于凹坑而不能进入六边形凹坑内部时，旋转气流会降低颗粒的法向速度，同样有利于提升材料的抗冲蚀性能[48]。③凸包和曲率结构可以改变粒子与背板表面碰撞时的冲击角度，从而减小碰撞带来的伤害。同时，凸包结构还可以减小材料表面上受粒子冲蚀的面积占比，从而起到更好的保护作用[47]。

6.3　仿生抗冲蚀功能表面设计原理

仿生设计是指提取仿生模本信息，通过构思、分析、规划、决策和创造等手段，将其与工程研究对象相结合，以制造出一个满足工程需求的人工系统，即把从自然界获得的仿生模本信息变成有望能解决工程技术问题的具体方案的实践活动。仿生设计是仿生学最为重要的环节，是仿生制品开发、研制和构建的前提。

许多因素影响生物的抗冲蚀性能，如生物体表的微观形态、结构、材料、生物躯体的曲率和粒子冲击角度、冲蚀速度、形状和粒径等。由于生物系统的复杂性，要想全面搞清楚生物抗冲蚀机制绝非易事，需要相当长的时间，而且需要材料、机械、生物和数学等多学科的长期密切协作[45,46]。在长期的实践中，随着时代的发展，人们的思想发生转变，以实际需求为目标，在一定设计原则的约束下，运用先进的设计原理、方法，不断创新，进而创造出满足实际需求的仿生抗冲蚀功能表面。

6.3.1　相似性原理

相似性是联系生命界与非生命界的一种纽带，而仿生学的基础就在于仿生系统与被仿的生物、生活和生境系统之间的相似性。在仿生抗冲蚀功能表面设计的过程中，仿生抗冲蚀功能表面与大自然中被仿的生物一定具有某种相关性。首先，根据生物的一些特征，如生物的抗冲蚀特性与特殊形态、结构和材料的关系等，利用相似性进行仿生抗冲蚀功能表面设计。尽管仿生抗冲蚀功能表面的设计元素与生物本身具有一定区别，但仿生抗冲蚀功能表面上都包含与生物本身相似的特征，即相关性。

原型试验是相似性设计原理的关键。原型试验是指直接在生物原型上进行的试验，模型试验是指在按照生物原型设计的模型上进行的试验。一般说来，原型试验比模型试验更为真实，但在实际研究或对新设计方案进行比较时，由于种种原因不能进行原型试验，模型试验就成为重要的手段。根据相应的理论设计模型进行试验，使模型和原型相似，该理论称为模型理论，它的基础是相似性原理。所以按照生物原型的主要特征创建一个相似的模型，然后通过该模型间接研究生物原型的特性规律就是相似模拟法。模型的设计与制造是相似模拟法的首要任务，因此建立模型的每个要素必须与生物原型的对应要素相似，一般包括运动学要素相似、几何要素相似、物理要素相似和动力学要素相似等。模拟模型与生物原型的对应要素相似指数越高，模拟的相似度就越高[47]。

6.3.2　功能性原理

仿生抗冲蚀功能表面设计的第一要素是功能，它是该表面设计追求的第一目标。任何种类的生物在其行为进化过程中都会展现出一种或多种特殊功能，以适应环境变化，因此生物行为具有功能性。而产品是功能的载体，实现功能是产品设计的最终目的。在一般的仿生抗冲蚀功能表面设计中是以研究的生物为对象，根据其行为，解析其功能性原理，利用功能性原理使被仿生物的某种优异功能能够在理论上简化设计，进而去解决冲蚀问题[48,49]。

该原理重点是分析生物某种或某些功能与其相关结构或形态的关系，目的是理解、明确其相关功能表达的原理。而且，单一的形态仿生或结构仿生都很难单独地承担整个仿生产品的设计，只有靠功能性原理才能将它们有机地统一起来，充分发挥仿生抗冲蚀产品的综合性能。所以，该原理有助于提升抗冲蚀仿生产品的"神似"程度，可避免简单的形状模仿。

6.3.3　比较性原理

为保证仿生抗冲蚀功能表面设计的有效性，设计过程中需要运用到比较性原理。首先，需要对初步选定的不同生物进行比较分析；然后，对不同生物的不同体表形态的特征参数以及对试验的条件进行比较分析。通过比较分析，对生物特征参数进行提取和定量统计，而后通过试验优化、计算机模拟、有限元分析和统计不变量分析等一种或多种方法建立最优化仿生抗冲蚀模型；最后，根据建立的仿生抗冲蚀模型，选出最佳参数，从而设计出最优的仿生抗冲蚀功能表面[50-52]。

在此以沙漠蝎子凹槽形态与柔性材料耦合仿生抗冲蚀试样的设计为例，介绍仿生抗冲蚀功能表面的设计原理。通过对沙漠蝎子抗冲蚀特性研究，得出沙漠蝎子背部凹槽等表面形态可以改变近壁流场的条件，进而改变来流中粒子的运动速度和运动轨迹，最终导致材料表面抗冲蚀特性发生变化。考虑实际加工问题，耦合仿生试样表面形态采用凹槽形，设计思路如图 6.6 所示。

对沙漠蝎子抗冲蚀特性的研究发现，沙漠蝎子优异的抗冲蚀特性不仅与背板

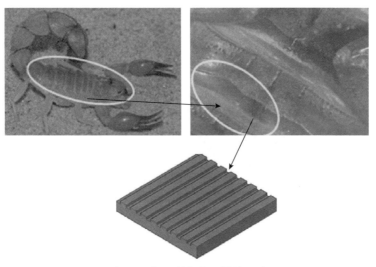

图 6.6　仿生形态表面设计思路

表面的形态有关，而且与背板和腹板之间以及背甲表面坚韧的几丁质膜和中层结缔组织的柔性连接有关。沙漠蝎子优异的抗冲蚀功能是形态与柔性耦合作用的结果。因此，耦合仿生试样设计思路包括以下三点：①试样包括上下两层；②试样顶层为硬质材料，目的是减少犁削和铲削，同时试样顶层具有凹槽形表面形态，用来改变来流中粒子的速度及运动轨迹；③试样底层材料选用类似沙漠蝎子中层结缔组织的硅胶，利用硅胶内部大分子链的张曲缓释冲击能量。设计思路如图 6.7所示，试样尺寸如图 6.8 所示。

图 6.7　耦合仿生试样设计思路

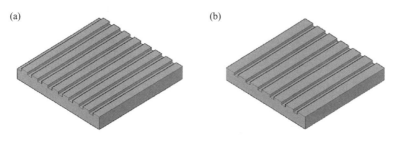

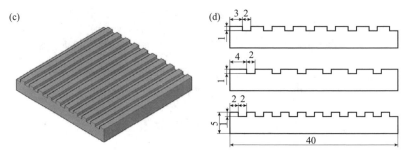

图 6.8　耦合仿生试样顶层尺寸

(a)凹槽间距 5mm；(b)凹槽间距 6mm；(c)凹槽间距 4mm；(d)试样横截面图（单位：mm）

参 考 文 献

[1] 于波. 高仿生度颅脑碰撞模型建立与验证[D]. 长春: 吉林大学, 2017.

[2] Barthlott W, Neinhuis C. Purity of the sacred lotus, or escape from contamination in biological surfaces[J]. Planta, 1997, 202(1): 1-8.

[3] 朱斌. 活体蝎子体表抗冲蚀特性机理及评价模型[D]. 长春: 吉林大学, 2018.

[4] 任露泉, 梁云虹. 耦合仿生学[M]. 北京: 科学出版社, 2012.

[5] 任露泉, 梁云虹. 仿生学导论[M]. 北京: 科学出版社, 2016.

[6] Bechert D W, Bruse M, Hage W. Experiments with three-dimensional riblets as an idealized model of shark skin[J]. Experiments in Fluids, 2000, 28(5): 403-412.

[7] Ren L Q, Wang Y P, Li J Q, et al. Flexible unsmoothed cuticles of soil animals and their characteristics of reducing adhesion and resistance[J]. Chinese Science Bulletin, 1998, 43(2): 166-169.

[8] Fratzl P. Biomimetic materials research: What can we really learn from nature's structural materials [J]. Journal of the Royal Society Interface, 2007, 4(15): 637-642.

[9] Currey J D, Brear K. Fatigue fracture of mother-of-pearl and its significance for predatory techniques[J]. Journal of Zoology, 1984, 203(4): 541-548.

[10] Brownell P, Farley R D. Detection of vibrations in sand by tarsal sense organs of the nocturnal scorpion, *Paruroctonus mesaensis*[J]. Journal of Comparative Physiology, 1979, 131(1): 23-30.

[11] Ren L Q. Progress in the bionic study on anti-adhesion and resistance reduction of terrain machines[J]. Science in China Series E: Technological Sciences, 2009, 52(2): 273-284.

[12] Barthlott W, Mail M, Neinhuis C. Superhydrophobic hierarchically structured surfaces in biology: Evolution, structural principles and biomimetic applications[J]. Philosophical Transactions of the Royal Society A: Mathematical, Physical and Engineering Sciences, 2016, 374(2073): 20160191.

[13] Koch K, Bhushan B, Barthlott W. Multifunctional plant surfaces and smart materials[J].

Springer Handbook of Nanotechnology, 2010, 7: 1399-1436.

[14] Amabili M, Giacomello A, Meloni S, et al. Unraveling the Salvinia paradox: Design principles for submerged superhydrophobicity[J]. Advanced Materials Interfaces, 2015, 2(14): 1500248.

[15] Kwak M K, Pang C, Jeong H E, et al. Towards the next level of bioinspired dry adhesives: New designs and applications[J]. Advanced Functional Materials, 2011, 21(19): 3606-3616.

[16] Mansouri A, Arabnejad H, Karimi S, et al. Improved CFD modeling and validation of erosion damage due to fine sand particles[J]. Wear, 2015, 338-339: 339-350.

[17] Arabnejad H, Mansouri A, Shirazi S A, et al. Abrasion erosion modeling in particulate flow[J]. Wear, 2017, 376-377: 1194-1199.

[18] Arabnejad H, Mansouri A, Shirazi S A, et al. Development of mechanistic erosion equation for solid particles[J]. Wear, 2015, 332: 1044-1050.

[19] Zhang Y, Reuterfors E P, McLaury B S, et al. Comparison of computed and measured particle velocities and erosion in water and air flows[J]. Wear, 2007, 263(1-6): 330-338.

[20] Huang C K, Chiovelli S, Minev P, et al. A comprehensive phenomenological model for erosion of materials in jet flow[J]. Powder Technology, 2008, 187(3): 273-279.

[21] Mansouri A, Arabnejad H, Shirazi S A, et al. A combined CFD/experimental methodology for erosion prediction[J]. Wear, 2015, 332-333: 1090-1097.

[22] Lyczkowski R W, Bouillard J X. State-of-the-art review of erosion modeling in fluid/solids systems[J]. Progress in Energy and Combustion Science, 2002, 28(6): 543-602.

[23] Ding J M, Lyczkowski R W. Three-dimensional kinetic theory modeling of hydrodynamics and erosion in fluidized beds[J]. Powder Technology, 1992, 73(2): 127.

[24] Goodwin J E, Sage W, Tilly G P. Study of erosion by solid particles[J]. Proceedings of the Institution of Mechanical Engineers, 1969, 184(1): 279-292.

[25] Head W J, Harr M E. The development of a model to predict the erosion of materials by natural contaminants[J]. Wear, 1970, 15(1): 1-46.

[26] Grant G, Tabakoff W. An experimental investigation of the erosive characteristics of 2024 aluminum alloy[R]. Cincinnati: Department of Aerospace Engineering, University of Cincinnati, 1973.

[27] Tabakoff W, Kotwal R, Hamed A. Erosion study of different materials affected by coal ash particles[J]. Wear, 1979, 52(1): 161-173.

[28] Jennings W H, Head W J, Manning C R Jr. A mechanistic model for the prediction of ductile erosion[J]. Wear, 1976, 40(1): 93-112.

[29] Hutchings I M, Winter R E, Field J E. Solid particle erosion of metals: The removal of surface material by spherical projectiles[J]. Proceedings of the Royal Society of London A: Mathematical and Physical Sciences, 1976, 348(1654): 379-392.

[30] Wiederhorn S M, Hockey B J. Effect of material parameters on the erosion resistance of brittle materials[J]. Journal of Materials Science, 1983, 18(3): 766-780.

[31] Reddy A V, Sundararajan G. Erosion behaviour of ductile materials with a spherical non-friable erodent[J]. Wear, 1986, 111(3): 313-323.

[32] Varga M, Goniva C, Adam K, et al. Combined experimental and numerical approach for wear prediction in feed pipes[J]. Tribology International, 2013, 65: 200-206.

[33] Greiner C, del Campo A, Arzt E. Adhesion of bioinspired micropatterned surfaces: Effects of pillar radius, aspect ratio, and preload[J]. Langmuir, 2007, 23(7): 3495-3502.

[34] Ren L Q, Liang Y H. Biological couplings: Classification and characteristic rules[J]. Science in China Series E: Technological Sciences, 2009, 52(10): 2791-2800.

[35] McEvoy M A, Correll N. Material science. Materials that couple sensing, actuation, computation, and communication[J]. Science, 2015, 347(6228): 1261689.

[36] 冯益华. 新型陶瓷喷砂嘴的研究开发及其冲蚀磨损机理研究[D]. 济南: 山东大学, 2003.

[37] 赵联祁. 液固两相流弯管冲蚀研究与抗冲蚀优化[D]. 东营: 中国石油大学(华东), 2016.

[38] 宋学官, 蔡林, 张华. ANSYS 流固耦合分析与工程实例[M]. 北京: 中国水利水电出版社, 2012.

[39] Stevens M, Merilaita S. Animal camouflage: Current issues and new perspectives[J]. Philosophical Transactions of the Royal Society B: Biological Sciences, 2009, 364(1516): 423-427.

[40] 黄河. 基于沙漠蜥蜴生物耦合特性的仿生耐冲蚀试验研究[D]. 长春: 吉林大学, 2012.

[41] 高峰. 沙漠蜥蜴耐冲蚀磨损耦合特性的研究[D]. 长春: 吉林大学, 2008.

[42] 杨明康. 不同生境下蝎子体表抗冲蚀特性的比较仿生研究[D]. 长春: 吉林大学, 2017.

[43] 张俊秋. 耦合仿生抗冲蚀功能表面试验研究与数值模拟[D]. 长春: 吉林大学, 2011.

[44] 尹维. 红柳抗冲蚀特性与机理的仿生研究[D]. 长春: 吉林大学, 2014.

[45] Zhang J Q, Chen W N, Yang M K, et al. The ingenious structure of scorpion armor inspires sand-resistant surfaces[J]. Tribology Letters, 2017, 65(3): 110.

[46] Tong J, Zhang Z H, Ma Y H, et al. Abrasive wear of embossed surfaces with convex domes[J]. Wear, 2012, 274-275: 196-202.

[47] Ren L Q, Tong J, Li J Q, et al. SW—soil and water: Soil adhesion and biomimetics of soil-engaging components: A review[J]. Journal of Agricultural Engineering Research, 2001, 79(3): 239-263.

[48] Han Z W, Feng H L, Yin W, et al. An efficient bionic anti-erosion functional surface inspired by desert scorpion carapace[J]. Tribology Transactions, 2015, 58(2): 357-364.

[49] Han Z W, Yin W, Zhang J Q, et al. Erosion-resistant surfaces inspired by tamarisk[J]. Journal of Bionic Engineering, 2013, 10(4): 479-487.

[50] Zhang J Q, Han Z W, Ma R F, et al. Scorpion back inspiring sand-resistant surfaces[J]. Journal of Central South University, 2013, 20(4): 877-888.

[51] Han Z W, Zhang J Q, Ge C, et al. Erosion resistance of bionic functional surfaces inspired from desert scorpions[J]. Langmuir, 2012, 28(5): 2914-2921.

[52] Zhang J Q, Han Z W, Cao H N, et al. Numerical analysis of erosion caused by biomimetic axial fan blade[J]. Advances in Materials Science and Engineering, 2013, 2013(5): 1-9.

第7章 仿生抗冲蚀功能表面的制造、测试与应用

在揭示典型沙漠生物优异抗冲蚀性能形成及实现机理、建立相应的模型、提出从生物抗冲蚀到重大工程领域过流曲面构件耐冲蚀的映射机理之后，该研究面临的另一大挑战是如何运用现代科技仿生再现生物亿万年进化、优化的优异功能。仿生抗冲蚀功能表面的制造涉及跨尺度、复杂结构、非均质和异质异性材料连接等问题，需要借助先进制造、智能制造等多个学科领域的最新成果。

仿生制造是模拟生物形体与功能的结构制造，包括仿生材料结构制造、仿生表面结构制造和仿生运动结构制造等[1]。仿生制造是将制造领域的传统技术、现代技术、新技术与仿生学相结合，建立的一系列先进制造模式与加工方法，是目前先进制造领域的前沿技术，为人类制造技术的发展开辟了新天地。采用仿生制造技术制造的仿生制品不仅包括非生命仿生制品，还包括采用传统技术所不能制造的包含生命组件的仿生制品和具有完全生命的仿生制品。

仿生制造环节的首要任务是原材料的选择。在众多材料体系中选取与生物模型或仿生模型具有良好匹配性的材料，各种材料的属性应具备充分实现功能目标的要求。同时，还要考虑材料的可加工性、经济适用性、易推广性、环保性和可持续性等，即材料匹配合理。然后，依据仿生设计方案与所选材料，进行制造工艺与方法优选。制造工艺是否科学、合理，直接决定仿生制造过程的先进性与高效性。如果多个工艺方案都具备良好的可行性，则应结合仿生制造效能进行全程评估与决策。最后，根据优选出的制造工艺方案进行制造技术与装备的选择，制造技术与装备直接决定了仿生制品的成型模式与成型性能，因此，应尽量选择先进、精确、便捷、高效和绿色的制造技术与装备。

仿生制造工艺是指依据仿生设计方案，将原材料变成仿生制品各个环节的方法与程序。任何一个仿生制品，都离不开合理的、先进的制造工艺，所以制造工艺的进步可以提升仿生制品的质量。

仿生制造过程中，一种良好的制造工艺要具备合理性、先进性、可控性、适用性和前沿性等特征，这是获得优质仿生制品的重要保障。制造工艺的合理性是指工艺方案要具备科学性与可行性，必须有效实现仿生功能目标的要求；制造工艺的先进性是指与传统工艺相比，仿生制造各个环节大都具有新颖性，技术手段处于当下先进水平；制造工艺的可控性是指仿生制品的各个制造环节都具有良好的可操作性，通过调配工艺方案可以定性或定量地实现仿生制品功能的可调控性；制造工艺的适用性是指不仅利于大规模生产和易于推广，而且具有经济适用性；

制造工艺的前沿性是指仿生制品的各个制造环节不仅代表各种高新技术的转化，而且代表一个前沿的发展方向[2]。

7.1　仿生抗冲蚀功能表面制造技术概述

对于仿生抗冲蚀功能表面，其结构具有一定的复杂性，几何尺寸精度要求较高，而且工件材料加工较为困难，所以其表面的高质、高效创成对于其仿生功能的实现至关重要。下面介绍几种适用于仿生抗冲蚀功能表面的制造方法。

7.1.1　数控加工

数控机床较好地解决了复杂、精密、小批量和多品种的零件加工问题，是一种柔性的、高效能的自动化机床，代表了现代机床控制技术的发展方向，是一种典型的机电一体化产品。因此，该方法是一种有效的仿生抗冲蚀功能表面的加工方式。例如，为了便于与数值模拟结果进行对比分析，深入探究仿生形态表面的抗冲蚀机理，使用 A3 钢作为冲蚀试验材料，采用数控电火花线切割法加工制造光滑表面试样和仿生凹槽表面试样[3]。

另外，采用我国台湾 Leadwell 公司生产的 V-30 立式数控机床，在 Q235 钢表面加工光滑表面试样和仿生方形槽、U 形槽和 V 形槽表面试样，试样尺寸为72mm× 38mm×8mm。对加工后的试样表面通过砂纸进行仔细打磨，消除其表面微观形貌的加工痕迹和加工硬化层，如图 7.1 所示。

 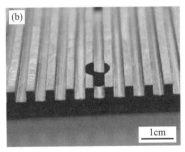

图 7.1　仿生表面试样
(a)仿生方形槽表面试样；(b)仿生 V 形槽表面试样

7.1.2　注塑成型

注塑成型又称注射模塑成型，它是一种注射兼模塑的成型方法。注塑成型方法的优点是生产速度快、效率高，操作可实现自动化，成品花色品种多，形状可以由简到繁，尺寸可以由大到小，而且制品尺寸精确，产品易更新换代，可用于形状复杂制件的成形。注塑成型适用于大量生产与形状复杂产品等成型加工领域，其成型过程大致可分为以下 6 个阶段：合模、射胶、保压、冷却、开模和制品取出。上述工艺反复进行，就可批量周期性生产制品。热固性塑料和橡胶的成型也包括同样的过程，但料筒温度较热塑性塑料的低，注射压力却较高，模具是加热的，物料注射完毕在模具中需经固化或硫化过程，然后趁热脱膜。现今注塑成型工艺正朝着高新技术的方向发展，这些技术包括微型注塑、高填充复合注塑、水辅注塑、混合使用各种特别注塑成型工艺、泡沫注塑、模具技术和数值模拟技术等。

瑞典皇家理工学院的研究人员开发了一种新型的微米-纳米系统，可以对塑料部件定型的同时完成表面处理，该技术将能够降低各种诊疗设备等医疗器械的制造成本。诊疗设备中的塑料部件(如"晶片实验室")在生产时，首先需要注塑成型，然后进行表面处理使其具有所需的表面性质。新技术加工的塑料表面性质可以是亲水的也可以是疏水的。生产具有这种表面性能的组件可以看成对一块木头表面进行涂蜡处理，处理后的部分就会具有疏水性。这种新的生产工艺在一步注塑过程中，能够同时赋予塑料部件所需的结构形状和表面性质。在使用新方法对塑料进行模塑成型的同时，也赋予其不同的表面特性。现在只要一步就可以完成以前需要通过多步处理才能完成的表面改性。这是开发合适的塑料材料，同时可以进行结构或表面改性的有效方法。研究人员用此方法制造了仿生抗冲蚀功能表面，图 7.2 为其加工过程的示意图和加工所得实物[4]，还制造了毫米级的仿生形态，如凹槽等。

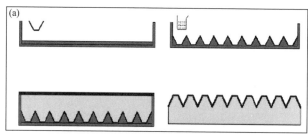

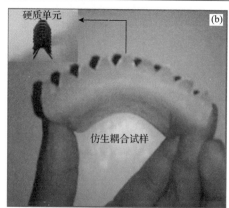

图 7.2　仿生抗冲蚀功能表面

(a)加工过程示意图；(b)加工实物图

7.1.3 快速成型

快速成型(rapid prototyping，RP)技术是 20 世纪 90 年代发展起来的一项先进制造技术，是为制造业企业新产品开发服务的一项关键共性技术，对促进企业产品创新、缩短新产品开发周期、提高产品竞争力有积极的推动作用。该技术自问世以来，已经在发达国家的制造业中得到了广泛应用，并由此产生了一个新兴的技术领域。

RP 技术是在现代 CAD/CAM 技术、激光技术、计算机数控技术、精密伺服驱动技术，以及新材料技术的基础上集成发展起来的。不同种类快速成型系统因所用的成型材料不同，成型原理和系统特点也各有不同。但是，其基本原理都是一样的，那就是"分层制造，逐层叠加"，类似于数学上的积分过程。形象地讲，快速成型系统就像是一台"立体打印机"。RP 技术将一个实体的复杂三维离散成一系列层片，大大降低了加工难度，其特点如下。

(1)成型全过程的快速性，适合现代激烈的产品市场。

(2)可以制造任意复杂形状的三维实体。

(3)用 CAD 模型直接驱动，实现设计与制造高度一体化，其直观性和易改性为产品的完美设计提供了优良的设计环境。

(4)成型过程无需专用夹具、模具和刀具，既节省了费用，又缩短了制作周期。

(5)技术的高度集成性，既是现代科学技术发展的必然产物，也是对它们的综合应用，带有鲜明的高新技术特征。

上述特点决定了 RP 技术主要适合新产品开发、快速单件及小批量零件制造、复杂形状零件的制造、模具与模型设计与制造，也适合难加工材料的制造、外形设计检查、装配检验和快速反馈工程等。研究人员采用 RP 方法制造了多级形态复合的仿生抗冲蚀功能表面，如图 7.3 所示微米级的仿生形态，如凸包、凹槽、

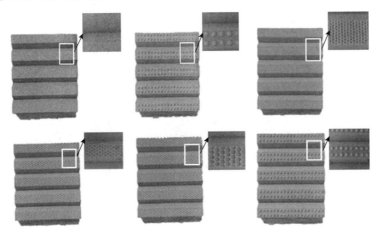

图 7.3　微米级的仿生形态

六边形等[5]。

7.1.4　电子束加工

随着经济和科学技术的迅速发展，人们对各种产品抵御极端环境作用的能力和长期运行的可靠性及稳定性提出了更高的要求。材料的失效如磨损、腐蚀和疲劳等一般从表面开始。在许多情况下，构件、零部件的性能和质量主要取决于材料表面的性能和质量。因此，通过改善材料表面及近表面区的形态、化学成分和组织结构以提高材料性能的表面改性技术在近些年得到了迅速发展，尤其是激光束、电子束和离子束技术在表面工程中的应用可使工件表面性能显著提高，这使得高能束流表面处理技术的研究及应用受到人们的广泛关注。

在复杂磁场控制下，电子束快速扫描、偏转，使局域金属熔化、流动和堆积后凝固；控制电子束的束流参数和特殊的扫描波形，可产生各种不同的表面形貌。采用电子束表面改性与毛化技术，现已可成功制备尺寸为 $10\mu m \sim 20mm$ 的表面三维形状，如图 7.4 所示。该技术可应用在金属与复合材料的连接、材料表面处理、减阻表面造型、散热器制作和人造关节表面处理等诸多领域[6,7]。

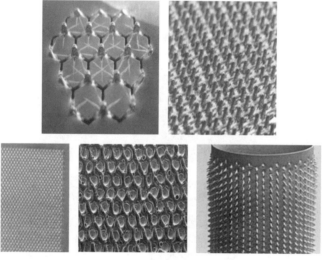

图 7.4　电子束快速扫描后得到的表面改性和毛化

7.1.5 激光表面处理技术

激光加工技术的研究始于 20 世纪 60 年代，但到 20 世纪 70 年代初研制出大功率激光器之后，激光表面处理技术才获得实际应用，并在近十年内得到迅速发展。激光表面处理技术是在材料表面形成一定厚度的处理层，可以改善材料表面的力学性能、冶金性能和物理性能，从而提高零件、工件的耐磨、耐蚀和耐疲劳等性能。围绕激光加工的特点，人们相继研究并开发出一些具有工业应用前景的激光表面处理技术，大体分为激光表面硬化、激光表面熔敷、激光表面合金化、激光冲击硬化和激光非晶化。研究人员利用激光熔覆技术，在 ZrO_2-7%Y_2O_3（质量分数）涂层表面创成出仿生结构，如图 7.5 所示，激光的加工过程使仿生结构处呈现出致密的柱状晶体结构，进一步强化了其抗冲蚀特性[8]。还可以利用激光表面硬化技术设计制造出刚柔耦合的仿生试样，研究证明该软硬相间的仿生试样可以明显提升其耐磨性能[9]。

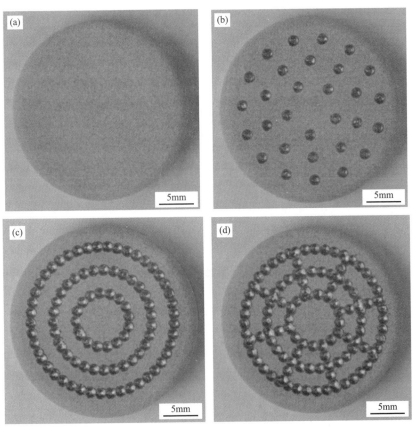

图 7.5　激光创成仿生抗冲蚀功能表面结构
(a)喷涂涂层后样件；(b)点状；(c)条纹状；(d)网格状

7.1.6 气相沉积技术

气相沉积技术是利用气相中发生的物理、化学过程，改变工件表面成分，在表面形成具有特殊性能(如超硬耐磨层或具有特殊的光学、电学性能)的金属或化合物涂层的新技术。按照过程的本质，气相沉积技术一般分为两种：一是物理气相沉积(physical vapour deposition，PVD)，二是化学气相沉积(chemical vapor deposition，CVD)。

物理气相沉积是在真空条件下，采用物理方法，将材料源固体或液体表面气(汽)化成气态原子、分子或部分电离成离子，并通过低压气体(或等离子体)过程，在基体表面沉积具有某种特殊功能薄膜的技术。物理气相沉积的主要方法有真空蒸镀、溅射镀膜、电弧等离子体镀、离子镀膜及分子束外延等。此外，物理气相沉积技术不仅可沉积金属膜和合金膜，还可以沉积化合物、陶瓷、半导体和聚合物膜等。Sieczkarek 等[10]设计制造出具有 CrAlN 物理气相沉积涂层的仿生结构工具，延长了工具使用寿命。

化学气相沉积是一种化工技术，该技术主要是利用含有薄膜元素的一种或几种气相化合物或单质，在衬底表面上进行化学反应生成薄膜的方法。化学气相淀积是近几十年发展起来的制备无机材料的新技术。化学气相淀积法已经广泛用于提纯物质、研制新晶体、淀积各种单晶、多晶或玻璃态无机薄膜材料。这些材料可以是氧化物、硫化物、氮化物和碳化物，也可以是Ⅲ-Ⅴ、Ⅱ-Ⅳ和Ⅳ-Ⅵ族中的二元或多元的元素间化合物，而且它们的物理功能可以通过气相掺杂的淀积过程精确控制。采用化学气相沉积技术可以制造出金刚石薄膜及其他高硬度薄膜，因此该技术可以与仿生抗冲蚀技术结合，设计制造出高效跨尺度的仿生抗冲蚀功能表面。

7.1.7 光刻与电镀复合加工

光刻加工技术是用照相复印的方法，将光刻掩膜上的图形印制在涂有光致抗蚀剂的薄膜或基材表面，然后进行选择性腐蚀，刻蚀出规定的图形。电镀属于阴极沉积加工，利用电解溶液中的金属阳离子在外加电场的作用下沉积到阴极的过程对工件进行加工的方法。

可以采用光刻加工技术，利用涂胶(贴感光干膜)、曝光和显影等操作，确定仿生抗冲蚀单元的位置与投影形状，然后利用电镀技术在相关位置沉积出相应的金属，从而形成仿生凸包或凹槽，也可以直接在相应位置，利用电镀将硬质颗粒连接在基体上，形成仿生凸包。另外，还可将该技术应用在仿生结构化砂轮的设计制造中[11]，如图 7.6 所示。

7.1.8 增减材混合制造

增材制造可以很容易制造出具有复杂结构的零部件,这是传统方法难以媲美的。

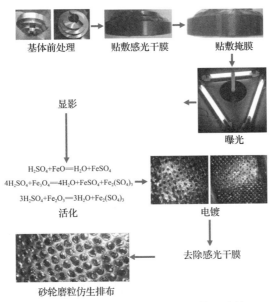

图 7.6　光刻与电镀复合加工制造仿生砂轮

然而，增材制造成形部件的尺寸和几何精度以及表面质量往往低于传统方法成形的部件。这一点阻碍了增材制造仿生抗冲蚀部件的进一步应用。增减材混合制造将增材制造与传统的加工手段结合，对增材制造成形的部件进行高精度数控加工，以改善部件表面光洁度以及零件的几何和尺寸精度，其基本原理如图7.7所示[12]。混合制造主要分为以电弧为能量源的混合制造、以激光为能量源的混合制造，以及基于其他能量源的混合制造，如等离子体沉积和铣削的混合制造工艺、整合了熔融沉积成形和计算机数控(computer numerical control，CNC)铣削的混合制造工艺。

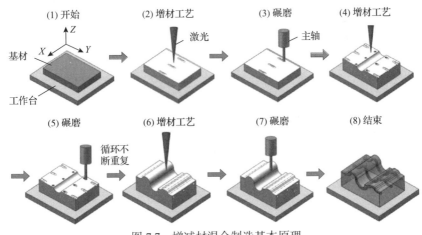

图 7.7　增减材混合制造基本原理

增减材混合制造解决了增材制造中部分异形零件难以加工的问题，相比传统的工艺流程大幅降低了成本，改善了增材制造的成形精度与表面质量，并且降低了凝固过程中引入的残余应力。对于复杂形状且质量要求高的仿生抗冲蚀部件的制造，该加工方式是极为适合的。

7.2 仿生抗冲蚀功能表面制造技术

7.2.1 单元仿生表面制造

1. 仿生凹槽表面制造

试件材料选用制作风机叶片的 Q235A 钢，即 A3 钢。试样毛坯采用机械加工的方法，仿生凹槽表面试样的凹槽采用线切割加工。试验设计的凹槽尺寸为：高度(H)×间距(D)×宽度(W)=3mm×3mm×4mm。仿生凹槽表面试样截面尺寸和试样实物图分别如图 7.8 和图 7.9 所示。为避免表面粗糙度对试验结果的影响，加工完的试样表面需进行抛光处理，处理后的表面粗糙度 R_a 约为 6.5μm。加工完的试样表面有残留的加工冷却液和油污，需要对其表面进行清洗，清洗方法为：先用热碱液和流水洗去表面油污，再用乙醇清洗，试样清洗完毕立即吹干以防止生锈。

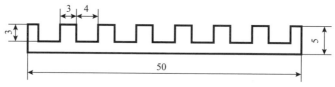

图 7.8 仿生凹槽表面试样截面尺寸(单位：mm)

图 7.9 试件实物图

(a)光滑表面试样；(b)仿生凹槽表面试样

2. 不同横截面的仿生凹槽表面设计与制造

1)不同横截面的仿生凹槽表面的设计

沙漠红柳在长期的自然选择和进化过程中形成了抗冲蚀体表形态，借鉴和模仿抗冲蚀体表形态，将其原理与工程实践相结合，为提高材料表面抗冲蚀性能提供新的思路。通过对沙漠红柳体表形态的研究发现，体表分布着许多不规则的纵裂形沟槽，且沟槽宽度小于 6mm、深度小于 3mm，可有效降低风沙冲蚀对沙漠红柳体表的损伤，显著提高了其抗冲蚀性能。通过对沙漠红柳体表形态的类比模拟，并考虑实际加工问题，通过三维制图软件 SolidWorks 建立了光滑、方形槽、U 形槽和 V 形槽表面仿生模型，如图 7.10 所示。

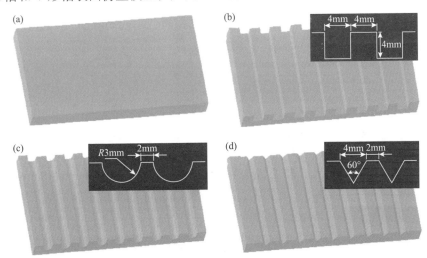

图 7.10　表面仿生模型

(a)光滑；(b)方形槽；(c)U 形槽；(d)V 形槽

2)不同横截面的仿生凹槽表面的制造

在仿生模型的基础上，利用试验优化设计原理，用 Q235 钢设计、加工仿生抗冲蚀表面试样。

气-固冲蚀是一个受工作环境影响的变量，不仅与材料类型有关，还与冲蚀粒子的浓度、速度、粒径和冲击角度等有关。国内外学者对此做了大量的研究，故本试验将不再进行此类工作，而是重点考察仿生表面形态以及形态、尺寸对材料表面冲蚀率的影响，试验因素水平见表 7.1。取 $L_9(3^4)$ 正交表设计试验，见表 7.2。

表 7.1　各种控制因素下的水平

控制因素	水平			单位
	Ⅰ	Ⅱ	Ⅲ	
A 仿生形态	方形槽	V 形槽	U 形槽	
B 形态尺寸	2	3	4	mm
C 形态间距	2	3	4	mm

表 7.2　仿生表面试样设计方案

序号	试验方案			
	A 仿生形态	B 形态尺寸	C 形态间距	D 误差
1	1（方形槽）	1（2）	1（2）	1
2	1（方形槽）	2（3）	2（3）	2
3	1（方形槽）	3（4）	3（4）	3
4	2（V 形槽）	1（2）	2（3）	3
5	2（V 形槽）	2（3）	3（4）	1
6	2（V 形槽）	3（4）	1（2）	2
7	3（U 形槽）	1（2）	3（4）	2
8	3（U 形槽）	2（3）	1（2）	3
9	3（U 形槽）	3（4）	2（3）	1

采用某公司生产的 V-30 立式数控机床，在 Q235 钢表面加工光滑表面试样和仿生方形槽、U 形槽、V 形槽表面试样，试样尺寸为 72mm×38mm×8mm。对加工后的试样表面通过砂纸进行仔细打磨、抛光，消除表面加工痕迹和加工硬化层，如图 7.11 所示。

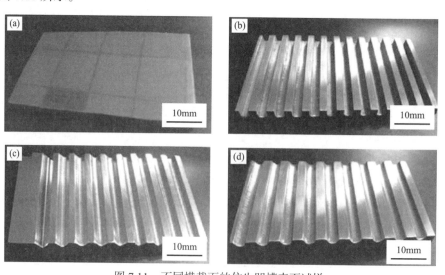

图 7.11　不同横截面的仿生凹槽表面试样

(a)光滑表面试样；(b)仿生方形槽表面试样；(c)仿生 V 形槽表面试样；(d)仿生 U 形槽表面试样

3. 仿生凹坑、凹槽和圆环表面制造

1）仿生凹坑、凹槽和圆环表面的设计

本试验的主要目的是研究仿生凹坑、凹槽、圆环表面对材料耐冲蚀性的影

响。选取以下四个试验因素：A 喷砂角度（以下简称攻角），B 试样转速（以下简称转速），C 粒子粒径（以下简称粒径）和 D 试样的表面形态（以下简称形态）。

对于凹坑的直径、深度和距离，凹槽、圆环的宽度、深度和间距，这几个因素的选取具有一定的难度，但考虑到试样本身尺寸及机器加工所能达到的实际水平，最后选取凹坑直径、深度和距离分别为 1mm、0.5mm 和 1mm，凹槽、圆环的宽度、深度和间距分别为 1mm、0.5mm 和 1mm。同时，根据试验所用设备（喷射式冲蚀试验系统）的实际工作参数，确定本试验的试样转速分别为 30r/min、60r/min 和 90r/min。根据仿生表面的尺寸，确定本试验所用砂子的目数分别为 20～40、60～80 和 80～140。具体因素水平见表 7.3。

表 7.3 仿生形态表面试样冲蚀磨损因素水平表

水平	因素			
	攻角/(°)	转速/(r/min)	粒径/目	形态
1	90	30	80～140	凹坑
2	60	60	60～80	凹槽
3	30	90	20～40	圆环

2）仿生凹坑、凹槽和圆环表面的制造

因为三种仿生表面几何结构单元很小，所以选择加工精度高的 V-30 立式加工中心，来完成样件表面仿生形态的加工。V-30 立式加工中心如图 7.12 所示，它可加工复杂曲面和复杂表面的试样、结构。

加工工艺参数为：转速 700r/min，切割速度 500mm/min，加工深度 0.5mm。加工后的试样如图 7.13～图 7.15 所示。

图 7.12 V-30 立式加工中心

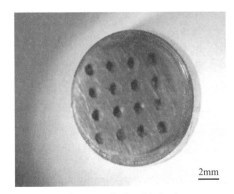

2mm

图 7.13 仿生凹坑表面

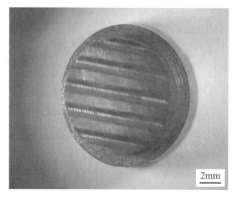

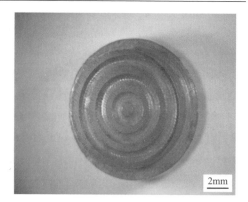

图 7.14　仿生凹槽表面　　　　　　　　　　图 7.15　仿生圆环表面

7.2.2　复合仿生功能表面制造

1. 凹槽、凸包、凹坑复合仿生功能表面制造

1) 凹槽、凸包和凹坑复合仿生功能表面的设计

黑粗尾蝎长期生活在风沙肆虐的恶劣环境中，形成了抗冲蚀体表形态与结构。借鉴黑粗尾蝎体表抗冲蚀作用的机理，模仿其体表的形态与结构，为解决工程材料表面的冲蚀问题提供了新的思路。在对蝎子体表形态的研究过程中发现，黑粗尾蝎的节间膜构成的凹槽的宽度为 0.33～0.61mm，凸包颗粒的平均粒径约为91μm，类正六边形凹坑的边长约为 10μm，深度为 2～3μm，侧壁厚度约为 2μm。凹槽、凸包和类正六边形凹坑所构成的复合结构，可有效降低风沙在冲蚀过程中给蝎子带来的损伤，显示出了优异的抗冲蚀特性。

在前期的研究中，基于沙漠蝎子和沙漠红柳的体表形态，设计了方形槽、U形槽和 V 形槽(截面为等边三角形)仿生功能表面，采用试验优化的方法得到了最优的仿生表面形态及其尺寸：当仿生表面形态为 V 形槽时，试样的冲蚀率最低；当槽的宽度为 4mm 时，与光滑表面试样相比，抗冲蚀性能提高了约 26%[3]。本节将以此为基础进行研究。

通过对黑粗尾蝎体表的复合结构进行类比模拟，利用 SolidWorks 三维建模软件建立了光滑、V 形槽、V 形槽+凸包、V 形槽+正六边形凹坑、V 形槽+凸包+正六边形凹坑共五种仿生表面模型，为方便叙述，将上述五种仿生表面模型分别记为 S 形、V 形、VC 形、VH 形、VCH 形，如图 7.16 所示。

如图 7.16(a)为光滑表面模型；图 7.16 显示出 V 形槽与脊在模型表面相间排列；如图 7.16(c)所示，除了 V 形槽结构外，模型表面的脊上还均匀分布着半球形凸包结构；如图 7.16(d)所示，同样除了存在 V 形槽结构外，模型表面的脊上还存在以六方均匀排列的形式分布的尺寸一致的正六边形凹坑结构。图 7.17(a)

为 VH 形仿生表面模型局部放大图。图 7.16(e)是在 VC 形仿生模型的基础上，在凸包与凸包之间还均匀分布着正六边形凹坑结构。图 7.17(b)为 VCH 形仿生表面模型局部放大图。

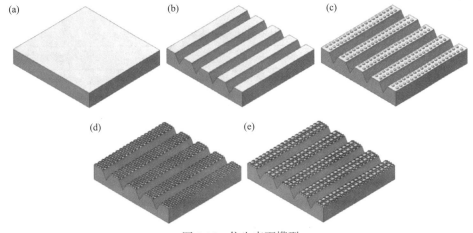

图 7.16　仿生表面模型

(a)S 形；(b)V 形；(c)VC 形；(d)VH 形；(e)VCH 形

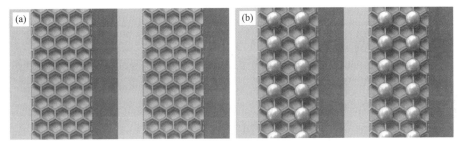

图 7.17　VH 形与 VCH 形仿生表面模型

(a)VH 形仿生表面模型局部放大图；(b)VCH 形仿生表面模型局部放大图

对仿生表面模型而言，V 形槽的宽度(D_1)、相邻 V 形槽之间脊的宽度(D_2)、凸包颗粒的直径(Φ)、正六边形凹坑的边长 l 和凹坑的深度 h 等是仿生抗冲蚀表面的特征参数。特征参数水平的确定对于试验结果的影响至关重要。

在试验优化的基础上，确定 V 形槽的宽度为 4mm。根据浙江大学林建忠课题组的试验结果[13]：当凹槽宽度=凹槽间距时，壁面减磨效果最佳，确定相邻 V 形槽之间脊的宽度也为 4mm(即 $D_1 = D_2$)。根据前面章节中对黑粗尾蝎背部节间膜宽度以及侧部凸包颗粒粒径的统计分析，7 个节间膜宽度的平均值约为 470μm，是侧部凸包颗粒粒径(约为 91μm)的 5 倍，根据形态相似的原则以及实际情况，确定半球形凸包颗粒的直径 Φ 约为 1mm。采用 EOS 公司生产的 EOSINT M280 金属 3D 打印机，其打印精度约为 200μm。设定正六边形凹坑的边长 l 的最小值为

200μm，凹坑深度的最小值 h 也为 200μm；然后，按照一定的梯度设置 3 个不同的水平；凹坑侧壁的厚度 w 根据正六边形排列方式的不同而各不相同。总共设计了 9 种不同尺寸的仿生表面试样，试样的整体尺寸为 36mm× 34.34mm×6mm。具体的结构尺寸信息见表 7.4。

表 7.4　仿生表面试样的结构尺寸信息

试样	V 形槽		凸包 Φ /mm	正六边形凹坑		
	D_1 /mm	D_2 /mm		l /μm	h /μm	w /μm
V	4	4	—	—	—	—
VC	4	4	1	—	—	—
VH200	4	4	—	200	200	154
VH300	4	4	—	300	300	480
VH500	4	4	—	500	300	134
VCH200[①]	4	4	1	200	200	154
VCH300	4	4	1	300	300	480
VCH500	4	4	1.1[②]	500	300	134
S	—	—	—	—	—	—

①VCH200 是指该仿生表面试样同时具有 V 形槽、凸包与正六边形凹坑复合结构，且正六边形凹坑的边长为 200μm，其他试样的命名规则均以此类推。

②VCH500 试样上的凸包直径设置为 1.1mm，主要原因是当 Φ =1mm 时，SolidWorks 三维建模过程中将会出现"几何体的厚度为零"的错误。

2)凹槽、凸包、凹坑复合仿生功能表面的制造

在电力、冶金、石化、煤炭、矿山、建筑、农业机械和航空航天等领域，固体粒子的冲蚀现象随处可见。对于易受到冲蚀破坏的机械零部件，因服役工况、加工技术和生产成本等实际条件的不同，各种具有不同力学性能的材料被广泛使用，如金属材料、合金材料、聚合物材料、纤维材料、复合材料(聚合物基复合材料、金属基复合材料和陶瓷基复合材料)和陶瓷材料等。选取具有良好力学性能且在冲蚀领域最常用的工程材料——金属材料，作为仿生表面试样的材料。

(1)仿生表面试样制造技术的选择。

由于仿生表面试样的加工尺寸较小(最小特征尺寸为 VCH500 试样正六边形凹坑结构的壁厚，仅有 134μm)，是介于宏微观之间的中间尺度(0.1~100mm)，属于微细加工领域[14]。常用的微细加工技术有光刻、刻蚀、沉积、外延生长、LIGA、硅微加工、微细切削(车削、铣削、钻削)、激光微细加工、超声波微细加工和微细电解加工等工艺技术[15]。不同的加工技术有其各自的特点、加工性能和适用范围。

　　光刻、刻蚀、外延生长和硅微加工虽然加工精度很高，可以达到几微米甚至纳米级别，但它主要针对的是硅衬底等半导体材料或树脂材料，很难直接在金属表面进行加工。沉积加工技术包括化学气相沉积、物理气相沉积和离子束辅助镀膜等技术，是一种生长型微细加工技术，也是一种镀膜技术，但膜层与基底材料的结合强度制约了它在冲蚀领域的运用。LIGA 是德文光刻(lithographie)、电铸成形(galvanoformung)和注塑(abformung)三个词的缩写，该技术广泛应用于金属、陶瓷、聚合物和玻璃等材料的加工，可制作任意复杂的图形结构，加工精度很高。微细切削与激光微细加工技术可用于金属、有机物、无机物、陶瓷等塑性和脆性材料的加工，加工精度也很高，如微细切削加工的最小特征尺寸可达 25μm，但它们是一种材料去除微加工技术，难以同时加工细小的半球形凸包和正六边形凹坑结构。超声波微细加工主要适用于玻璃、陶瓷、硅和石墨等脆性材料的打孔、切割和去毛刺等加工，在金属表面难以发挥作用。

　　综上所述，对于仿生表面试样的加工，传统的微细加工手段比较难以实现，激光烧结金属 3D 打印技术是一种使金属快速成型的增材制造技术，加工精度高、成形限制少、机械强度高，广泛应用于精密机械零部件制造领域，它完全满足本节仿生表面试样的加工要求。因此，选用激光烧结金属 3D 打印技术进行仿生表面试样的制造。

　　(2)仿生表面试样的 3D 打印制造。

　　采用的金属 3D 打印机为德国 EOS 公司生产的 EOSINT M280 激光烧结系统。该系统包括模型处理软件 Magics RP(Materialise)、控制计算机、EOSINT M280 主机、除尘系统以及成型材料(打印材料)等，最大成型尺寸为 250mm×250mm×325mm，建造速度为 2~30mm³/s，层厚为 20~100μm。

　　①激光选区熔化技术工作原理。

　　EOSINT M280 激光烧结系统采用的是激光选区熔化技术(select laser melting，SLM)，即以金属粉末为原料，通过 CAD 模型预分层处理，采用高能量激光束进行局部熔化,使金属粉末自动地逐层熔覆堆积以生成高性能实体试样的技术。SLM 的具体工作原理是：利用 Magics RP 软件将连续的 CAD 模型离散成具有一定厚度的分层切片；将金属粉末均匀地平铺在金属基板上；在控制计算机上写好预定的程序，并完成相应参数的设置，以此来控制激光束的扫描路径；将工作腔抽真空，并充入一定压力的惰性气体，防止粉末熔化时被氧化；Yb-fibre 激光发射器发射激光束并作用于基板与金属粉末，金属粉末发生烧结固化并与局部熔化的金属基体熔合；金属基板自动下降一个切片厚度(约 50μm)并重新平铺一层粉末，在激光焦距内的粉末重复以上烧结固化过程，直至零件完全成型。工作原理如图 7.18 所示[16]。

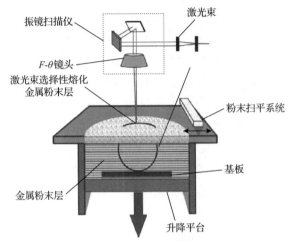

图 7.18　SLM 工作原理图

②金属粉末材料。

试验中，采用的金属粉末为 EOS Stainless Steel GP1（美国不锈钢分类 17-4）不锈钢材料，它具有很好的抗腐蚀性能及力学性能，特别是在激光加工状态下有优异的延展性，适用于功能性原型件和高韧性的零件。学术界与工业界普遍认为，由 SLM 直接制造出来的金属 3D 打印零部件的力学性能超过了铸造件，但低于锻造件的质量[17]。EOS Stainless Steel GP1 材料主要的化学成分及力学性能参数分别见表 7.5 和表 7.6。

表 7.5　EOS Stainless Steel GP1 不锈钢主要化学成分（质量分数）（单位：%）

C	Mn	P	S	Si	Cr	Ni	Cu	Cb+Ta
0.07	1.00	0.04	0.03	1.00	15.00～17.50	3.00～5.00	3.00～5.00	0.15～0.45

表 7.6　EOS Stainless Steel GP1 不锈钢力学性能参数

性能参数	参数值	
	水平方向	垂直方向
抗拉强度/MPa	930±50	960±50
条件屈服强度/MPa	586±50	570±50
弹性模量/GPa	170±30	180
断裂伸长率/%	31±5	35±5
硬度/HV	230 ± 20	

③3D 打印仿生表面试样后处理。

3D 打印后的仿生表面试样毛坯件如图 7.19 所示。可以看出，通过 SLM 成型的仿生表面试样因激光的烧结作用，与金属基板形成了一个整体。在仿生表面试样与基板之间还存在一段厚 3mm 左右的支撑材料。支撑材料在 3D 打印过程中对金属试样提供支撑点，防止试样变形或者打印无法成型的金属粉末材料。支撑材料的主要化学成分与用于打印的金属粉末材料完全相同，但是在模型处理过程中在其内部设置了一定的空隙，导致支撑材料的密度减小、力学性能降低，从而更有利于将仿生表面试样从基板上分离。

图 7.19　仿生表面试样毛坯件

　　由于本试验中的试样尺寸小，厚度薄(6mm)，且支撑材料与基板之间结合力较强，如果采用机械力的方式强行将两者分离，不仅可能导致试样发生弯曲变形，而且会导致试样表面结构遭到破坏。本节采用华威数控线切割设备 DK7732 从支撑材料处分离仿生表面试样与基板，分离后的试样端面还残留有 1～2mm 的支撑材料。由于支撑材料与仿生表面试样的力学性能存在差异，为了完全避免支撑材料对后续冲蚀试验的影响，采用台式砂轮机(SIS-T150 型，上海石柱砂轮机有限公司)对仿生表面试样的支撑材料端面进行抛磨，直至支撑材料被完全除去(支撑材料与仿生表面试样之间存在明显的分界)，得到的试样如图 7.20 所示。

　　(3)仿生表面 3D 打印试样评价。

　　从图 7.20 中可以看到，金属 3D 打印技术基本完成了仿生表面试样的制造。由于试样表面的粗糙度对其抗冲蚀性能影响较大，因此，必须对试样的表面情况进行进一步放大观察，在可能情况下还需要采取进一步手段对试样表面进行抛光处理。这里仅以结构复杂、加工尺度较小的 VCH200 试样和 VCH500 试样为例，进行仿生表面 3D 打印试样的评价。

　　①VCH200 试样。

　　VCH200 试样的表面形貌如图 7.21 所示。可以明显地看出，试样表面在成型过程中形成了层层堆叠纹路，金属颗粒感异常明显。图 7.21(a)中，凸包颗粒形状较为圆整，凸包颗粒直径约为 1mm，达到了预期的设计效果。正六边形凹坑结构的形状略有变形，这主要是由 EOSINT M280 激光烧结系统的打印精度决定的。图 7.21(b)中，凹坑结构底部的金属粉末颗粒之间结合较为疏松，致密性较差，在冲蚀磨损过程的初始阶段很容易受到粒子切削而被去除。

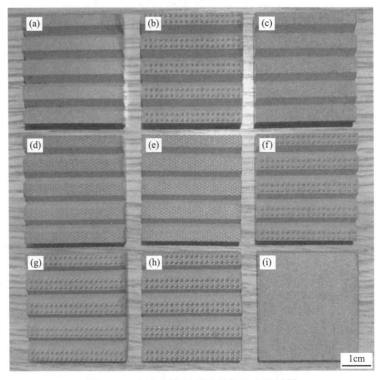

图 7.20　去除支撑材料后的仿生表面试样

(a) V；(b) VC；(c) VH200；(d) VH300；(e) VH500；(f) VCH200；(g) VCH300；(h) VCH500；(i) S

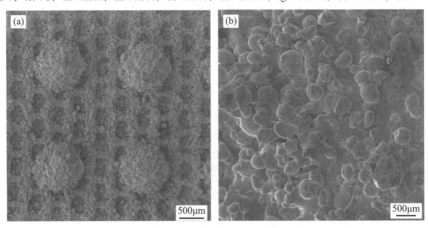

图 7.21　VCH200 试样表面形貌

(a)凸包与正六边形凹坑结构；(b)图(a)中正六边形凹坑底部局部放大图

②VCH500 试样。

VCH500 试样的表面形貌如图 7.22 所示。从图 7.22(a)可以看出，无论是凸包颗粒还是正六边形凹坑结构,经过 3D 打印后都达到了预期的设计效果。同图 7.21一样,试样表面的 SLM 堆叠纹路以及金属颗粒感均较为明显,试样表面较为粗糙,金属颗粒之间的结合力也较差(图 7.22(b))。

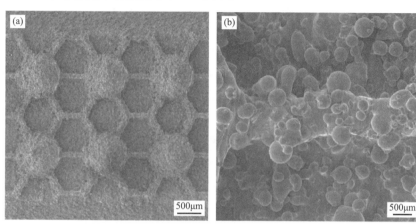

图 7.22　VCH500 试样表面形貌
(a)凸包与正六边形凹坑结构；(b)图(a)中正六边形凹坑结构边的局部放大图

综合 VCH200 试样和 VCH500 试样的形貌观察结果,EOSINT M280 激光烧结系统基本上完成了预期的设计效果,但 SLM 工艺的缺陷性导致试样表面粗糙度较大,还需要对试样表面进行进一步抛光处理。本节采用喷射式冲蚀系统对九种试样表面进行了喷砂处理,喷砂时间为 200s,入射粒子的粒径为 20~50μm。喷砂处理后的试样先用无水乙醇清洗掉表面因线切割处理而残留的油污,然后用超声波振荡器清洗掉砂粒等杂质,最后将试样放在烘箱中烘干以防止生锈。处理后的 VCH200 试样与 VCH500 试样表面整体形貌如图 7.23 所示。

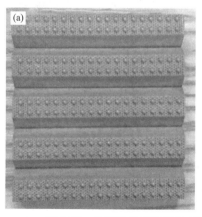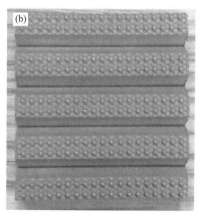

图 7.23　处理后的 VCH200 试样与 VCH500 试样表面整体形貌
(a)VCH200 试样表面整体形貌；(b)VCH500 试样表面整体形貌

2. 凹槽、凸包和曲面复合仿生功能表面制造

1)凹槽、凸包和曲面复合仿生功能表面的设计

模仿条斑钳蝎背板的宏观形状和微观结构,设计靶材表面的宏观形状和微观结构是解决工程材料表面冲蚀问题的一种新方法。对条斑钳蝎的体表形态和微观结构进行研究发现,在条斑钳蝎的背板上,由节间膜所构成的凹槽的宽度为 0.4~0.59mm,深度为 2~3μm,凸包颗粒的平均粒径约为 40μm,侧壁厚度约为 2μm[18]。在制造过程中,所选用的金属材料的每个粒子的直径为 300μm 左右,因此在制造这些试样时因制造精度有限,只能将尺寸进行整体放大,以保证制造出完整的表面形态。

通过对条斑钳蝎背板的结构进行类比模拟,利用 SolidWorks 三维建模软件建立了光滑、凹槽和曲面等三种结构和耦合模型共六种。图 7.24 为三种结构的尺寸标注图。为方便叙述,将无曲率结构用字母 F 表示,将凹槽结构用字母 G 表示,将凸包结构用字母 B 表示,将曲率结构用字母 C 表示。将上述六种仿生表面模型分别记为 CGB 形、CB 形、CG 形、FGB 形、FB 形和 FG 形,其仿生表面试样的加工尺寸见表 7.7。

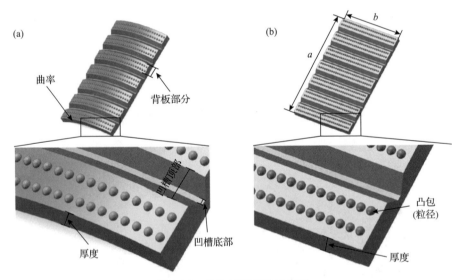

图 7.24　仿生结构设计示意图
(a)有曲率仿生结构;(b)无曲率仿生结构

表 7.7　仿生表面试样的尺寸　　　　　　　　(单位:mm)

模型类型	长度和宽度		凹槽		凹槽深度	凸包(粒径)	厚度	背板部分	曲率
	a	b	顶部	底部					
CGB	75.9	45	4.425	0.75	2.25	1.2	3.25	7.05	—

续表

模型类型	长度和宽度		凹槽		凹槽深度	凸包（粒径）	厚度	背板部分	曲率
	a	b	顶部	底部					
CG	75.9	45	4.425	0.75	2.25	—	3.25	7.05	—
CB	67.5	45	—	—	—	1.2	3.25	—	—
FGB	75.9	45	4.425	0.75	2.25	1.2	7.5	7.05	69.375
FG	75.9	45	4.425	0.75	2.25	—	7.5	7.05	69.375
FB	75.9	45	—	—	—	1.2	7.5	—	69.375

2）两种材料仿生表面试样的制造

冲蚀在工程中是非常常见的现象之一，它发生在很多不同的工况下，在不同的情况下，工程部件所用的材料也是不同的。因此，仿生微观结构是否适用于不同的材料表面就显得尤为重要，本节选择两种工程中常用的材料——ABS 和不锈钢作为仿生工程表面的制造材料，根据冲蚀试验结果，探究不同种仿生微观结构对于不同材料表面的作用。

仿生表面试样设计尺寸较小，因此在制造过程中会更多地应用微细加工等加工技术[14]。常选用 3D 打印技术进行仿生抗冲蚀表面试样的制造[18-20]。

金属试样的制备比较耗时，所需材料又比较昂贵，因此先选用 ABS 作为原材料，进行六种仿生试样的制备。制备完成后的试样先用无水乙醇清洗掉表面残留的油污，然后用超声波振荡器清洗掉砂粒等杂质，最后将试样放在烘箱中烘干保存。处理后的试样如图 6.2 所示。

7.2.3 耦合仿生功能表面制造

1. 凹槽形态与柔性材料耦合仿生表面制造

1）凹槽形态与柔性材料耦合仿生抗冲蚀试样的设计

针对凹槽形态与柔性材料耦合仿生抗冲蚀试样的设计思路已经在 6.3.3 节提及，仿生形态表面设计思路、耦合仿生试样设计思路和耦合仿生试样顶层尺寸分别如图 6.6～图 6.8 所示，这里不再赘述。

2）凹槽形态与柔性材料耦合仿生抗冲蚀试样的制造

（1）FDM 硬件系统。

采用美国 Stratasys 公司生产的 FDM-Dimension 型设备作为快速成型系统，利用熔丝分层堆积成型工艺。FDM 系统包括数据处理软件 Catalyst、控制计算机、FDM 主机以及成型材料（支撑材料和模型材料）等。

FDM 系统的工作原理是熔丝堆积成型。将丝状的热熔性材料（原型材料和支

撑材料)通过送料机构送入机头，在机头的高温熔腔内熔化后，经喷嘴喷出。假如
热熔性材料的熔腔内温度始终高于固化温度，而成型部分的温度始终低于固化温
度，就能保证热熔性材料喷出喷嘴后，与前一层面熔接为一体。机头按照预先设
定的轨迹在 X-Y 平面上逐一加工出每一层。在 X-Y 平面完成一个层面的加工后，
工作台沿 Z 轴自动上升一层，由下而上沿 Z 轴方向堆积出要加工的产品，其工作
原理如图 7.25 所示[21]。

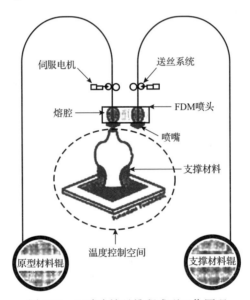

图 7.25　双喷头熔丝堆积成型工作原理

(2)快速成型数据处理软件。

利用 Stratasys 公司的 Catalyst 软件作为快速成型的数据处理软件。Catalyst
软件的作用是将 CAD 设计数据转换为 FDM 系统工作的控制数据。该软件可接受
造型软件的格式文件为 STL，具体过程：首先，把实体设计数据分割为一系列的
平面数据；随后，将平面数据输入 FDM 设备完成成型过程。该软件的主界面如
图 7.26 所示。

(3)凹槽形态与柔性材料耦合仿生抗冲蚀试样顶层表面形态的快速成型制备。

将设计好的耦合仿生抗冲蚀试样顶层的 CAD 模型存储为 STL 文件格式后，
就可以在该设备中进行加工制备。STL 文件格式是 20 世纪 80 年代末由 3D Systems
公司开发的文件存储格式，是把 CAD 模型表面离散化为一系列三角形曲面片；
然后，用三角形的 3 个顶点坐标和三角形面片的外法线矢量来逐一表示每个三角
形面片，所以零件表面就可表示为多个三角形面片的集合[22]。

该软件分层成型制备步骤如下。

读取设计数据，把 CAD 模型导入 Catalyst 数据处理软件。完成三维模型的造

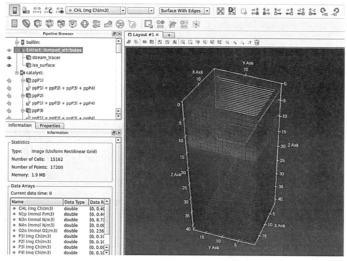

图 7.26　Catalyst 软件主界面

型设计,以 STL 文件格式存储该模型数据;随后把 STL 格式文件数据导入 Catalyst 软件,最后设置耦合仿生试样在加工平台的放置方向、位置、缩放比例以及相关制备参数。加工后的耦合仿生试样如图 7.27 和图 7.28 所示。

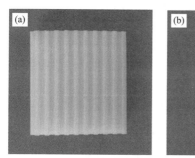

图 7.27　耦合仿生试样的表面形态

(a)凹槽间距为 4mm;　(b)凹槽间距为 5mm;　(c)凹槽间距为 6mm

图 7.28　耦合仿生试样的侧视图

2. 复合形态-材料耦合仿生抗冲蚀表面设计与制造

1)复合形态-材料耦合仿生抗冲蚀功能表面的设计

在综合考虑典型沙漠动物黑粗尾蝎和典型沙漠植物红柳抗冲蚀特性的前提下，以两种生物体表上具有抗冲蚀性能的表面形态和异质材料为基础，同时结合工程实际的需要，进行耦合仿生抗冲蚀模型的优化设计，最终建立一种新型的复合形态-材料耦合仿生抗冲蚀模型。如图 7.29 所示，该模型具有表面形态和异质材料两类耦元。其中，表面形态细分为凹槽表面形态和凸包表面形态，而异质材料则为外刚内柔的形式。

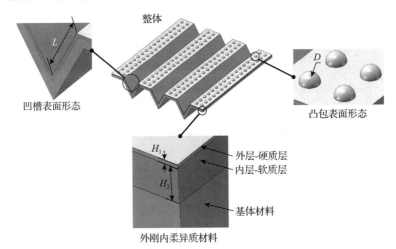

图 7.29　复合形态-材料耦合仿生抗冲蚀模型

H_1 为异质材料硬质层厚度；H_2 为软质层和硬质层厚度总和；软质层与硬质层厚度之比为 1∶9，H_1=20μm，H_2=200μm

前期研究表明，当凹槽表面形态的截面形状为等边三角形时，材料表面的抗冲蚀性能最好，且在凹槽宽度为 4mm 时，材料表面的抗冲蚀性能提升了 26%[23]。因此，复合形态-材料耦合仿生抗冲蚀模型中凹槽表面形态取截面形状为等边三角形，凹槽表面形态的宽度 L 取 4mm。依照耦合仿生学的相似性设计原则，进行复合形态-材料耦合仿生抗冲蚀模型的尺寸参数设计。复合形态-材料耦合仿生抗冲蚀模型中异质材料采用的是黑粗尾蝎体表外刚内柔的形式，为了体现生物耦合模型到耦合仿生模型的一致性，表面形态的尺寸参数也参照黑粗尾蝎体表的生物特征尺寸参数进行设计。黑粗尾蝎体表上的节间膜宽度 L_0 为 0.33～0.61mm、平均值约为 470μm，而侧部的凸包平均直径 D_0 约为 91μm。按照相似性设计原则，复合形态-材料耦合仿生抗冲蚀模型中凸包表面形态的直径 D 可以通过式(7.1)求得：

$$\frac{D}{L}=\frac{D_0}{L_0} \tag{7.1}$$

式中，D 为耦合仿生抗冲蚀模型中凸包表面形态的直径，μm；D_0 为生物体表上凸包表面形态的直径，μm；L 为耦合仿生抗冲蚀模型中凹槽表面形态的宽度，mm；L_0 为生物体表上凹槽表面形态的宽度，mm。

根据式 (7.1)，可以求出复合形态-材料耦合仿生抗冲蚀模型中凸包表面形态的直径 D 为 774μm，取整为 800μm。异质材料的尺寸也类比黑粗尾蝎体表上异质材料的尺寸进行设计，黑粗尾蝎体表较软的内表皮厚度约为整个背板厚度的 90%，因此，复合形态-材料耦合仿生抗冲蚀模型中异质材料硬质层厚度 H_1 与软质层厚度 H_2 比值为 1∶9。另外，两种典型生物体表上的表面形态的间距取值范围较大，并且暂无规律可循[18,23]。因此，两种表面形态的间距可以在工程实际中根据需求灵活选择。为了便于加工制造，复合形态-材料耦合仿生抗冲蚀模型中凹槽表面形态的间距与它们的直径、宽度相等，凸包表面形态的间距与它的宽度相等。

2) 复合形态-材料耦合仿生抗冲蚀功能表面的制造

鉴于需要在复合形态-材料耦合仿生抗冲蚀功能表面上同时体现出凹槽表面形态、凸包表面形态和异质材料，采用一种制备工艺就制备全部尺寸精确的耦元是很难实现的。因此，采用多种制备工艺结合的分步制备方案，实现复合形态-材料耦合仿生抗冲蚀功能表面的制备。分步制备过程中，以表面形态到异质材料、尺寸较大形态到尺寸较小形态的顺序依次进行，融合线切割和电镀工艺来完成复合形态-材料耦合仿生抗冲蚀功能表面的制备。接下来，对形态-材料耦合仿生抗冲蚀功能表面制备的总体思路进行介绍。

首先，需要确定凹槽表面形态的制备工艺，根据复合形态-材料耦合仿生抗冲蚀模型可知，凹槽表面形态的特征尺寸较大，可以通过常规的机械加工工艺来制备，如钣金和线切割等工艺均可以实现凹槽表面形态的制备，在生产过程中可以根据实际情况灵活选择。选用线切割工艺制备凹槽表面形态。

接着，要确定的是凸包表面形态的制备工艺，根据复合形态-材料耦合仿生抗冲蚀模型可知，凸包表面形态的特征尺寸较小，常规的机械加工工艺难以保证其尺寸精度。增材制造工艺虽然可以制备出凸包表面形态，但是存在难以大面积制备的问题。选用电镀工艺实现凸包特征的制备，具体实现方式如下：首先，在已经加工出凹槽表面形态的仿生表面上实现球形颗粒规律分布；然后，通过电镀工艺在仿生表面和球形颗粒上沉积出金属镀层包裹球形颗粒使其固定在仿生表面上，进而实现凸包表面形态的制备。

最后，要在具备表面形态的仿生试样上制备出异质材料，工程实际中常用于抗冲蚀的异质材料制备工艺有表面改性、复合材料、热喷涂、物理/化学气相沉积、化学镀和电镀等工艺[24-28]。选用电镀工艺实现异质材料的制备，具体原因如下：首先，电镀工艺制备异质材料具有成本低廉、效果良好和应用广泛的特点；其次，凸包表面形态的制备工艺也为电镀工艺，采用电镀工艺制备异质材料，可以减少整个复合形态-材料耦合仿生抗冲蚀功能表面的制备工序,简化制备流程。采用电镀工艺制备异质材料的过程可以分为两部分:首先,在基体上电镀软质材料形成软质层;然后,在软质层上电镀硬质材料形成硬质层。

综上所述,图 7.30 为复合形态-材料耦合仿生抗冲蚀功能表面制备方法的流程图。首先,通过线切割工艺在毛坯材料上制备出凹槽表面形态;接着,使用电镀工艺将球形颗粒固定在基体上形成凸包表面形态,为了保证凸包表面形态的位置精度,电镀过程中需要定位模板的辅助来定位球形颗粒;最后,依次电镀出软质层和硬质层来实现异质材料的制备,软质层和硬质层的电镀时间需要合理设计以满足异质材料的特征尺寸要求。按照采用的制备工艺类型,整个制备方法分两个阶段:线切割工艺制备凹槽表面形态阶段和电镀工艺制备凸包表面形态和异质材料阶段。

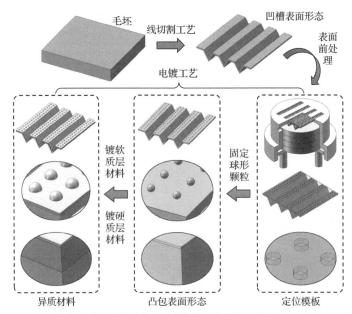

图 7.30　复合形态-材料耦合仿生抗冲蚀功能表面制备方法的流程图

对制备完成的复合形态-材料耦合仿生抗冲蚀功能表面的形态进行分析,在进行形态-材料耦合仿生抗冲蚀功能表面的形态分析之前,需要检测复合形态-材料耦合仿生抗冲蚀功能表面的表面质量。检测方式为在天然散射光下用肉眼对形态-材料耦合仿生抗冲蚀功能表面进行观察,以表面光亮完好,不存在麻点、脱落和烧焦等明显缺陷为宜。结果表明,制备完成的复合形态-材料耦合仿生抗冲蚀功能表面的表面质量良好;另外,凸包表面形态和凹槽表面形态完好无缺失,符合设计要求。在表面质量合格的前提下,需要对复合形态-材料耦合仿生抗冲蚀功能表面上的凸包表面形态和凹槽表面形态进行更细致的观察与测量,使用的设备为基恩士(Keyence)公司生产的型号为 VHX-6000 的超景深显微镜，如图 7.31 所示。

图 7.31   VHX-6000 型超景深显微镜

复合形态-材料耦合仿生抗冲蚀功能表面的微观形貌如图 7.32 所示，从图(a)可以看出仿生抗冲蚀功能表面上具有规整的凸包表面形态和凹槽表面形态，单个凸包表面形态的微观形貌如图(b)和(c)所示，而凹槽表面形态的局部微观形貌如图(d)和(e)所示。采用超景深显微镜内置的测量功能，对凸包表面形态直径和凹槽表面形态宽度进行测量，来进一步分析两种表面形态的特征尺寸是否符合要求。为了保证测量结果的准确度与可信度，每种表面形态的特征尺寸需要取多个观测点的平均值，每个表面形态分别取 100 个样本点，统计 100 个试样点的平均值和标准差，就可以得到凸包表面形态直径和凹槽表面形态宽度的平均值和标准差。两者的统计结果见表 7.8，凸包表面形态的平均直径为 819.76±15.74μm，凹槽表面形态的平均宽度为 3988.35±18.62μm，两者相对标准值的误差分别为 2.47%和

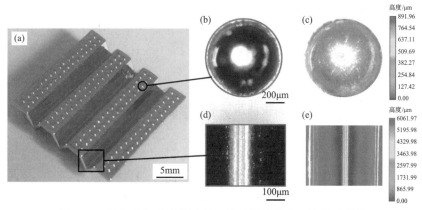

图 7.32   复合形态-材料耦合仿生抗冲蚀功能表面的微观形貌

(a)正等轴测图；(b)单个凸包表面形态的俯视图；(c)单个凸包表面形态的三维云图；(d)凹槽表面形态局部的俯视图；(e)凹槽表面形态局部的三维云图

表 7.8　凸包表面形态直径和凹槽表面形态宽度的统计结果

表面形态	尺寸/μm	误差/%
凸包	819.76±15.74	2.47
凹槽	3988.35±18.62	0.29

0.29%。复合形态-材料耦合仿生抗冲蚀功能表面的凸包表面形态的平均直径和凹槽表面形态的平均宽度与标准值相比，误差很小，符合要求。

在完成复合形态-材料耦合仿生抗冲蚀功能表面上凸包表面形态直径和凹槽表面形态宽度的测量与分析之后，采用超景深显微镜内置的测量功能，对凸包表面形态和凹槽表面形态的间距进行测量。凸包表面形态间距的测量方式为测量单个凸包与相邻三个凸包的间距，然后取它们的平均值来表示这个凸包与相邻凸包的间距；凹槽表面形态间距的测量方式为直接测量相邻凹槽边线的间距。为了保证测量结果的准确度与可信性，每种表面形态的间距需要取多个观测点的平均值，每个表面形态间距分别取 100 个样本点，统计 100 个样本点的平均值和标准差，可以得到凸包表面形态和凹槽表面形态间距的平均值及标准差。两者的统计结果见表 7.9，凸包表面形态的平均间距为 (813.07±99.05) μm，凹槽表面形态的平均间距为 (4014.46±41.37) μm，两者相对标准值的误差分别为 1.63% 和 0.36%。制备的复合形态-材料耦合仿生抗冲蚀功能表面的凸包表面形态和凹槽表面形态的平均间距与标准值相比，误差很小，符合要求。

表 7.9　凸包表面形态和凹槽表面形态间距统计结果

表面形态	间距/μm	误差/%
凸包	813.07±99.05	1.63
凹槽	4014.46±41.37	0.36

接着，分析复合形态-材料耦合仿生抗冲蚀功能表面异质材料的分布状态。仿生抗冲蚀功能表面上的异质材料耦元是仿生设计中的核心耦元，其尺寸是否符合要求是衡量仿生抗冲蚀功能表面质量的重要指标。异质材料是通过沉积铜镀层和镍镀层来实现的。因此，需要对两种金属镀层的厚度进行测量分析。采用金相分析法，对仿生抗冲蚀功能表面不同位置上镀层的厚度进行测量。

复合形态-材料耦合仿生抗冲蚀功能表面不同位置处的横截面形貌如图 7.33 所示。从图 7.33(a) 和 (b) 可以看出，除最上方的铜镀层外，仿生抗冲蚀功能表面上平面和凹槽位置处的材料分布规律为从外到内分别为镍镀层、铜镀层和金属基体的分布规律；由图 7.33(c) 可知，在凸包位置则多出了球形颗粒，形成镍镀层、铜镀层、合金球和金属基体的分布规律，仿生抗冲蚀功能表面的异质材料分布规律符合设计要求。然后，采用超景深显微镜内置的测量功能，对不同位置处的镍镀层和铜镀层厚度进行测量,进一步分析异质材料的特征尺寸是否符合要求。为了保证测量结果的准确度与可信性,每种金属镀层需要取多个样本点,每种金属镀层取 100 个样本点,统计 100 个样本点的平均值和标准差,就可以得到镍镀层和铜镀层厚度的平均值和标准差。统计结果见表 7.10,镍镀层的平均厚度为 $(20.6\pm1.82)\,\mu m$,铜镀层的平均厚度为 $(177.14\pm13.78)\,\mu m$,两者相对标准值的误差分别为 3.00%和 1.59%。铜镀层厚度在整个金属镀层总厚度中的占比为 88.57%,标准值为 90.0%,相对标准值的误差为 1.13%。另外,在镀层厚度观察过程中,发现凸包部位的铜镀层较其他部位厚,原因可能是球形颗粒固定过程中已经在球形颗粒上沉积出一层铜镀层;而凹槽部位的底部两种镀层较其他部位较薄,原因可能是凹槽底部呈窄缝构造,金属镀层的电沉积速率较其他部位低。但是上述两种缺陷均在可接受范围内,不影响整个仿生抗冲蚀功能表面的质量。综上所述,制备的复合形态-材料耦合仿生抗冲蚀功能表面的异质材料的特征尺寸大小和软质层厚度占比与标准值相比,误差均很小,符合要求。

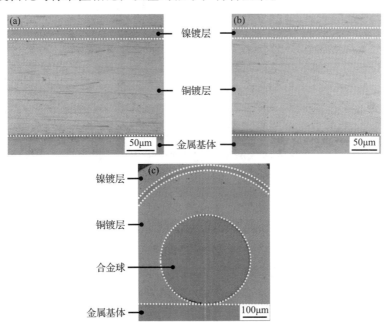

图 7.33　复合形态-材料耦合仿生抗冲蚀功能表面不同位置的横截面形貌

(a)平面位置;(b)凹槽位置;(c)凸包位置

表 7.10　镍镀层和铜镀层厚度统计结果

镀层种类	尺寸/μm	误差/%
镍镀层	20.6±1.82	3.00
铜镀层	177.14±13.78	1.59

最后，分析复合形态-材料耦合仿生抗冲蚀功能表面微观硬度与弹性模量，采用纳米压痕仪，对表面上两种金属镀层的微观硬度和弹性模量进行测量。纳米压痕是一种先进的微纳米力学测试技术，其广泛应用于各种材料的微观力学性能的表征。纳米压痕仪是一种基于深度测量技术的仪器，其具有测量精度高、重复性高和需要样品少等优点。采用是安捷伦技术有限公司生产的型号为 Nano indenter-G200 的纳米压痕仪，载荷分辨率为 50nN，位移分辨率为 0.01nm，金刚石 Berkovich 压头的钝化半径为 50nm。使用传感器采集并记录加载-卸载过程的信息，然后利用 Oliver-Pharr 法分析压入曲线，进而得到材料的硬度与弹性模量。为了得到不同深度材料的硬度和弹性模量，纳米压痕试验过程中使用连续刚度测量法。

当复合形态-材料耦合仿生抗冲蚀功能表面遭受冲蚀时，冲蚀粒子对材料表面的作用力为从材料表面向下。为了更符合实际工况，本节中测量两种金属镀层表面上的硬度和弹性模量，而不是测量它们横截面上的硬度和弹性模量。另外，复合形态-材料耦合仿生抗冲蚀功能表面上铜镀层被镍镀层覆盖，无法直接对铜镀层进行测量。因此，在平整不锈钢表面上分别电沉积出镍镀层和铜镀层，测量它们的硬度和弹性模量。为了保证试验结果的准确性，制备两种金属镀层的工艺参数与制备形态-材料耦合仿生抗冲蚀功能表面时完全一致。两种金属镀层的电沉积时间为300min，根据测量的两种金属镀层的沉积速率可知，镍镀层的厚度为 15μm，铜镀层的 36μm。纳米压痕测试过程中压入深度需要遵循 1/10 原则，因此，镍镀层的压入深度设为 1μm，铜镀层的压入深度设为 2μm，两种镀层的泊松比均设定为 0.3。

为了减小试验误差，取 5 次纳米压痕试验结果的平均值，纳米压痕测试试样在纳米压痕仪上的测试效果如图 7.34 所示。按照上述测试条件，可以得到镍镀层和铜镀层的硬度与弹性模量。对得到的数据点进行整理统计，去除偏差明显过大的数据点，镍镀层与铜镀层的硬度与弹性模量随压入深度的变化如图 7.34 所示。从镍镀层与铜镀层的纳米压痕试验结果可知，在初始阶段，随着压入深度的增加，涂层的硬度和弹性模量均不稳定，当压入深度超过一定的值后，两种镀层的硬度和弹性模量趋于稳定。镍镀层取压入深度在 200～900 的平均值作为镀层硬度和弹性模量的最终值，铜镀层取压入深度在 400～1900nm 的平均值作为镀层硬度和弹性模量的最终值，求得镍镀层和铜镀层的硬度与弹性模量见表 7.11。求 5 次试验结果的平均值，如图 7.35 所示，镍镀层的硬度和弹性模量分别为 7.88±0.18GPa 和210.36±3.26GPa，铜镀层的硬度和弹性模量分别为 (2.82±0.11)GPa 和 (120.88±2.51)GPa。查阅相关文献可知，304 不锈钢的硬度为 3.8GPa，弹性模量为 205GPa[29]。根据不锈钢基体、铜镀层和镍镀层三种材料的硬度和弹性模量可知，复合形态-材料耦合仿生抗冲蚀功能表面为典型的外刚内柔形式的异质材料。

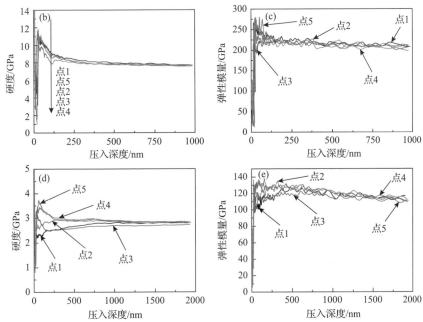

图 7.34 镍镀层与铜镀层的纳米压痕试验结果

(a)纳米压痕试样测试图；(b)镍镀层压入深度-硬度曲线；(c)镍镀层压入深度-弹性模量曲线；(d)铜镀层压入深度-硬度曲线；(e)铜镀层压入深度-弹性模量曲线

表 7.11 镍镀层和铜镀层的硬度与弹性模量

序号	镍镀层		铜镀层	
	硬度/GPa	弹性模量/GPa	硬度/GPa	弹性模量/GPa
1	8.11807	213.74522	2.75755	120.18512
2	7.95959	209.74776	2.86204	122.01721
3	7.73387	209.50335	2.65805	116.84148
4	7.65643	205.66568	2.90712	122.17247
5	7.90840	213.15344	2.89623	123.19516

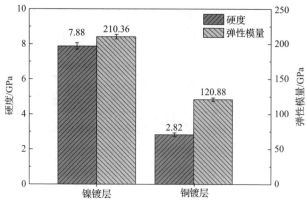

图 7.35　镍镀层和铜镀层的硬度值和弹性模量值

7.3　仿生抗冲蚀功能表面冲蚀试验

仿生抗冲蚀功能表面冲蚀试验是检验仿生抗冲蚀功能表面性能最直接、最重要的手段之一。

7.3.1　试验设备

冲蚀试验机的类型：冲蚀试验机按流动介质类别通常包括喷沙冲蚀设备及泥浆冲蚀设备。国内外文献专著中，采用的冲蚀试验机通常是根据美国材料试验协会标准 ASTM-G76-83 制造的，如图 7.36 所示。另一种是泥浆冲蚀设备，主要由一个大的石英容器和冕形旋转体构成，如图 7.37 所示。

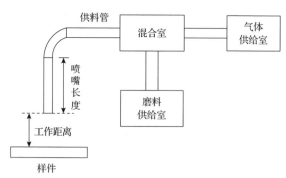

图 7.36　固体粒子冲蚀设备流程图（ASTM-G76-83）

实验室冲蚀设备可以根据粒子获得速度的方式分为以下四类：真空下落式试验装置、离心磨粒加速试验装置、喷射式冲蚀试验机和旋臂式冲蚀试验机。喷射式冲蚀试验机由于结构简单、便于制作和操作等优点，被国内外研究机构广泛采用。吉林大学研究人员在参照国内外现有的冲蚀装置的基础上，根据 ASTM-

G76-83 标准，自行设计并制造了一套喷射式冲蚀试验装置，如图 7.38 和图 7.39 所示。

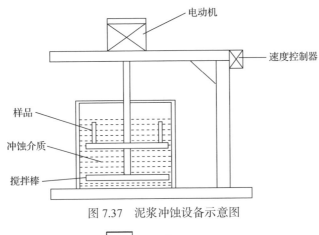

图 7.37　泥浆冲蚀设备示意图

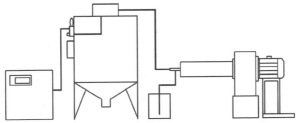

图 7.38　喷射式冲蚀试验装置示意图[30]

图 7.39　喷射式冲蚀试验装置实物图

7.3.2　测试参数

仿生抗冲蚀试验测试参数及分析包括两方面：一是表征测试，即使用测试装置直接对试验前后的模本或仿生制品的相关信息进行动态或静态检查与测量，以获得定性或定量的量值及属性、表观特征等信息，如对模本与制品几何特征、物理特性和材料属性等进行表征测试。在工程仿生领域，常用的常规表征测试技术包括电子显微技术、原子力显微技术、原子探针技术、X 射线衍射技术、热分析技术、红外光谱技术、高分辨 3D 成像技术、超分辨率光学显微成像技术和光遗传学技术等；二是试验测试，即对模本与制品进行试验测试分析，不仅试验测试本身可以获得相关数据，而且在试验过程中或试验之后还可以进行表征测试，以获得更加全面的信息，如对模本与制品进行运动学、动力学以及相关力学性能的测试等。根据模本与制品的功能属性不同，测试技术也有所不同。通常，表征测试是获得模本与制品基本属性的关键测试手段，而试验测试是分析功能实现过程与模式的重要手段，两者相互结合，可以更精准地阐释模本与制品的功能特征与原理。如图 7.40 所示，采用试样磨损程度的 SEM 图分析来判断试样的抗冲蚀特性，这也是现阶段最主要的评价手段之一。由于仿生抗冲蚀涉及多个学科领域，使得对仿生模本与仿生制品相关信息的测试也存在复杂性与特殊性，这对测试分

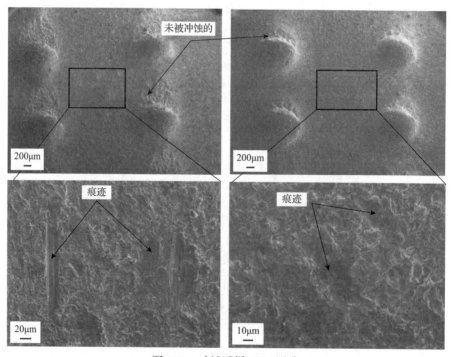

图 7.40　冲蚀试样 SEM 照片

析方法、仪器与技术等都提出了更高的要求。也正是由于仿生抗冲蚀测试的复杂性与特殊性，催生了"仿生测试理论与仪器工程"这一全新研究领域的诞生，促进了测试理论与仪器科学领域的发展，并因此研发了一批先进、创新、精密的测试仪器与技术，对科学与技术的发展产生了巨大的推动力。

7.3.3　影响因素

冲蚀的影响因素大致可分为磨粒因素，靶体(材)因素和环境因素三个方面，每个方面又包含一些子因素，具体参数见表 7.12。

表 7.12　影响测试仿生抗冲蚀功能表面的因素

磨粒	靶体	环境
速度、粒度、硬度 形状、粒度分布等	硬度、表面形态、加工硬化、尺寸、 材料组织等	冲击角度、温度、流体流速、边界条件、 冲蚀时间等

1. 冲蚀的固体磨粒

1) 磨粒的形状

通常情况下磨粒的形状对冲蚀量的影响有一定局限性，这取决于靶体(材)本身的材料性质和磨粒的冲击角度。Levy 等通过研究不同粒度的多角形磨粒和球状圆滑磨粒在不同条件下对塑性材料的冲蚀行为，发现多角形磨粒造成的冲蚀失重大于球状圆滑磨粒，见表 7.13[31]。Ballout 等[32]发现多角形磨粒对玻璃的冲蚀失重要远大于球状磨粒的冲蚀失重。一般认为，球状磨粒对靶体(材)的冲蚀以犁削变形为主，而多角形磨粒则以切削方式为主。在考虑冲击角度的情况下，有试验表明多角形的 SiC 和 Al_2O_3 磨粒最大的冲蚀失重冲击角度为 16°，而钢球磨粒的最大冲蚀失重冲击角度在 28°左右。相比较而言，磨粒形状的冲蚀失重冲击角度对塑性材料影响较大，而对脆性材料影响较小。Bahadur 和 Badruddin 通过研究多角形 SiC 颗粒对 18Ni 马氏体钢冲蚀行为的影响，发现材料冲蚀率与 W/L (多角颗粒的宽长比)呈反比关系，与 P^2/A (周长的平方与颗粒面积的比率)呈正比关系，但是相关试验结论并没有广泛推广[33]。

表 7.13　粒子形状对仿生抗冲蚀功能表面的冲蚀失重的影响

粒径/μm	进给速率/(g/min)	质量损失/mg			
		20m/s		60m/s	
		圆球	多角形	圆球	多角形
250～355	6.0	0.2	1.6	3.0	28.0
250～355	0.6	0.2	2.0	4.5	32.7
495～600	6.0	0.1	—	1.2	—
495～600	2.5	—	2.0	—	42.4

2）磨粒的粒度

磨粒粒度对冲蚀率的影响并不是磨粒越大冲蚀率越高，而是存在一个临界值 D_c。研究表明，通常磨粒尺寸临界值为 20～200μm，材料的冲蚀率随着磨粒尺寸增大而增加，但是一旦尺寸达到某一个临界值 D_c，材料的冲蚀率几乎不变或者变化缓慢，即"尺寸效应"。该现象主要是因为随着粒径的增大，磨粒的切削作用逐渐减弱，而其对材料加工硬化作用增强。磨粒尺寸具体的临界值取决于靶体的材料性质和冲蚀条件。

3）磨粒的硬度

Tabor 的研究表明，H_p/H_t（磨粒材料与表面材料的硬度比）大于 1.2 时延性材料的冲蚀率达到最大值。当硬度比小于 1.2 时，冲蚀率随比值的减小而降低。另有研究表明，模具钢在 Al_2O_3、玻璃砂冲蚀的情况下，当磨粒硬度高于或者接近材料硬度时，材料的冲蚀主要体现为切削、犁沟等形式。而磨粒硬度低于材料硬度时，材料的冲蚀主要表现为磨粒多次冲击而造成的小片剥落[34]。

2. 冲蚀的环境

1）磨粒的冲击角度

冲击角度是指发生撞击时固体颗粒速度与靶材表面的夹角。磨粒在 20°～30° 的冲击角度下会对塑性靶材造成最大的冲蚀磨损。而脆性材料最大冲蚀磨损发生在冲击角度为 90°时，如图 7.41 所示[35-38]。

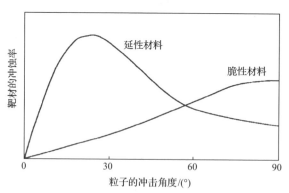

图 7.41　塑/脆性冲蚀率与磨粒冲击角度的关系

2）冲击速度

冲蚀的发生存在一个冲击速度的阈值（临界速度）。如果磨粒入射的冲击速度低于阈值，则只发生弹性碰撞。若高于阈值，则磨粒冲击速度与材料冲蚀率之间存在关系式：$\varepsilon = K v_{p磨粒}^n$。式中，$v_{p磨粒}$ 为磨粒冲击速度，K 和 n 为常数（通常塑性材料在低角度发生冲蚀时 n 值为 2.2～2.4）。Hashish 采用 n 值为 2.5，Finnie 在此模型的基础上进行了修正，并将 n 值取为 2.4～2.6[39]。

3) 冲蚀时间

冲蚀存在一个较长的孕育期，磨粒刚开始冲蚀时并不能造成靶材的材料流失，而是经过一段时间累积后才逐渐开始产生磨损。在该过程中如果入射粒子嵌入靶材，还会导致靶材短暂的增重现象，但这一现象在低角度冲蚀时并不明显。

4) 环境温度

环境温度对冲蚀的影响根据靶体(材)材料的不同而不同，一般分为三类：

(1) 靶体(材)材料冲蚀率随温度升高而减小，但冲蚀率降低到一定值之后随着温度的升高而增大，如 410 不锈钢、Ti-6Al-4V 钢和 5Gr-0.5Mo 钢等。

(2) 低于临界温度时冲蚀率几乎一样，而超过临界温度后冲蚀率快速增大，如 1018 钢、1100 铝合金和 310 不锈钢等。

(3) 冲蚀率始终随着温度的上升而上升，如 2.25Gr-1Mo 钢、碳钢和 Pb(90°冲蚀)等。在高温条件下，很多材料的最大冲击角，阈值速度都随着温度的变化而改变，该现象有可能是冲蚀机理的改变导致的。对脆性材料而言，温度的增加会导致临界应力和硬度的改变。但试验结果表明，脆性材料的冲蚀率几乎不随温度变化，说明弹塑性压痕理论对高温下脆性材料冲蚀的解释有缺陷，需要发展新的理论来解释[40-45]。

磨粒冲蚀靶体(材)主要受到磨粒性质、环境因素和靶体(材)性质三方面因素的影响，每种因素又包含一些子因素。由于磨粒冲蚀靶体(材)是一个复杂的能量和热量交换的动态过程，这些因素之间往往是相互作用、相互影响的。例如，磨粒的粒度、形状、冲击角度、硬度与靶材的硬度、环境温度之间存在复杂的内在联系，所以冲蚀往往是多种因素共同作用决定的。冲蚀的规律往往呈现复杂的变化，例如，磨粒的大小、环境的温度、磨粒和靶材的硬度比等对冲蚀的影响在某些具体情况时往往没有规律可循。这说明冲蚀机理的深层次研究空间很大，有待进一步发掘。

7.3.4　结果分析

结果分析的方法有很多，主要包括理论分析法、计算机模拟法、相似模拟法和试验优化法等。

1. 理论分析法

物理分析法用于研究仿生模本的物质、能量、空间和时间等特性，尤其是它们各自的性质与彼此之间的相互关系，如物理现象、物质结构、物质相互作用和物质运动规律等。常用的物理分析法涉及计算物理、理论物理、原子与分子物理、生物物理、光学物理、固体物理、凝聚态物理、牛顿力学、理论力学、电物理、磁物理、热物理和量子物理等。

　　吉林大学研究人员用物理分析法分析了仿生六边形凹坑结构的抗冲蚀机理（图 7.42）：当固体颗粒小于凹坑时，凹坑结构中会形成旋转气流，这会影响固体颗粒的运动轨迹，特别是冲击速度和撞击在材料表面的固体颗粒数量均会减少。因为粒子的速度和其动能呈指数关系，固体冲击颗粒动能的减小会降低材料的冲蚀速率。另外，撞击在生物材料表面上的固体颗粒数目的减少意味着更少的能量用于破坏生物材料表面，这会导致更低的冲蚀速率。当固体颗粒大于凹坑时，固体颗粒不能进入六边形凹坑内部。但是旋转气流会降低固体颗粒的法向速度，这有利于降低材料的冲蚀速率[18]。

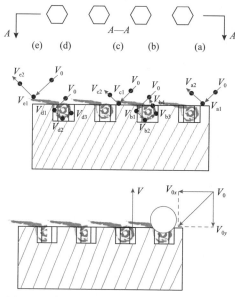

图 7.42　仿生六边形凹坑结构的抗冲蚀机理

2. 计算机模拟法

　　计算机模拟法是利用计算机技术建立仿生模本与仿生制品的系统模型，并在一定的试验条件下对模型进行静态或动态试验分析。数值模拟技术正成为继理论分析与试验研究之后，科学研究手段的第三种重要方式。它具有高效、安全、受环境条件约束较少和可改变比例尺等优点，已成为仿生模本与制品分析、设计、运行、制造和评价等过程的重要方法。

　　吉林大学研究人员用数值模拟的方法解释了凹槽和凸包仿生抗冲蚀功能表面的抗冲蚀机理，即由于凹槽形表面形态的存在改变了来流中粒子速度和粒子轨迹。这种改变一方面可以减少碰撞次数，改变粒子与凹槽表面的冲击角度；另一方面可以降低来流中的粒子速度，如图 7.43 所示。

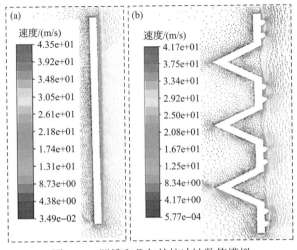

图 7.43　凹槽和凸包的抗冲蚀数值模拟

(a)光滑表面试样；(b)具有凹槽和凸包的仿生试样

3. 相似模拟法

相似模拟法是依照某个模本原型的主要特征，创建一个相似的模型，然后通过模型来间接研究原型的特性规律。因此，相似模拟法首要的任务是模型的设计与制造，建立一个与原型相似的模型。模型的每个要素必须要与原型的对应要素相似，包括几何要素相似、物理要素相似、运动学要素相似和动力学要素相似等。这种对应相似指数越高，模型与原型的相似度就越高。

相似模拟法的适用条件是相似性，模型和原型要有共通之处，具有可比性，这样所研究出的结果才会更贴近原型。在实际的研究工作中，由于许多问题很难用理论研究的方法去解决，必须通过试验来研究。然而，直接试验方法有很大的局限性，其试验结果往往又只适用于某些特定条件，并不具有普遍意义，因此即使花费巨大，也难以揭示现象的本质，并难以描述其功能与各参量之间的规律性关系。因此，采用相似模拟法，建立原型的相似模型，对相似模型进行相似条件下的试验与分析，将会更容易掌控试验过程，更容易调控试验参数与条件。例如，飞机体积太大，无法在风洞中直接研究飞机原型的飞行问题；而昆虫的原型又太小，也不宜在风洞中直接进行飞行试验，而且直接试验也不便于操作，往往只能得出个别量之间的规律性关系，难以深入揭示机理的普适性本质。采用缩小的飞机模型或放大的昆虫模型进行研究，将是最便捷的试验研究手段。

模型试验与分析的关键点是怎样将模型试验结果所描述的参量精确地换算到原型中去，这就要求模型与原型有极高的相似性。这样从模型试验中获得的精确、定量或定性的数据才能更准确地代表原型的本质现象。然后按照相应的相似准则关系方程，将模型的试验结果有效转化到原型中去，用以揭示原型功能特性原理。

例如，在研究蝎子背板的凸包形态的抗冲蚀机理时，建立了如下模型，讨论这种形态的抗冲蚀机理，如图 7.44 所示。

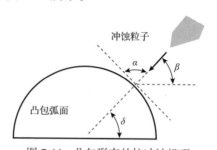

图 7.44　凸包形态的抗冲蚀机理

α-冲蚀粒子冲击角度(°)；β-气-固两相流入射角度(°)；δ-冲蚀粒子在凸包弧面上的
撞击点和弧面圆心的连线与水平的夹角(°)

4. 试验优化法

试验优化设计是在进行多因素试验时，用最少的试验点获得最多的、最优化的试验信息量。试验优化设计是从不同的优良性出发，合理设计试验(包括产品设计)方案，有效控制试验干扰，科学处理试验数据，全面进行优化分析，直接实现优化目标，已成为仿生学研究的一个重要方法。但无论对于仿生模本的研究，还是对于仿生产品的设计与制造都涉及众多试验信息，需要进行大量的试验与探索研究。为了短期内通过较少的试验获取既多又好的试验信息和成果，必须进行试验优化设计。

试验优化设计就是试验的最优设计，核心是对试验方案的最优化设计。其中，析因设计、正交设计、均匀设计、回归设计及响应面设计是试验方案优化设计最常用的几种方法。试验数据处理的最优化包括：①试验数据处理方法或分析技术的最优化。对于给定的试验数据，选用针对性强、适用性好的方法就是处理方法的择优。对于同一个试验问题或同一组试验数据，使用不同的处理方法，结果可能相异，因此数据分析方法的择优是试验数据处理优化的重要环节。②处理过程的最优化。处理过程不但要计算分析简便，工作量小，更重要的是能灵活、合理地处理试验数据中的特殊情况，及时发现处理过程中出现的问题，如试验数据的缺失等；③处理结果最优化。数据处理的结果，如因素优水平、优搭配、优组合，主次因素和回归方程等都应预测精度高，可信度高。总之，选用给定条件下最优的数据处理方法，注意数据处理全过程的优化，是数据处理的基本原则。只有这样，处理结果才能更真实地揭示试验数据内在的客观规律，应用起来才能更可靠、更有效。

仿生学研究内容广泛，所涉及的研究方法也是多种多样的，每一个仿生学分支学科也都有其常规的与特殊的研究方法与手段。例如，在智能仿生领域，常用的研究方法为进化优化法，包括遗传算法、遗传规划、进化策略、进化规划、神经网络、蚁群算法和粒子群算法等。对于仿生原理揭示得清晰与否，研究方法至关重要，适当的研究方法将能剖析更深层次的模本机理。与此同时，在对仿生模本进行研究的过程中，也会促使和催生一些新的研究方法，如发明问题解决理论 (TRIZ) 能创造性地发现问题和创造性地解决问题，成功地揭示创造新发明的内在规律和原理，而将仿生学与 TRIZ 相结合，构建基于 TRIZ 仿生原理的创新设计过程模型，可大大加快仿生创新发明的进程和得到高质量的仿生创新产品。因此，仿生学不仅是研究成果创新，也是研究方法创新，是一个全程创新的过程。

利用部分正交多项式回归设计方法对仿生凹槽表面进行回归试验分析，选用 $L_9(3^4)$ 正交表进行试验设计，见表 7.14。正交表前三列分别对应凹槽尺寸：凹槽高度 (H)、凹槽间距 (D)、凹槽宽度 (W)，3 个因素分别用 A、B、C 表示，第四列空出用于误差检验。各因素都选取 3 个水平。在回归分析中，3 个因素分别对应于 z_1、z_2、z_3，所有因素均考虑一次项效应和二次项效应，不考虑因素间的交互作用。利用正交多项式进行回归试验设计时，可以同时对结果进行极差分析和回归分析。由极差分析结果可知，凹槽尺寸影响试样相对冲蚀率的主次顺序为：凹槽间距 (D)、凹槽宽度 (W)、凹槽高度 (H)，最优组合为 $A_3B_1C_2$，即凹槽高度取 4mm，凹槽间距取 2mm，凹槽宽度取 4mm。最优组合点并不在所安排的试验方

表 7.14　试验优化中的回归设计

试验号	试验方案				y_i 相对冲蚀率 (ER)
	$A(H)$/mm	$B(D)$/mm	$C(W)$/mm	D(误差)	
1	1(2)	1(2)	1(3)	1	0.9472
2	1(2)	2(3)	2(4)	2	0.9372
3	1(2)	3(4)	3(5)	3	1.0370
4	2(3)	1(2)	2(4)	3	0.9341
5	2(3)	2(3)	3(5)	1	0.9509
6	2(3)	3(4)	1(3)	2	1.1275
7	3(4)	1(2)	3(5)	2	0.8486
8	3(4)	2(3)	1(3)	3	0.9921
9	3(4)	3(4)	2(4)	1	0.9609
$\overline{y}_{j1}$	0.9738	0.9099	1.0223	0.9530	
$\overline{y}_{j2}$	1.0042	0.9601	0.9441	0.9711	主次因素顺序：B、C、A 最优组合：
$\overline{y}_{j3}$	0.9339	1.0418	0.9455	0.9877	$A_3B_1C_2$
R_j	0.0703	0.1319	0.0782	0.0347	

案中，这种情况在正交试验中是允许出现的[46]。对比凹槽宽度 $\bar{y}_{32}$ 和 $\bar{y}_{33}$ 值可知，其差别很小，说明凹槽宽度不同水平的取值对试验结果的影响差别不大；同时，对比凹槽高度、凹槽宽度的 R_1 和 R_3 值可知，两者的差别不大，且都小于凹槽间距的 R_2 值，说明这两个指标对试验结果的影响差别也比较小。在三个试验因素中，这两个因素是对试验指标影响相对比较小的因素。因此，凹槽宽度取 4mm 和 5mm时，对试验结果的影响并不大，可以认为第 7 组试验为最优组合，即凹槽高度取4mm，凹槽间距 2mm，凹槽宽度取 5mm[47-50]。

7.3.5 单元仿生表面制造冲蚀试验

1. 仿生凹槽表面冲蚀试验

1)试验方案

采用平均粒径为 150μm 和 300μm 的石英砂，分别在 30°、60°和 90°入射角下进行冲蚀试验，讨论各试验因素对仿生凹槽表面试样冲蚀率的影响规律。石英砂粒径分别为 40～70 目和 70～140 目，平均粒径分别为 150μm 和 300μm，密度为2650kg/m³。图 7.45 为石英砂的 SEM 图片。

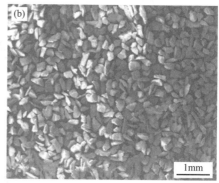

图 7.45　试验用石英砂 SEM 图片
(a)40～70 目；(b)70～140 目

冲蚀试验前，将清洗干净的试样用分析天平称量，记录其初始质量。将称量完的试样安装在试样夹上固定，并调节到所需角度。将所要考察的磨料装入储砂罐内，设定冲蚀时间和空压机的相关参数，进行冲蚀试验。每次冲蚀过程结束后，取下试样，先用刷子清除试样上残留的沙子和灰尘，然后用超声波清器清洗 5min，进一步去除杂质。试样取出风干后称重，计算冲蚀失重量。

2)冲蚀评价方法

本试验利用冲蚀失重量和相对冲蚀率来评价试样的冲蚀性能。冲蚀失重量为试样每一次冲蚀试验前后的质量差，单位为 g。相对冲蚀率的定义为

$$ER = \frac{W_G}{W_S} \tag{7.2}$$

式中，ER 为相对冲蚀率，是一个无量纲数；W_G 为仿生凹槽表面试样的冲蚀失重量，g；W_S 为光滑表面试样的冲蚀失重量，g。

3) 稳态冲蚀率的确定

试样在加工过程中表面会产生加工硬化，或者残留没有清洗干净的少量杂质。同时，对于仿生凹槽表面试样，凹槽边上的棱角会导致应力集中，这些因素都会导致冲蚀试验初始阶段试样冲蚀率不稳定[51]。因此，在冲蚀试验的初始阶段，试样的失重量可能会产生波动，即冲蚀存在一个短暂的孕育期，之后达到稳态冲蚀。对试样的稳态冲蚀率进行探索，试验方法是每隔 1min 测量一次试样的失重量，当每次测得的失重量几乎相等时，则达到稳态冲蚀。图 7.46 和图 7.47 分别为石英砂

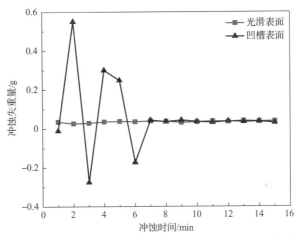

图 7.46　90°入射角下试样冲蚀失重量和冲蚀时间的关系

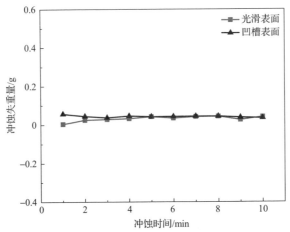

图 7.47　60°入射角下试样冲蚀失重量和冲蚀时间的关系

粒径为 150μm、入射角度为 90°和 60°时，冲蚀失重量随冲蚀时间的变化规律。由图可知，在前 5～10min，失重量会有一定的波动，但之后冲蚀失重量变化量很小。由此可知，试样经过 10～15min 的冲蚀后，能够达到稳态冲蚀阶段。

根据稳态冲蚀率试验结果，可以确定冲蚀试验的具体冲蚀时间。本试验采取的冲蚀失重量的计算方法是，先对试样冲蚀 15min，以保证其达到稳态冲蚀；然后，对试样冲蚀 5min，取这 5min 的失重量为试样的冲蚀失重量；试验连续进行 3 次，结果取其平均值。

4) 冲蚀试验结果分析

图 7.48 和图 7.49 给出了试样冲蚀失重量和入射角度的关系。由图可知，在两种粒径颗粒的冲击下，光滑表面试样的冲蚀失重量随入射角度的增大而减小，

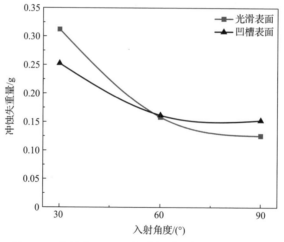

图 7.48 粒径为 150μm 的砂粒对试样的冲蚀失重量

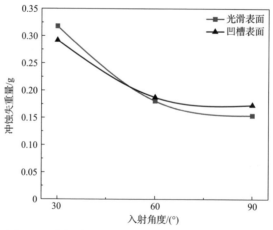

图 7.49 粒径为 300μm 的砂粒对试样的冲蚀失重量

即 30°时，冲蚀失重量最大，90°时冲蚀失重量最小，这与塑性材料的冲蚀性质相符[51-53]。仿生凹槽表面试样的冲蚀失重量也表现出同样的规律，虽然试样表面加工成了凹槽形状，但仍然是 30°入射角下失重量最大，90°时最小。

对比分析仿生凹槽表面试样和光滑表面试样的冲蚀失重量发现：仿生凹槽表面试样的冲蚀失重量仅在 30°入射角时比光滑表面试样小，在 60°和 90°入射角时，比光滑表面试样大。与前文模拟所得冲蚀率随入射角度的变化趋势相比，存在一定差异，其原因可能是数值模拟过程中对计算条件做了适当的简化，与实际试验条件之间存在差异，造成试验和模拟结果的偏差。

试样在不同入射角度下的相对冲蚀率如图 7.50 所示。在入射角度 30°、石英砂粒径分别为 150μm 和 300μm 时，试样的相对冲蚀率分别为 0.8088 和 0.9188，即分别具有大约 19.2%和 8.2%的减磨效果。说明在该试验条件下，仿生试样的抗冲蚀性能优于光滑表面试样。

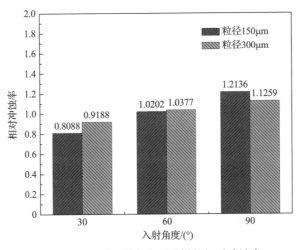

图 7.50　不同入射角度下试样的相对冲蚀率

5）回归试验分析

（1）试验方案。

回归试验用于分析一定冲蚀条件下，仿生凹槽表面试样的凹槽尺寸对其冲蚀性能的影响，并考察冲蚀率与凹槽尺寸的关系[53]。由此前试验结果可知，当石英砂粒径为 150μm，在 30°入射角条件下，仿生凹槽表面试样的减磨效果最好。因此，试验选定在该条件下，对具有不同凹槽尺寸的试样进行冲蚀试验，利用相对冲蚀率来评价试样的冲蚀情况，测得的试验指标用 y_i 表示。相关试验参数见表 7.15。

表 7.15　试验条件及相关试验参数

入射角度/(°)	粒径/μm	凹槽高度 $A(H)$/mm	凹槽间距 $B(D)$/mm	凹槽宽度 $C(W)$/mm
30	150	2,3,4	2,3,4	3,4,5

本节利用部分正交多项式回归设计方法进行回归试验分析，选用 $L_9\left(3^4\right)$ 正交表进行试验设计，见表 7.14。利用正交多项式进行回归试验设计时，可以同时对结果进行极差分析和回归分析，试验方案及结果分析见表 7.16 和表 7.17。

表 7.16　正交多项式回归试验方案及试验结果

试验号	$A(z_1)$	$B(z_2)$	$C(z_3)$	X_0	$X_1(z_1)$	$X_2(z_1)$	$X_1(z_2)$	$X_2(z_2)$	$X_1(z_3)$	$X_2(z_3)$	y_i	y_i^2
1	1	1	1	1	−1	1	−1	1	−1	1	0.9472	0.8971
2	1	2	2	1	−1	1	0	−2	0	−2	0.9372	0.8783
3	1	3	3	1	−1	1	1	1	1	1	1.0370	1.0754
4	2	1	2	1	0	−2	−1	1	0	−2	0.9341	0.8725
5	2	2	3	1	0	−2	0	−2	1	1	0.9509	0.9042
6	2	3	1	1	0	−2	1	1	−1	1	1.1275	1.2712
7	3	1	3	1	1	1	−1	1	1	1	0.8486	0.7201
8	3	2	1	1	1	1	0	−2	−1	1	0.9921	0.9843
9	3	3	2	1	1	1	1	1	0	−2	0.9609	0.9233

表 7.17　回归系数及计算结果分析表

计算参数	X_0	(1) $X_1(z_1)$	(2) $X_2(z_1)$	(3) $X_1(z_2)$	(4) $X_2(z_2)$	(5) $X_1(z_3)$	(6) $X_2(z_3)$	$\sum y_i$	$\sum y_i^2$
D_j	9	6	18	6	18	6	18	8.7354	8.5265
B_j	8.7354	−0.1198	−0.3020	0.3956	0.0948	−0.2302	0.2390		
b_j	0.9706	−0.0200	−0.0168	0.0659	0.0053	−0.0384	0.0133		
S_j	8.4787	0.0024	0.0051	0.0261	0.0005	0.0088	0.0032		
F_j		2.3531	4.9844	25.6579	0.4916	8.6915	3.1212		
α_j			0.25	0.05		0.25	0.25		

$$S = \sum_1^9 y_i^2 - \frac{1}{9}\left(\sum_1^9 y_i\right)^2 = 0.5510$$

$f = 9 - 1 = 8 \quad f_{回} = 4$

$S_{回} = S_2 + S_3 + S_5 + S_6 = 0.0400$

$S_R = S - S_{回} = 0.0079 \quad f_R = 4$

注：D_j 为系数矩阵；B_j 为常数矩阵；b_j 为回归系数；S_j 为偏差平方和；F_j 为检验统计量；α_j 为显著性水平。

（2）极差分析。

由表 7.14 的 ER 试验结果可知，除 3 号和 6 号试验的相对冲蚀率大于 1 以外，其余几组试验的相对冲蚀率都小于 1。这表明 3 号和 6 号试验的抗冲蚀性能不如光滑表面试验。由极差分析中凹槽间距的试验指标 $\overline{y}_{21}$、$\overline{y}_{22}$、$\overline{y}_{23}$ 可知，冲蚀率随凹槽间距的增大而增大；同时，凹槽间距是对试样冲蚀率影响最大的因素。在试验方案中，3 号和 6 号试验的凹槽间距都是 4mm，为凹槽间距的较大取值。因此，3 号和 6 号试验是试验方案中冲蚀率最大的试验，这两个试验的冲蚀率大于光滑表面试样是完全有可能的。其余几组试验中，抗冲蚀性能最好的是 7 号试验点，其相对冲蚀率为 0.8486，能达到约 15.1% 的减磨效果。

$$\sum y_i \sum y_i^2 \, S = \sum_1^9 y_i^2 - \frac{1}{9}\left(\sum_1^9 y_i\right)^2 = 0.5510 \tag{7.3}$$

$$f = 9 - 1 = 8 \tag{7.4}$$

$$f_{回} = 4 \tag{7.5}$$

$$S_{回} = S_2 + S_3 + S_5 + S_6 = 0.0400 \tag{7.6}$$

$$S_R = S - S_{回} = 0.0079, \quad f_R = 43 \tag{7.7}$$

（3）回归方程的建立。

为了估计试验误差，进行回归方程和回归系数的失拟检验；同时，为了进一步考察最优组合的试验结果，将 7 号试验重复进行 3 次，试验结果见表 7.18，y_{i0} 为重复试验的试验结果。

表 7.18　最优组合重复试验

试验号	试验因素			y_{i0}(ER)
	z_1/mm	z_2/mm	z_3/mm	
1	4	2	5	0.8760
2	4	2	5	0.8211
3	4	2	5	0.8829

根据表 7.16 和表 7.18 的试验结果可以求出误差偏差平方和 S_e 及其自由度 f_e：

$$S_e = \sum_{i=1}^3 \left(y_{i0} - \bar{y}_0\right)^2 = 0.0013 \tag{7.8}$$

$$f_e = m_0 - 1 = 3 - 1 = 2 \tag{7.9}$$

式中，$\bar{y}_0$ 为 y_i 总和的平均值；m_0 为中心点试验次数。

回归系数的计算结果与显著性检验结果见表 7.17。由表中 α_j 的值可知，所考察指标的显著性水平都不高，仅 z_2 的一次项效应显著。分析其原因，可能是由试验过程中试验条件的不稳定导致试验结果重现性不好引起的。为了考察各因素对冲蚀率的影响，将 $\alpha_j = 0.25$ 的项都保留在方程中。

回归方程的计算与统计检验过程如下。

试验数据的总偏差平方和 S 及其自由度 f 为

$$S = \sum_{i=1}^{8} y_i^2 - \frac{1}{N}\left(\sum_{i=1}^{8} y_i^2\right)^2 = 1.0278 - \frac{1}{11} \times 3.1143^2 = 0.1461 \qquad (7.10)$$

$$f = n - 1 = 9 - 1 = 8 \qquad (7.11)$$

回归平方和 $S_回$ 及其自由度 $f_回$ 为

$$S_回 = S_2 + S_3 + S_5 + S_6 = 0.0400 \qquad (7.12)$$

$$f_回 = 4 \qquad (7.13)$$

由此可得出剩余平方和 S_R 及其自由度 f_R 为

$$S_R = S - S_回 = 0.0079 \qquad (7.14)$$

$$f_R = f - f_回 = 8 - 4 = 4 \qquad (7.15)$$

于是，可计算出回归方程检验的统计量为

$$F_回 = \frac{S_回/f_回}{S_R/f_R} = \frac{0.0400/4}{0.0079/4} = 9.1775 > F_{0.05}(4,4) = 6.39 \qquad (7.16)$$

因此，可得出编码空间的回归方程表达式为

$$\hat{y} = 0.9706 - 0.0168X_2(z_1) + 0.0659X_1(z_2) - 0.0384X_1(z_3) + 0.0882X_2(z_3) \qquad (7.17)$$

式中，各参数的表达式如式 (7.18) 所示。

$$\begin{cases} X_1(z_1) = \phi_1(z_1) = \dfrac{z_1 - \bar{z}_1}{\Delta_1} = z_1 - 3 \\[2mm] X_2(z_1) = 3\phi_2(z_1) = 3\left[\left(\dfrac{z_1 - \bar{z}_1}{\Delta_1}\right)^2 - \dfrac{N^2-1}{12}\right] = 3(z_1-3)^2 - 2 \\[2mm] X_1(z_2) = \phi_1(z_2) = \dfrac{z_2 - \bar{z}_2}{\Delta_2} = z_2 - 3 \\[2mm] X_1(z_3) = \phi_1(z_3) = \dfrac{z_3 - \bar{z}_3}{\Delta_3} = z_3 - 4 \\[2mm] X_2(z_3) = 3\phi_2(z_3) = 3\left[\left(\dfrac{z_3 - \bar{z}_3}{\Delta_3}\right)^2 - \dfrac{N^2-1}{12}\right] = 3(z_3-4)^2 - 2 \end{cases} \qquad (7.18)$$

式中，ϕ_1 为 Fisher 正交多项式；Δ_1、Δ_2、Δ_3 为水平间隔；N 为实验总次数。

回归方程的失拟检验过程为

$$\hat{y}_0 = 0.9706 - 0.0168X_2(z_1) + 0.0659X_1(z_2) - 0.0384X_1(z_3) + 0.0882X_2(z_3)$$
$$= 0.8628 \tag{7.19}$$

$$\bar{y}_0 = \sum_{i=1}^{3} y_{i0}/4 = 0.8600 \tag{7.20}$$

失拟平方和 S_{lf} 及其失拟自由度 f_{lf} 为

$$S_{lf} = (\hat{y}_0 - \bar{y}_0)^2 \tag{7.21}$$

$$f_{lf} = 1 \tag{7.22}$$

由回归方程失拟检验统计量

$$F_{lf} = \frac{S_{lf}/f_{lf}}{S_e/f_e} \approx 0.012 < 1 \tag{7.23}$$

可知，回归方程(7.17)不失拟，其显著性水平为 0.05，即方程的置信度为 95%。

将式(7.18)代入方程(7.17)，经计算整理可得欲求的三元多项式回归方程为

$$y = 1.1183 + 0.3024z_1 - 0.0504z_1^2 + 0.0659z_2 - 0.3576z_3 + 0.0399z_3^2 \tag{7.24}$$

(4)回归试验结果分析和讨论。

为了进一步讨论凹槽尺寸对试样冲蚀率的影响规律，对所得的回归方程进行分析。极差分析结果表明，凹槽高度对试样冲蚀率的影响最小，因此着重考察凹槽间距和凹槽宽度对冲蚀率的影响。凹槽高度取 4mm 时，试样冲蚀率比凹槽高度的其他取值小，因此，将凹槽高度取为 4mm，则回归方程简化为相对冲蚀率关于凹槽间距和凹槽宽度的三元二次方程，可以用函数图像来表达，如图 7.51 所示。

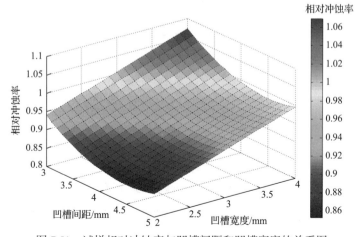

图 7.51　试样相对冲蚀率与凹槽间距和凹槽宽度的关系图

由图可知，这两个因素对试样相对冲蚀率的影响并不是简单的线性关系，在考察的试验范围内，凹槽高度和凹槽宽度一定的情况下，试样相对冲蚀率随凹槽间距的增大先减小后增大；凹槽高度和凹槽间距一定的情况下，试样相对冲蚀率随凹槽宽度增加有增大的趋势。在试验范围内，回归方程图像存在最小值点，即存在相对冲蚀率最小的凹槽尺寸组合。通过计算得出，凹槽高度为 4mm，凹槽间距为 2mm，凹槽宽度为 4.5mm 时，试样相对冲蚀率最小。

2. 不同横截面的仿生凹槽表面冲蚀试验

本节采用试验优化设计的方法编排试验方案，在射流式冲蚀试验系统上，对制造的仿生凹槽表面试样的抗冲蚀性能进行试验研究，并研究了冲蚀粒子运动轨迹变化规律。同时，对冲蚀粒子在仿生表面的冲蚀特性进行分析。

1）不同横截面的仿生凹槽表面的冲蚀测试方法

采用射流式冲蚀试验测试装置，对仿生表面试样进行冲蚀测试。颗粒冲击角度是影响材料冲蚀率的重要原因之一，对韧性材料来说，如本节所选用的 Q235 钢，最大冲蚀率发生在冲击角度为 20°～30°时，本试验选择 30°作为砂粒入射角度。

2）仿生表面试样冲蚀试验结果与分析

冲蚀量达到稳定状态后测试、计算冲蚀率，为了确定稳态冲蚀率，对光滑表面试样和具有代表性的三种仿生表面试样进行冲蚀测试试验，试验过程中每隔 30s 称量一次试样的冲蚀量，如图 7.52 所示。在冲蚀开始阶段，随着时间的延长，冲蚀率逐渐升高，直至达到稳态冲蚀率。冲蚀过程中粒子撞击表面，会产生形变强化，冲蚀一段时间后，硬化层厚度达到稳定，冲蚀达到稳态冲蚀。

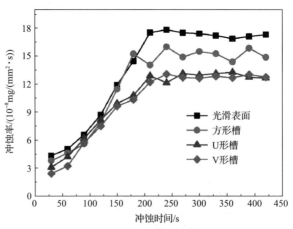

图 7.52 仿生表面试样冲蚀率随时间变化规律

试验过程中取稳定状态下冲蚀率作为试验结果，即冲蚀 200s 以后的冲蚀率取平均值作为每次试验的结果，具体试验结果见表 7.19。本节试验主要研究仿生形态、形态尺寸及形态间距对仿生表面抗冲蚀性能的影响，用试样冲蚀率作为本试验的试验指标。冲蚀率越大，表明该仿生表面抗冲蚀性能越差；反之，冲蚀率越小，仿生表面的抗冲蚀性能越好。为了确定仿生形态、形态尺寸和形态间距的变化对冲蚀率的影响，以及仿生表面的最佳设计方案，对试验结果进行极差分析。

表 7.19　仿生表面冲蚀试验结果

| 试验号 | 试验方案 | | | | y_i 冲蚀率/(10^{-7}g/(mm²·s)) |
	A 仿生形态	B 形态尺寸/mm	C 形态间距/mm	D 误差	
1	1(方形槽)	1(2)	1(2)	1	1.55
2	1(方形槽)	2(3)	2(3)	2	1.57
3	1(方形槽)	3(4)	3(4)	3	1.67
4	2(V 形槽)	1(2)	2(3)	3	1.30
5	2(V 形槽)	2(3)	3(4)	1	1.31
6	2(V 形槽)	3(4)	1(2)	2	1.28
7	3(U 形槽)	1(2)	3(4)	2	1.33
8	3(U 形槽)	2(3)	1(2)	3	1.29
9	3(U 形槽)	3(4)	2(3)	1	1.32
y_{j1}	4.79	4.18	4.12	4.18	
y_{j2}	3.89	4.17	4.19	4.18	主次因素： A, C, B
y_{j3}	3.94	4.27	4.31	4.26	最优组合： $A_2B_2C_1$
R_j	0.90	0.10	0.19	0.08	

由表 7.19 可知，仿生表面试样的形态发生变化时冲蚀率的变动幅度最大，且方形槽对应的冲蚀率(y_{A1})>U 形槽对应的冲蚀率(y_{A3})>V 形槽对应的冲蚀率(y_{A2})。因此，仿生形态为冲蚀率的主要影响因素，且 V 形槽具有较优的抗冲蚀性能。

除仿生表面形态外，影响冲蚀率变动幅度较大的是形态间距，且形态间距为4mm 对应的冲蚀率(y_{C3})>形态间距为 3mm 对应的冲蚀率(y_{C2})>形态间距为2mm 对应的冲蚀率(y_{C1})。因此，形态间距为除仿生形态外的次要影响因素，且形态间距为 2mm 的槽具有较优的抗冲蚀性能。

在 3 个控制因素中，仿生表面形态的尺寸发生变化时冲蚀率的变动幅度最小，且形态尺寸为 4mm 对应的冲蚀率(y_{B3})>形态尺寸为 2mm 对应的冲蚀率(y_{B1})>形态尺寸为 3mm 对应的冲蚀率(y_{B2})，所以形态尺寸对冲蚀率的影响不大，且形态尺寸为 3mm 的槽具有较优的抗冲蚀性能。

D 列为误差估计项，R_D 小于最小误差 R_B，说明试验误差较小，试验结果可靠。因此，影响仿生表面试样冲蚀率的主次因素依次为：仿生形态(A)、形态间距(C)、形态尺寸(B)，最优组合为 $A_2B_2C_1$；仿生表面试样的最佳设计参数为：V 形槽仿生形态，试样形态尺寸 3mm，形态间距 2mm。

最优组合点并不在所安排的试验方案中，在正交试验中是允许出现的，因为形态尺寸对试验结果的影响较小，所以取 6 号试验为最优组合。与光滑试样（1.73×10^{-7}mg/(mm^2·s)）相比，各种仿生形态的最优试验点如下：方形槽和 U 形槽表面的冲蚀率分别为 1.55×10^{-7}mg/(mm^2·s) 和 1.29×10^{-7}mg/(mm^2·s)，而 V 形槽仿生表面的冲蚀率最低为 1.28×10^{-7}mg/(mm^2·s)。当 V 形槽的形态尺寸即槽的宽度为 4mm、形态间距即槽间距为 2mm 时，与光滑表面试样相比，抗冲蚀性能提高了约 26%。

3. 仿生凹坑、凹槽和圆环表面冲蚀试验

1)仿生凹坑、凹槽和圆环表面的性能评价方法

冲蚀量的测量方法主要有失重法、尺寸变化法、形貌测定法、刻痕测定法以及放射性同位素测定法等[54]。根据本试验的实际情况，选用失重法，采用高精度（0.1mg）电子天平来完成，称量前注意试样的清洗和干燥等方面的处理。

在本次试验中选取 4 个试验因素，即 A 喷砂角度（以下简称攻角）、B 试样转速（以下简称转速）、C 粒子粒径（以下简称粒径）和 D 试样的表面形态（以下简称形态）；每个因素均取 3 个水平，不考虑因素间的交互作用，故选择 $L_9(3^4)$ 三水平正交表比较合适。在保证试验结果不变的前提下，可以减少试验 72 次。将试验因素攻角、转速、粒径和形态，即 X_1、X_2、X_3 和 X_4，分别排在 $L_9(3^4)$ 中的第 1、2、3 和 4 列，每个试验点重复 3 次，则总的试验次数为 27 次。具体方案编排见表 7.20。

表 7.20　仿生表面试样冲蚀试验方案

试验号	A 攻角/(°)	B 转速/(r/min)	C 粒径/目	D 形态
1	1(90)	1(30)	1(80~140)	1(凹坑)
2	1(90)	2(60)	2(60~80)	2(凹槽)
3	1(90)	3(90)	3(20~40)	3(圆环)
4	2(60)	1(30)	2(60~80)	3(圆环)
5	2(60)	2(60)	3(20~40)	1(凹坑)
6	2(60)	3(90)	1(80~140)	2(凹槽)
7	3(30)	1(30)	3(20~40)	2(凹槽)
8	3(30)	2(60)	1(80~140)	3(圆环)
9	3(30)	3(90)	2(60~80)	1(凹坑)

冲蚀试验中，常用 SiO_2、Al_2O_3 及 SiC 作为磨粒。为控制磨粒形状，选用玻璃球或铸铁砂。一般，Al_2O_3 和 SiC 均为尖锐的多角形，不仅有较高的冲蚀能力，也容易控制力度范围，有利于研究材料冲蚀机理和缩短试验周期。球形的玻璃珠或钢砂在做单点冲蚀试验时，便于计算和分析问题。在研究粒子硬度对冲蚀的影响时，也选用过尼龙粒子等软质磨料。本节采用 SiO_2 作为磨料，是因为它是自然界中尘埃的主要成分，磨粒的 SEM 形貌如图 7.53 所示。

图 7.53   磨料的 SEM 形貌

(a) 20～40 目；(b) 60～80 目；(c) 80～140 目

本试验试样的材料为 45 钢，试验前将棒材加工成试验所需尺寸的阶梯台。由试验方案表 7.21 可知，需要做 9 次试验，为了避免试验中偶然误差每个试验点均重复做 3 次，取 3 次试验的平均值。因此，共需要加工 27 个试样。其中，包括凹坑、凹槽和圆环 3 种仿生形态表面。

(1) 试验条件。

①磨料：选用 20～40 目、60～80 目和 80～140 目石英砂。

②冲蚀时间：60s。

③空气压力：0.8MPa。

④入射距离：45mm。

⑤入射角度：30°、60°和 90°。

⑥试验温度：室温。

⑦喷嘴直径：d=8 mm。

（2）试验方法。

为保持试样表面清洁，以减小试验误差，试样从干燥器中取出后，试验前先用无水乙醇清洗，在数控超声波清洗器中清洗 20min，温度选择在 70℃，然后在清水中超声清洗 15min，用吹风机吹干。用 AL204 型上皿电子天平称重，并记录冲蚀前试样质量（mg）。清扫冲蚀试验机，检查冲蚀设备的各项参数指标。

储砂罐中加入磨料，将试样置于试验台夹具上，调节喷枪到所需角度后固定喷枪，打开气阀，调节粒子入射速度。开始试验。设置冲蚀时间为 60s，每次冲蚀完成后，对材料进行冲洗，除去残留在试样表面的粉尘及少量砂粒，干燥并称重，记录质量损失。同时，对 60s 内所用磨料进行称重，每次换砂后，重新称重。每种样件在同一条件下重复测试 3 次，结果取平均值。

2）冲蚀试样表面形貌分析

冲蚀后的试样在数控超声波清洗器中清洗之后，用吹风机吹干。运用体视显微镜（Carl Zeiss）和扫描电子显微镜（JEOL JXA-840）对冲蚀后的冲蚀形貌进行分析，试样冲蚀后体视显微镜图像如图 7.54 所示。

图 7.54　试样冲蚀后体视显微镜图像
(a)凹坑；(b)凹槽；(c)圆环

图 7.55 是 45 钢在攻角为 30°时的冲蚀形貌。试验中使用了三种不同粒径的磨料，因此可以看到该冲蚀表面情况十分复杂，方向性不是很明显，但仍可观察到某些特殊的形貌。图像中 A、B 处呈现为较明显的微切削，C 处发生了铲削，图中箭头指示方向为冲蚀方向，沿此方向可以看到凹坑出口处有一定的材料堆积，在随后的冲蚀过程中，这部分材料极易产生流失。图中 D 所示细屑从直观判断，似乎是残留在表面的磨屑，但实际上，在冲蚀试验结束后称重之前，该试样已经用超声波振荡清洗过，磨屑残留在表面的可能性很小。因此，这些细屑应当是尚未从基体上脱落，而处于即将脱落状态的表面物质。45 钢作为典型的塑性材料，其攻角为 30°时的冲蚀主要是由微切削引起的[55,56]。

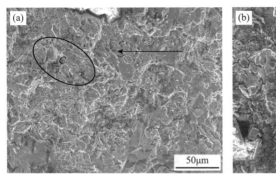
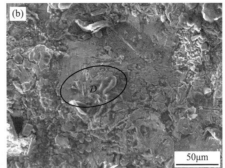
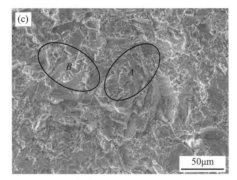

图 7.55　攻角为 30°时试样冲蚀后 SEM 形貌
(a)凹坑；(b)凹槽；(c)圆环

图 7.56 是三种仿生表面试样(45 钢)在 90°攻角时的冲蚀形貌。可以看出，冲蚀表面多数为带挤压唇的凹坑，挤压唇重叠分布，并且没有明显的方向性。同时，还可以观察到一些细小的片状细屑。同上所述，可以判定这些片状细屑也处在将落未落的状态。作为典型塑性材料(45 钢)在正向垂直冲蚀时，以挤压成片机理为主，其过程可以简单描述如下：冲击碰撞时，砂粒对仿生表面试样施加压力，导致试样表面出现凹坑及凸起的挤压唇；接下来，砂粒对唇片进行反复"锻打"，经历严重的塑性变形后，材料呈片屑从表面开始脱落[55,56]。

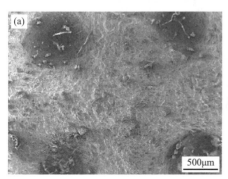

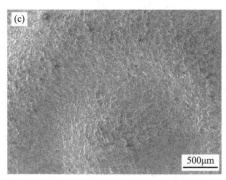

图 7.56　攻角为 90°时试样冲蚀后 SEM 形貌
(a)凹坑；(b)凹槽；(c)圆环

3)失重分析

本试验的研究目的是进行仿生抗冲蚀表面的形态优选，选择依据是冲蚀率。抗冲蚀性等于冲蚀率的倒数，冲蚀率小的就是抗冲蚀性能好的表面。本试验所有结果数据见表 7.21。

表 7.21　试验方案及结果分析

试验号	试验方案				y_i
	A 攻角/(°)	B 转速/(r/min)	C 粒径/目	D 形态	
1	1(90)	1(30)	1(80~140)	1(凹坑)	1.2608
2	1(90)	2(60)	2(60~80)	2(凹槽)	0.8914
3	1(90)	3(90)	3(20~40)	3(圆环)	0.2699
4	2(60)	1	2(60~80)	3(圆环)	0.9031
5	2(60)	2	3(20~40)	1(凹坑)	0.4374
6	2(60)	3	1(80~140)	2(凹槽)	1.5294
7	3(30)	1	3(20~40)	2(凹槽)	0.2340
8	3(30)	2	1(80~140)	3(圆环)	0.9995
9	3(30)	3	2(60~80)	1(凹坑)	0.8363
y_1	0.7856	0.7775	1.2415	0.8449	因素主次顺序：C, A, D, B 最优组合：$C_3A_3D_3B_1$
y_2	0.9727	0.7921	0.8297	0.8850	
y_3	0.6427	0.8313	0.3298	0.7242	
R_j	0.3300	0.0538	0.9117	0.1608	

通过试验结果可以得出，不同仿生表面的冲蚀率是不同的，有的形态可以大大减小试样的冲蚀率。本试验条件下，三种仿生表面抗冲蚀性顺序依次为圆环、凹坑和凹槽。

在本试验中，第 7 个试验的冲蚀率是最小的，该试验对应的试验条件是粒子攻角为 30°，磨料目数为 20~40 目，表面形态是凹槽，试样转速为 30r/min。

4) 正交试验结果分析

由于本试验是利用正交试验优化技术编排的试验方案，所以在得出试验结果后，需要采取相关的数学方法对正交试验设计进行相关的结果分析，本节主要采用极差分析和部分正交多项式回归设计两种方法。

(1) 极差分析。

由于极差分析法具有直观、形象等优点，本节利用该方法经过计算得出了本试验的优化成果：主次因素、优水平、优搭配以及最优组合，分析结果见表 7.22。由极差分析可知，试验因素对冲蚀率的影响程度由大到小依次为砂子目数、喷砂角度、试样表面形态和试样转速，冲蚀率随着试样转速和目数的增大而增大。由于试验指标是冲蚀率，应该越小越好，所以，各个因素的优水平为 A_3、B_1、C_3 和 D_3；主次因素顺序为 C、A、D 和 B；最优组合为 $C_3A_3D_3B_1$。

表 7.22　试验方案及计算格式表

试验号	X_0	(1) $X_1(z_1)$	(2) $X_2(z_1)$	(3) $X_1(z_2)$	(4) $X_2(z_2)$	(5) $X_1(z_3)$	(6) $X_2(z_3)$	y_i	y_i^2
1	1	−1	1	−1	1	−1	1	0.6535	0.4271
2	1	−1	1	0	−2	0	−2	0.6729	0.4528
3	1	−1	1	1	1	1	1	0.2045	0.0418
4	1	0	−2	−1	1	0	−2	0.7787	0.6063
5	1	0	−2	0	−2	1	1	0.0978	0.0096
6	1	0	−2	1	1	−1	1	0.3540	0.1253
7	1	1	1	−1	1	1	1	0.0703	0.0049
8	1	1	1	0	−2	−1	1	0.5397	0.2912
9	1	1	1	1	1	0	−2	0.3019	0.0912
D_j	9	6	18	6	18	6	18	3.6733	2.0503
B_j	3.6733	−0.6191	−0.0181	−0.6420	−0.2578	−1.1746	−1.5871	$S = \sum_1^9 y_i^2 - \frac{1}{9}\left(\sum_1^9 y_i\right)^2 = 0.5510$	
b_j	0.4081	−0.1032	−0.0010	−0.1070	−0.0143	−0.1958	−0.0882		
S_j	1.4993	0.0639	0.00002	0.0687	0.0037	0.2299	0.1399	$f = 9-1 = 8$　　$f_{回} = 4$	
F_j		2.8454	0.0008	3.0596	0.1645	10.2420	6.2334	$S_{回} = S_1 + S_3 + S_5 + S_6 = 0.5024$	
α_j		0.25		0.25		0.10	0.25	$S_R = S - S_{回} = 0.0486$　　$f_R = 4$	

(2) 部分正交多项式回归设计。

所谓部分正交多项式回归设计就是不做全面试验，仅进行部分实施的正交多项式回归设计。进行部分正交多项式回归设计可以减少试验次数，适应实际需要，更合理、更有效地获取需要的试验信息，所以本节基于具体试验需要、时间、经济性等因素，对仿生圆环表面试样采用部分正交多项式回归设计，回归系数计算过程及结果见表 7.22。

$$\begin{cases} X_1(z_1) = \phi_1(z_1) = \dfrac{z_1 - \overline{z}_1}{\varDelta_1} = \dfrac{z_1 - 60}{30} \\[3mm] X_1(z_2) = \phi_1(z_2) = \dfrac{z_2 - \overline{z}_2}{\varDelta_2} = \dfrac{z_2 - 60}{30} \\[3mm] X_1(z_3) = \phi_1(z_3) = \dfrac{z_3 - \overline{z}_3}{\varDelta_3} = \dfrac{z_3 - 70}{40} \\[3mm] X_2(z_3) = 3\phi_2(z_3) = 3\left[\left(\dfrac{z_3 - \overline{z}_3}{\varDelta_3}\right)^2 - \dfrac{N^2 - 1}{12}\right] = \dfrac{3}{1600}(z_3 - 70)^2 - 2 \end{cases} \tag{7.25}$$

$$\hat{y} = 0.4081 - 0.1032 X_1(z_1) - 0.1070 X_1(z_2) - 0.1958 X_1(z_3) - 0.0882 X_2(z_3) \tag{7.26}$$

将式 (7.25) 中的各因素变换公式代入式 (7.26)，整理得回归方程为

$$\hat{y} = 0.5373 - 0.0034z_1 - 0.0036z_2 + 0.0183z_3 - 0.0002z_3^2 \tag{7.27}$$

式中，z_1 为攻角；z_2 为转速；z_3 为粒径。

回归方程的统计检验得

$$F_{回} = \frac{\dfrac{S_{回}}{f_{回}}}{\dfrac{S_R}{f_R}} = \frac{\dfrac{0.5024}{4}}{\dfrac{0.0486}{4}} = 10.35 > F_{0.05}(4,4) = 6.39 \tag{7.28}$$

回归方程的失拟检验：

用剩余平方和 S_R 的贡献率 β_R 近似表示失拟平方和的贡献率 β，其中：

$$\beta_R = \frac{S_R}{S} \times 100\% = \frac{0.0486}{0.5510} = 8.8\% < 10\% \tag{7.29}$$

故可以判断回归方程不失拟。

通过对试验结果的分析，得出仿生形态表面影响材料抗冲蚀性能的结论。本试验条件下，仿生圆环表面的抗冲蚀性优于仿生凹坑和凹槽表面的抗冲蚀性；试验因素对冲蚀率的影响程度由大到小依次为粒子目数、攻角、形态和转速；冲蚀率随着目数和转速的增大而增大。运用部分正交多项式回归设计编排试验方案，得到仿生圆环表面试样的冲蚀率与各试验因素的回归方程，并对该方程进行统计检验和失拟检验。

7.3.6 复合仿生功能表面冲蚀试验

1. 凹槽、凸包、凹坑复合仿生功能表面冲蚀试验

影响固体粒子冲蚀行为的因素很多，但大体说来主要包括环境因素、磨粒性能

和靶材性能三大类。环境因素包括环境温度、冲蚀时间、攻角、粒子冲击速度与浓度等，磨粒性能包括粒子的种类、形状、粒径和硬度等，靶材性能包括硬度、韧性、粗糙度和表面形态等。本节试验的目的是研究 V 形槽、凸包和正六边形凹坑复合结构的抗冲蚀性能，即靶材表面形态、结构以及相应的尺寸参数对材料抗冲蚀性能的影响，粒子的速度、攻角等环境因素并不在考虑之列，仅选取与靶材表面形态、结构的尺寸参数相对应的粒子粒径作为试验因素，并进行全面试验。

1) 冲蚀试验设备

采用自行设计的喷射式冲蚀测试装置对仿生表面试样进行冲蚀测试，该测试装置的原理图如图 3.82 所示，实物图如图 7.57 所示。

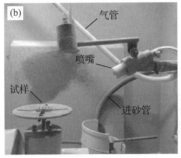

图 7.57　喷射式冲蚀测试装置实物图

该测试系统主要包括动力供给装置、工作单元和除尘系统三个部分，其中动力供给装置由空压机、压力表和压力控制阀等组成，用来为冲蚀粒子提供动力。工作单元主要包括储砂室、喷枪和试样台等。在工作腔内，储砂罐中的磨料被高速流动的空气所形成的负压吸入喷枪内，磨料与气流混合并通过喷嘴喷出，撞击到试样表面产生冲蚀破坏。除尘系统主要用来及时除去试验过程中扬起的粉尘。

2) 仿生表面试样抗冲蚀性能评价方法

在冲蚀过程中，材料表面受到粒子的持续冲击，会发生材料变形，甚至去除现象，从而对其造成一定的冲蚀量。目前，在冲蚀领域中冲蚀量的表征法主要有失重法、尺寸变化法[57]、形貌测定法和微观应变测定法[57-59]等。本试验中，由于试样表面存在凸包与凹坑等凹凸不平的结构，不适合采用尺寸变化法和微观应变测定法进行表征。因此，采用失重法对仿生表面试样的抗冲蚀性能进行评价，采用 SEM 显微观察进行冲蚀过程的机理分析。

具体而言，选用冲蚀率作为评价指标来衡量试样的冲蚀情况。冲蚀率定义为单位时间内试样表面单位投影面积上所减少的质量，可表示为式 (3.20)。

3) 仿生表面试样冲蚀试验过程

(1) 磨料的选取。

本试验选用三种不同粒径的石英砂作为冲蚀试验的磨料，为方便叙述，将小粒径石英砂命名为 SS，中等粒径石英砂命名为 MS，大粒径石英砂命名为 LS。石英砂的 SEM 照片以及粒径分布如图 7.58 所示。可以看出，SS 石英砂的粒径范围为 200～300μm，平均粒径约为 260μm；MS 石英砂的粒径范围为 400～600μm，平均粒径约为 544μm；LS 石英砂的粒径范围为 800～1000μm，平均粒径约为 941μm。

图 7.58　试验用石英砂 SEM 照片及粒径分布图

(a)(b)SS；(c)(d)MS；(e)(f)LS

(2)试验条件。

攻角是影响材料冲蚀率的一个重要因素。对于韧性材料来说，当冲击角度为 20°～30°时，冲蚀率最大[39]。选用的 EOS Stainless Steel GP1 不锈钢材料是一种高韧性材料，因此，选择 30°作为试验的入射角度。试验的其他冲蚀参数见表 7.23。

表 7.23　凹槽、凸包、凹坑复合仿生功能表面冲蚀试验其他试验参数

试验参数	数值
空气压力/MPa	0.5±0.05
入射速度/(m/s)	25±0.5
进给速率/(g/s)	16±0.8
试验温度/℃	室温
喷嘴直径/mm	8
喷嘴到试样表面距离/cm	21

(3)试验过程。

首先，在电子分析天平(精度 0.1mg)上称量冲蚀前试样的质量并记录。然后，向储砂室中加入一定量的石英砂，将冲蚀试样用夹具固定于试样台上，调整喷枪与角度调节机构使入射角度为 30°；打开气阀，将空气压力调节到 0.5MPa 挡位，操作控制面板，设置一定的冲蚀时间，开始试验；当冲蚀完成后，取出试样，先用毛刷清除掉试样表面的粉尘及石英砂颗粒；然后，放入超声波振荡器(功率 220W，水温 25℃)中清洗 3min；接着，用功率为 1kW 的吹风机进行吹干，先用热风吹 30s，再用冷风吹 30s，保证试样在用电子天平称重时处于室温状态；吹干后称重，记录试样质量。每种试样在同一条件下重复操作 3 次，取平均值。

4)仿生表面试样冲蚀结果与分析

(1)稳定冲蚀时间的确定。

一般来说，在冲蚀试验的初始阶段，材料存在一个短暂的孕育期，即试样的失重会存在一个非线性变化过程，之后才达到稳定[51]。为了确定达到稳定冲蚀率所需要的时间，采用 SS 石英砂(粒径 200～300μm)对光滑表面试样及 V、VC、VH500 和 VCH500 四种具有代表性的仿生表面试样进行冲蚀试验，试验过程中每隔 10s 称量一次试样的重量并计算冲蚀率，试验结果如图 7.59 所示。由图可以看出，在开始的 30s 内，试样的冲蚀率较大，且随时间下降较快，说明试样的质量减小较快，但减小幅度在变小；在 30～90s 内，冲蚀试样的冲蚀率持续下降，但下降幅度也趋于平缓；90s 后，试样的冲蚀率不再下降，达到稳态冲蚀。该过程形成的可能原因：经过 SLM 成型的金属打印试样，表面金属颗粒之间的结合力较差，虽然经过了一系列的后处理，但这种状态并未得到根本性的改变，在冲蚀粒子的切削作用下，试样表面的材料被迅速去除；在冲蚀过程中随着粒子的持续撞击，试样表面产生形变强化，一段时间后，硬化层厚度达到稳定，试样的失重量也趋于恒定，冲蚀率达到一个稳定水平。

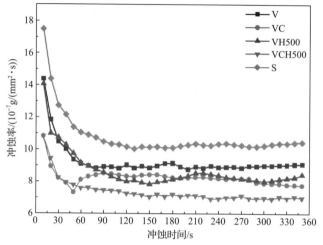

图 7.59　仿生表面试样的冲蚀率随时间的变化规律

根据稳态冲蚀率试验结果，确定试样的稳态冲蚀时间为 90s，即在冲蚀 90s 时，取 3 次冲蚀率的平均值作为冲蚀试验的结果。

(2) 冲蚀试验结果。

图 7.60 给出了三种不同粒径下光滑表面试样与仿生表面试样的冲蚀结果。可以看出，无论在哪种粒径下，八种仿生表面试样的冲蚀率均低于相同条件下光滑表面试样的冲蚀率，说明仿生试样表面的结构起到了抗冲蚀作用。

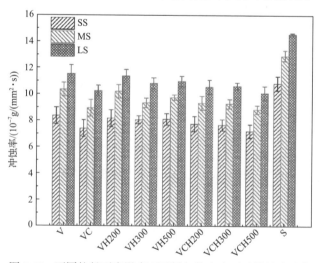

图 7.60　不同粒径下光滑表面试样与仿生表面试样的冲蚀率

当 SS 石英砂冲击材料表面时，九种试样冲蚀率的大小排列顺序为：S>V> VH200>VH500>VH300>VCH200>VCH300>VC>VCH500，即 VCH500 具有最优的抗冲蚀性能，VC 次之。V 试样的冲蚀率小于 S 试样，说明 V 形槽具有一定的抗冲蚀作用。对比八种仿生表面试样与 S 试样的冲蚀率的差值(图 7.60 中柱形图的高度差),发现仿生表面试样与 S 试样的冲蚀率的差值较大,仿生表面试样之间的冲蚀率的差值相对较小,说明 V 形槽是影响冲蚀率最主要的因素。

在具有抗冲蚀性能的八种仿生表面试样中,V 试样的冲蚀率最大。由于 V 试样表面仅有 V 形槽一种结构,而其他仿生表面试样均有两种(V 形槽+凸包或 V 形槽+正六边形凹坑)或三种(V 形槽+凸包+正六边形凹坑)结构,说明具有复合结构的仿生表面试样在抵抗冲蚀的过程中更具有优势。

具体来说,较 V 试样而言,VC 试样脊表面上多出了均匀对称排布的凸包结构,且其冲蚀率更低。在不考虑交互作用的影响下,认为凸包结构在冲蚀过程中也发挥了作用,并且有效降低了试样表面的冲蚀破坏程度。同样,VH 试样(含VH200、VH500 和 VH300)的脊表面较 V 试样的多出了均匀六方排布的正六边形凹坑结构,且前者的冲蚀率更低,说明正六边形凹坑结构具有抵御风沙冲蚀的功能。将同时具有两种仿生结构的试样(即 VC、VH200、VH500 和 VH300)的冲蚀率进行对比,发现 VC 试样的冲蚀率最小。这四种仿生表面试样均含有 V 形槽结构,它们之间最主要的区别在于 VC 试样的脊上排布的是凸包结构,而 VH 试样的脊上排布的是正六边形凹坑结构,说明凸包结构对冲蚀率的影响大于正六边形凹坑结构。综上所述,从结构角度出发,影响仿生表面试样抗冲蚀性能的主次因素为 V 形槽、凸包、正六边形凹坑。

在冲蚀率大小排序中,VCH200>VCH300>VC>VCH500,VC 试样的抗冲蚀性能比 VCH200 和 VCH300 更为优异,这主要是因为 EOSINT M280 激光烧结系统的打印精度在 200μm 附近,对于边长为 200μm 和 300μm 的正六边形凹坑结构,打印存在一定的缺陷(图 7.20 也可以证实这一点),导致抗冲蚀性能比 VC 试样略差。

当 MS 与 LS 石英砂分别冲击材料表面时,试样冲蚀率的大小排列顺序均为:S>V>VH200>VH500>VH300>VCH300>VCH200>VC>VCH500,冲蚀的结果与 SS 石英砂的类似,这进一步证实了以上结果的可靠性。

对于同一试样,不同粒径的石英砂对试样表面的冲蚀率均满足 LS>MS>SS,即粒子的粒径越大,试样表面的冲蚀破坏程度也更严重。这主要是因为试样表面遍布有密集且明显的凹凸不平的微小结构,当冲蚀粒子的粒径越大且粒子与试样表面发生碰撞时,两者之间的接触点也会越多,即接触面积将会增大,这将会导致粒径大的粒子对试样表面的冲蚀更严重。例如,粒径为 800～1000μm 的 LS 石英砂冲击 VCH200、VCH300 和 VCH500 试样表面并与之发生碰撞时,VCH200 和 VCH300 试样表面的结构更为微小,在单位面积内的凹凸不平结构更多,而 VCH500 试样的正六边形凹坑结构的尺寸更大,单位面积内的凹凸不平结构相对较少,因此 VCH500 试样表面的冲蚀程度更轻。

图 7.61 给出了不同粒径下八种仿生表面试样较光滑表面试样抗冲蚀性能的

提高率。可以看出，无论是在大粒径石英砂，还是在小粒径石英砂的冲击下，八种仿生表面试样的抗冲蚀性能均有一定程度的提高。其中，VCH500 试样在粒径为 200～300μm 石英砂的冲击作用下，表现出的抗冲蚀性能最好，提高率为 33.5%，在三种石英砂作用下的平均提高率约为 31.9%；VC 试样次之，在三种石英砂作用下的抗冲蚀性能平均提高率约为 30.7%；V 试样的冲蚀性能提高率最小，但抗冲蚀性能平均提高率也达到了约 21.2%。

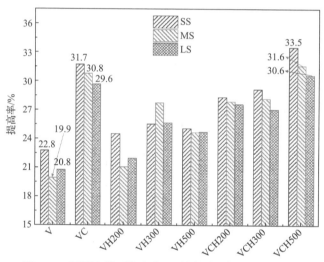

图 7.61　不同粒径下仿生表面试样的抗冲蚀性能提高率

(3)冲蚀表面微观形貌分析。

将被 SS 石英砂冲蚀后的试样在超声波振荡器中清洗，并用烘箱烘干后，利用 SEM 对冲蚀磨损表面进行微观形貌观察。

图 7.62(a)和(b)为光滑表面试样在冲蚀后的微观形貌。因为试验前后使用了两种不同粒径的石英砂分别对试样表面进行抛光处理和冲蚀试验，所以图中显示出来的冲蚀情况较为复杂，但因为冲蚀方向一致，所以特殊形貌仍可辨认出来。从图 7.62(a)可以看出，试样表面存在明显的磨损痕迹。图 7.62(b)中箭头①、②处存在沟槽，且材料在沟槽两侧堆积，为比较明显的犁削标记，只是②处沟槽更长、更宽，可以明显地看到粒子的滑行轨迹；箭头③处为冲蚀后粒子留下的点坑痕迹，可以看到其附近有许多磨损碎屑。

图 7.62(c)为 VCH300 试样在冲蚀后的微观形貌。从试样表面可以看出，处于中心位置的区域可能有一定的磨损，但具体磨损情况还需要进一步放大观察，如图 7.62(d)～(f)所示。图 7.62(d)为正六边形凹坑的边，因为它的顶端和侧壁均受到粒子的冲蚀，所以冲蚀种类较为复杂。箭头④处存在较多的屑状唇片，主要是由于该处位于正六边形凹坑结构的顶端和侧壁的交界处，粒子冲击时属于高角度

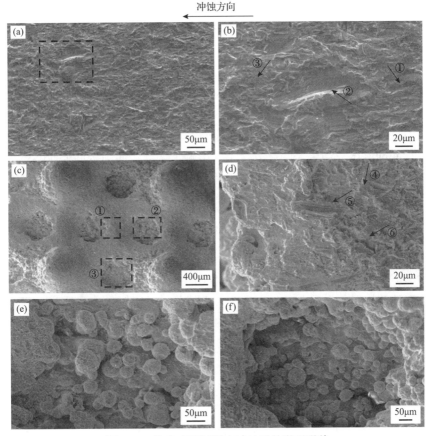

图 7.62　仿生表面试样在冲蚀后的微观形貌

(a)光滑表面试样；(b)图(a)中虚线框区域的放大图；(c)～(f)VCH300 试样；
(d)、(e)、(f)为图(c)中虚线框①、②、③区域放大图

冲蚀，试样表面受到挤压锻打，故形成高度变形的唇片。该处在粒子的持续冲击下，试样表面极容易脱落。箭头⑤处与箭头②处磨损类型相同，箭头⑥处为一个明显的冲蚀裂纹。

图 7.62(e)为 4 个对称凸包颗粒之间区域的正六边形凹坑结构底部，凹坑顶部有风沙冲蚀。可以看出，凹坑内部并无明显的磨损痕迹，只是在 EOS Stainless Steel GP1 金属粉末颗粒上存在一些刮擦痕迹。图 7.62(f)为沿冲蚀方向的两个凸包颗粒之间区域的正六边形凹坑结构底部，由于粒子以 30°的攻角射向试样表面，其路径被凸包颗粒所阻挡，所以实际上它并未直接与该区域的正六边形凹坑结构接触，因此该处也无明显的磨损痕迹。由此可见，在冲蚀过程中，VCH300 试样表面有很大一片区域并未直接受到粒子的冲击，其抗冲蚀性能明显强于光滑表面试样。

基于前期的研究结果，根据黑粗尾蝎体表的形态、结构、生物原型尺寸以及后续的加工工艺精度，设计了八种具有复合结构的仿生表面试样，即 V、VC、

VH200、VH300、VH500、VCH200、VCH300 和 VCH500 试样。为了后续试验结果的参照对比，设计一个同样大小的光滑表面试样。

以 EOS Stainless Steel GP1 金属粉末为打印材料，利用 EOSINT M280 激光烧结系统分别打印出以上九种试样。之后，利用线切割设备实现试样与基板的分离，利用砂轮机去除残余的支撑材料，采用喷砂机(粒子的粒径为 20~50μm)进行试样表面抛光处理。

在后处理操作完成之后，利用实验室自行设计的喷射式冲蚀测试装置对试样表面进行冲蚀测试。结果表明，复合结构影响了试样表面的抗冲蚀性能；影响仿生表面试样抗冲蚀性能的主次因素为 V 形槽、凸包和正六边形凹坑；与光滑表面试样相比，VCH500 试样的抗冲蚀性能提高了约 31.9%。

2. 凹槽、凸包、曲面复合仿生功能表面冲蚀磨损试验

1) 冲蚀试验和结果分析

冲蚀粒子的冲击角度是影响材料冲蚀率的一个重要因素。对于橡胶这种表面硬度不高的塑性材料，当冲击角度为 30° 左右时，冲蚀率最大[39]。因此，选择 30° 作为试验的砂粒入射角度。试验的其他冲蚀参数见表 7.24。冲蚀粒子如图 7.63 所示，本试验选用石英砂的粒径范围为 200~300μm，平均粒径约为 260μm。

表 7.24 凹槽、凸包、曲面复合仿生功能表面冲蚀试验参数

试验参数	数值
空气压缩机压力/MPa	0.5±0.02
入射速度/(m/s)	30±3
试验温度/℃	25
粒子进给速率/(g/s)	20
石英砂/μm	130

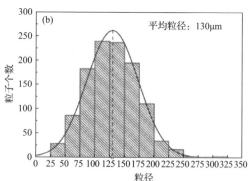

图 7.63 石英砂粒子

(a)石英砂；(b)粒径

首先，在电子分析天平(精度 0.1mg)上称量冲蚀前试样的质量并记录。然后，进行冲蚀试验。因为橡胶材料的表面硬度较小，所以其在小角度冲蚀下，冲蚀率较大。因此，将冲蚀试样用夹具固定于试样台上，调整喷枪与角度调节机构使入射角度为 30°。打开空压机，将空气压力调节到 0.5MPa。操作控制面板，鉴于橡胶材料的承受能力，本次试验将冲蚀时间设置为 20s/次，然后开始试验。当一次试验完成后，取出试样，先用毛刷清除掉试样表面的石英砂颗粒；然后，进行称重，记录试样质量，根据式(7.30)[49]计算冲蚀率；接着，不断重复上述步骤，直至计算所得的冲蚀率趋于稳定，再进行下一个试样的测试。

$$E_r = \Delta M / M_t \tag{7.30}$$

式中，ΔM 为试验前后的质量差；M_t 为试验前的质量。

六种试样的稳态冲蚀率如图 7.64 所示，可以发现，三种有曲率仿生试样的抗冲蚀性能的大小依次为：试样 CB>试样 CG>试样 CGB。在图 7.64(b)中可以发现，

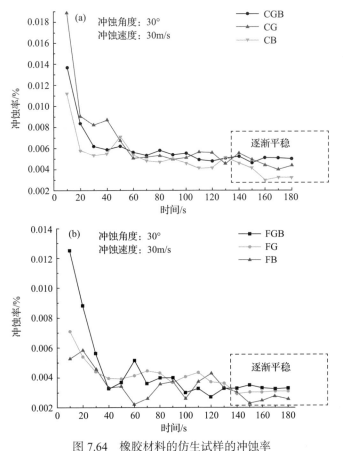

图 7.64　橡胶材料的仿生试样的冲蚀率

(a)三种有曲率仿生试样的抗冲蚀性能；(b)三种无曲率仿生试样的抗冲蚀性能

三种无曲率仿生试样的排序与之相同。可以看出，凸包结构对于提高试样抗冲蚀性能的作用是最好的。但当凸包结构和凹槽结构配合时，却没有达到最优的效果，同样的情况在三种无曲率的仿生试样中同样出现。研究表明，凸包和凹槽结构之间的配合应该有其独特的规律。换言之，对于不同的材料表面，最佳的微观结构的耦合不同，这种规律仍然有待研究。基于之前的研究，凹槽结构可以显著地提高材料表面的抗冲蚀性能，而凸包结构在凹槽结构的基础上还可以大幅提高材料表面的抗冲蚀性能。

此外，凸包结构在冲蚀后损毁严重，几乎无法继续使用，如图 7.65 所示。研究结果表明，在工程中想要长久地提高材料表面的抗冲蚀性能，需要使用耐久度更高的材料来制造凸包结构。

图 7.65 带有凸包结构的橡胶试样的冲蚀情况

(a)无曲率试样；(b)无曲率带凹槽结构试样；(c)有曲率带凹槽结构试样；(d)有曲率试样

2)凹槽、凸包、曲面复合仿生功能表面的优化和性能评价

(1)仿生试样的优化。

如图 7.64 所示，有曲率结构的三种仿生试样的抗冲蚀性能并没有无曲率的三种仿生试样好，在曲率结构中心线的两侧，曲率结构和其他仿生结构配合的结果并不相同。例如，通过与无曲率结构的试样相比，在中心线一侧的区域内，曲率结构可以加强凸包结构的作用，增加材料表面未被粒子冲蚀的面积，而在另一侧的区域内实际上减少了凸包结构的作用。

因此，在设计金属试样时，对含有曲率结构的仿生试样进行优化，优化后的结构如图 7.66 所示，其表面凸包结构的尺寸和曲率大小与原有尺寸相同，但试样的总体尺寸缩小，以减少制造所需时间和经济成本。在新的试样制造中，鉴于橡胶材料制造的凸包结构的耐久度较低，因此在材料的选择上进一步进行优化，这次选择与工程应用更为相近的不锈钢材料(EOS Stainless Steel GP1，美国不锈钢分类 17-4)。同时，在上述六种结构中选择四种重新用不锈钢材料进行制备，用来与新的设计进行对比。

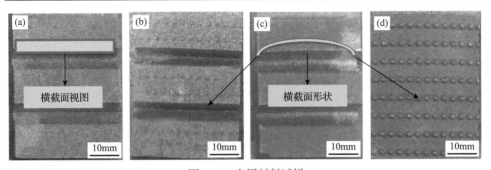

图 7.66 金属材料试样

(a) (b) 无曲率带凹槽结构试样；(c) (d) 有曲率带凹槽结构试样

(2) 化学成分的测定。

用来制造试样的不锈钢粉末为 EOS Stainless Steel GP1 (美国不锈钢分类 17-4)
不锈钢材料，它具有良好的力学性能，特别是在 3D 打印或其他快速成型技术下
有良好的延展性，适用于加工原型件和高硬度、高韧性的零件[17]。EOS Stainless
Steel GP1 材料主要的化学成分见表 7.25。

表 7.25 标准试样的主要元素组成 (质量分数)　　　　(单位：%)

Cr	Cu	Ni	Mn	C	S	P	Si	Cb+Ta
16.0~18.0	3.0~5.0	3.0~5.0	1.2	0.09	0.02	0.03	0.08	0.15~0.35

(3) 冲蚀试验的设计。

首先，新的试样是由不锈钢材料制备的，而这种材料与试验所用的石英砂在
入射角度 50° 时的冲蚀率最大。因此，在测试新的仿生试样时，入射角度选择 50°。

曲率结构会使粒子撞击靶材时靶材处冲击角度发生变化，因此不难看出，当
凸包结构覆盖在曲率结构上时，相对于凸包结构处的冲击角度也会发生变化。这
使得虽然这些凸包结构均在同一靶材表面，粒子也以相同角度撞击靶材表面，但
是相对于每一个凸包结构，它们撞击到靶材表面处的冲击角度却不相同。凸包结
构的存在可以使靶材表面一部分区域不受粒子的冲蚀，而凸包结构处冲击角度的
改变会使这一区域发生变化，如图 7.67 所示。通过该几何模型不难看出，当凸包
结构处冲击角度增大时，受凸包结构保护的靶材表面区域却不断缩小。

为验证这种猜想，选用两种新的冲蚀方式对不锈钢试样进行试验。在对其进
行冲蚀试验时，其装卡方式与之前不同，如图 7.68 所示，用一定高度的调整垫圈，
将仿生试样的一端垫起一定的高度。为了方便表达，将图 7.68 所示的三种方法依
次称为冲蚀方法 1、冲蚀方法 2 和冲蚀方法 3。

首先，在电子天平 (精度 0.1mg) 上称量试样的质量并记录。然后，用夹具将
试样固定于试样台上，调整喷枪使入射角度为 50°。打开空压机，将空气压力调
节到 0.5MPa。操作控制面板，将本次试验的冲蚀时间设置为 1min/次，然后开始

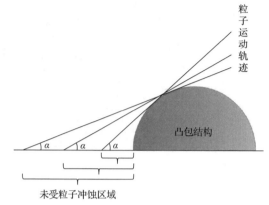

图 7.67　曲率结构和凸包结构的组合作用原理

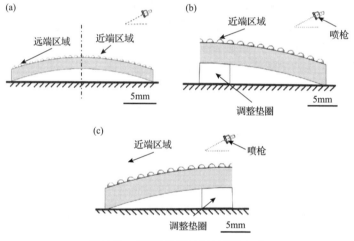

图 7.68　三种不同的冲蚀试验方式

试验。当一次试验完成后，取出试样；先用毛刷清除掉表面的石英砂颗粒，然后进行称重，记录试样质量并计算冲蚀率；接着，不断重复上述步骤，直至计算所得的冲蚀率趋于稳定，再进行下一个试样的测试。

(4)优化结果与讨论。

不锈钢仿生试样的试验结果如图 7.69 所示。可以看出，经过了材料的优化，以冲蚀方式 1 试验的仿生凸包表面试样抗冲蚀性能要比仿生凹槽表面试样提高近 1 倍。这是因为由橡胶制造的仿生凸包表面的力学性能较低，在高强度的冲蚀下，很容易失去其表面结构，变得和普通试样一样。而由不锈钢制备的仿生试样本身就具有较好的抗冲蚀性能，其表面结构在短时间内不会被破坏，因此在稳定状态下其抗冲蚀性能更好。而耦合仿生试样(CGB)的抗冲蚀性能是所有金属仿生试样中最优的。研究表明，对于不同材料表面，不同的微观结构和不同的组合会影响材料表面的抗冲蚀性能。

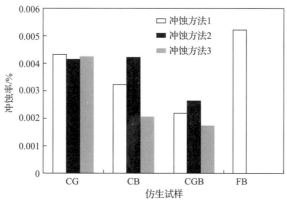

图 7.69 不锈钢试样冲蚀率

从图 7.69 中还可以发现,以冲蚀方法 1 试验的有曲率仿生凸包表面试样的冲蚀率要略低于无曲率仿生凸包表面试样(FB),图中另外两种颜色的柱状图分别为以冲蚀方法 2 和冲蚀方法 3 试验的结果。可以发现,以冲蚀方法 2 试验所得到的有曲率仿生试样的冲蚀率要远远小于无曲率仿生试样,而以冲蚀方法 3 所得到的冲蚀率是最小的,相同的规律也可以在其他的仿生试样中得到。这证明曲率结构与其他结构耦合时会呈现出独特的作用。

为了分析其真实的原因,对冲蚀试验完成后的试样进行 SEM 观察,其结果如图 7.70 所示,其中,图(a)为以冲蚀方法 3 试验后的试样,图(b)为以冲蚀方法 2 试验后的试样。对比两图可以发现,图(b)中未被冲蚀的面积要明显多于图(a)。曲率的作用使得撞击到靶材处的冲击角度与粒子与水平面的角度不同。当以冲蚀

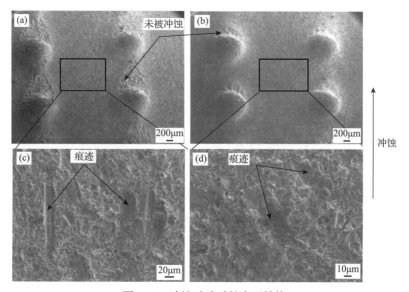

图 7.70 冲蚀试验后的表面结构

方法 3 进行试验时，曲率的作用使得撞击到靶材处的冲击角度要小于 50°，但是，当以冲蚀方法 2 进行试验时，曲率的存在实际上加大了撞击到靶材处的冲击角度，使其大于 50°。而凸包结构的作用受冲蚀粒子碰撞到凸包结构处的冲击速度影响较大，当冲蚀粒子碰撞到凸包结构处的冲击速度较小时，其材料表面受保护的面积较大。因此，在冲蚀方法 2 中，冲蚀粒子碰撞到凸包结构处的冲击速度变大，使得凸包的作用减少，冲蚀面积增大，导致冲蚀率增加；而在冲蚀方法 3 中，冲蚀粒子碰撞到凸包结构处的冲击速度减小，使表面受到更多的保护。从图中还可看出，新的冲蚀试验方法，可以再一次提高材料表面的抗冲蚀性能达 50%左右。

从图 7.70(c) 和 (d) 中上述结论也可以得到证实，这两张图片为靶材表面非凸包位置的粒子冲蚀痕迹。前者的粒子冲蚀痕迹呈细长形状，是由小角度下的冲蚀造成的；而在后者的图片中，其粒子冲蚀痕迹短小但较深，是大角度的冲蚀。因此，凸包结构的功能和曲率结构的功能再次得到了证实。此外，当凸包结构和曲率结构配合得当时，还可以进一步增加表面未被粒子冲蚀的区域面积，从而更好地提高靶材表面的抗冲蚀性能。

与橡胶材料制备所得的仿生试样不同，具有凸包和凹槽耦合结构的金属材料仿生试样表现出最好的抗冲蚀性能。研究表明，对于不同的材料表面，即使是相同的微观结构，也会使材料表面的抗冲蚀性能不同。

基于前期的研究，并根据条斑钳蝎背板的宏观形态、微观结构和尺寸以及加工工艺精度，设计了多种具有不同结构的仿生试样，并用两种材料制造出这些仿生试样。即橡胶材质的 CGB、CG、CB、FGB、FB 和 FG；不锈钢材质的 CB、CG、CGB 和只有一半尺寸的 CB 的试样，并设计了不同的冲蚀试验，使后续试验结果的参照对比和机理的验证更为直接。在试验对比中，本节以之前所做的结构——凹槽结构作为对比参照，以确定本节的仿生结构具有更优的抗冲蚀性能。

分别以 ABS 和 EOS Stainless Steel GP1 材料粉末为打印材料，应用 3D 打印技术分别制造出上述多种仿生试样。之后，利用线切割设备实现了试样与基板的分离，利用无水乙醇和烘干设备对试样表面进行清洁和干燥。

在后处理操作完成之后，利用实验室自行设计的喷射式冲蚀测试装置对试样表面进行了冲蚀测试。结果表明，橡胶材料的仿生表面抗冲蚀性能提高了约 31.9%。金属材料仿生抗冲蚀表面的抗冲蚀性能与之前所制备的凹槽仿生表面相比提高了 50%。

7.3.7 耦合仿生功能表面冲蚀试验

1. 凹槽形态与柔性材料耦合仿生表面冲蚀试验

1) 试验方案的确定

(1) 试验水平。

对于凹槽的宽度、深度和间距，这几个因素的选取具有一定的难度，但考虑到试样本身尺寸及机器加工所能达到的实际水平，最后凹槽的宽度、深度分别为 2mm 和 1mm。具体因素水平见表 7.26。

表 7.26　凹槽形态与柔性材料耦合仿生试样冲蚀试验因素水平表

因素水平	攻角/(°)	压强/MPa	粒径/目	凹槽间距/mm
1	90	0.7	80～140	4
2	60	0.5	60～80	5
3	30	0.6	20～40	6

(2) 方案的编排。

在本次试验中，选取 4 个试验因素，即 A 喷砂角度(以下简称攻角)、B 压强、C 粒子粒径(以下简称粒径)和 D 凹槽间距；每个因素均取 3 个水平，考虑因素间一级交互作用，故选择 $L_8(2^7)$ 正交表比较合适[60]。在保证试验结果不变的前提下，可以减少试验 117 次。将试验因素攻角、压强、粒径、凹槽间距即 X_1、X_2、X_3、X_4 分别排在 $L_8(2^7)$ 中的第 1、2、4 和 7 列，每个试验点重复 3 次，则总的试验次数为 27 次。具体方案编排见表 7.27。

表 7.27　凹槽形态与柔性材料耦合仿生试样冲蚀磨损试验方案

试验号	试验方案			
	A 攻角/(°)	B 压强/MPa	C 粒径/目	D 凹槽间距/mm
1	1(90)	1(0.5)	1(20～40)	1(4)
2	1(90)	1(0.5)	−1(80～140)	−1(6)
3	1(90)	−1(0.7)	1(20～40)	−1(6)
4	1(90)	−1(0.7)	−1(80～140)	1(4)
5	−1(30)	1(0.5)	1(20～40)	−1(6)
6	−1(30)	1(0.5)	−1(80～140)	1(4)
7	−1(30)	−1(0.7)	1(20～40)	1(4)
8	−1(30)	−1(0.7)	−1(80～140)	−1(6)
9	0(60)	0(0.6)	0(60～80)	0(5)
10	0(60)	0(0.6)	0(60～80)	0(5)
11	0(60)	0(0.6)	0(60～80)	0(5)

在抗冲蚀性能最优和最差的两个试验点，与凹槽表面、光滑表面与柔性材料和光滑表面三种试样进行对比试验。具体方案编排见表 7.28。

表 7.28　几种试样冲蚀对比试验方案

试验号	试验方案				
	试样种类	A 攻角/(°)	B 压强/MPa	C 粒径/目	D 凹槽间距/mm
1	凹槽表面	1 (90)	1 (0.5)	−1 (80~140)	−1 (6)
	光滑表面				
	光滑表面与柔性材料				
2	凹槽表面	−1 (30)	−1 (0.7)	−1 (80~140)	−1 (6)
	光滑表面				
	光滑表面与柔性材料				

2) 试验过程

本试验中，耦合仿生试样的顶层材料为 ABS，底层材料为硅胶，耦合仿生试样的表面形态由快速成型设备得到，顶层和底层材料之间采用 502 胶胶结。由试验方案表 7.28 可知，需要做 11 次试验，为了减小试验误差，每个试验点均重复做 3 次，取 3 次试验的平均值。因此，需要加工 33 个试样，加上对比试样 6 个，共需加工试样 39 个，其中，包括三种不同间距的仿生凹槽表面，凹槽间距分别为 4mm、5mm 和 6mm。

(1) 试验条件。

① 磨粒：选用 20~40 目、60~80 目和 80~140 目石英砂。

② 试验温度：室温。

③ 入射角度：30°、60° 和 90°。

(2) 试验方法。

为保持试样表面清洁，以减小试验误差，试样从干燥器中取出后，试验前先用无水乙醇清洗试样，在数控超声波清洗器中清洗 20min，温度选择 70℃，随后在清水中超声清洗 15min，接下来用吹风机吹干。用 FA2004 型电子天平称重，并记录冲蚀前试样质量 (mg)。清扫冲蚀测试装置，检查装置的各项参数指标。

储砂罐中加入磨料。试样置于试样台夹具上，调节喷枪所需角度并固定喷枪，打开气阀，调节粒子入射速度，开始试验。设置冲蚀时间为 60s，每次冲蚀完成后，对材料进行冲洗，除去残留在试样表面的粉尘及少量砂粒，干燥并称重，记录质量损失。同时，对 60s 内所用磨料进行称重，每次换砂后，重新称重。每种试样在同一条件下重复称量 3 次，结果取平均值。

3) 冲蚀形貌分析

考虑设备支架和观察视域等因素，首先将试样用切割机切割，在数控超声波清洗器中清洗，用吹风机吹干，喷金后，运用 JEOL JXA-840 型扫描电子显微镜观察冲蚀后试样的表面形貌，如图 7.71 所示。

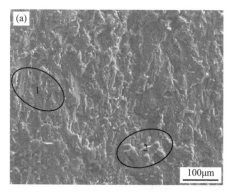 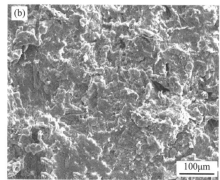

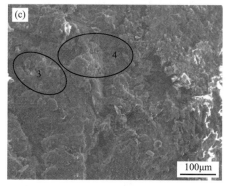

图 7.71 凹槽形态与柔性材料耦合仿生试样冲蚀后 SEM 形貌
(a)攻角 30°；(b)攻角 60°；(c)攻角 90°

在 30°攻角下，材料表面都是同一方向的犁沟，由图 7.71 可以看出，在犁沟底部，材料表面有一些将要断裂的小碎块，沿犁沟方向上很多解理台阶，这些解理台阶是由于材料成块脱落形成的。这些特征表明，ABS 在 30°入射角度下，冲蚀机理以犁削为主，材料的冲蚀失效形式是切削和犁削。

垂直冲击时，表面产生较大塑性变形，受冲击部分被挤到邻近区域，形成火山口形状，火山口边缘在冲击粒子的反复作用下，塑性变形逐渐增大，终致脱落。

4) 多元线性回归分析

根据冲蚀磨损试验需求，仅考察部分一级交互作用，所以本节采用多元线性回归分析，具体因素编码表见表 7.29，试验方案及计算格式见表 7.30。运用多元线性回归设计试验方案得到各试验因素(攻角、压强、粒径和凹槽间距)与冲蚀率之间的回归方程，并对回归方程进行统计检验和失拟检验。

$$\hat{y} = 0.2831 - 0.0613x_1 - 0.0597x_2 - 0.0576x_3$$
$$- 0.0237x_4 + 0.0318x_1x_4 + 0.0726x_2x_4 \tag{7.31}$$

将表 7.29 中的各因素变换公式代入式(7.31)，整理可得：

$$\hat{y} = -0.007343z_1 - 3.033z_2 + 0.00144z_3 + 0.00106z_4z_1$$
$$+ 0.726z_2z_4 - 0.4992z_4 + 2.44268 \tag{7.32}$$

式中，z_1 为攻角；z_2 为压强；z_3 为粒径；z_4 为凹槽间距。

表 7.29   凹槽形态与柔性材料耦合仿生试样抗冲蚀因素编码表

$z_j(x_j)$	z_1 攻角/(°)	z_2 压强/MPa	z_3 粒径/目	z_4 间距/mm
$z_{1j}(-1)$	30	0.7	110	6
$z_{2j}(1)$	90	0.5	30	4
$z_{0j}(0)$	60	0.6	70	5
Δ_j	30	−0.1	−40	−1
编码公式	$x_1 = (z_1 - 60)/30$	$x_2 = (z_2 - 0.6)/(-0.1)$	$x_3 = (z_3 - 70)/(-40)$	$x_4 = (z_4 - 5)/(-1)$

表 7.30   凹槽形态与柔性材料耦合仿生试样抗冲蚀试验方案及计算格式

水平	因素									
	x_0	$x_1(z_1)$ 攻角/(°)	$x_2(z_2)$ 压强/MPa	$x_3(z_3)$ 粒径/目	$x_4(z_4)$ 形态	x_1x_4	x_2x_4	x_3x_4	y_i	y_i^2
1	1	1	1	1	1	1	1	1	0.2128	0.0453
2	1	1	1	−1	−1	−1	−1	1	0.1667	0.0278
3	1	1	−1	1	−1	−1	1	−1	0.2782	0.0774
4	1	1	−1	−1	1	1	−1	−1	0.2644	0.0699
5	1	−1	1	1	−1	1	−1	−1	0.1998	0.0399
6	1	−1	1	−1	1	−1	1	−1	0.3493	0.1220
7	1	−1	−1	1	1	−1	−1	1	0.2460	0.0605
8	1	−1	−1	−1	−1	1	1	1	0.6174	0.3811
9	1	0	0	0	0	0	0	0	0.2872	0.0825
10	1	0	0	0	0	0	0	0	0.2525	0.0638
11	1	0	0	0	0	0	0	0	0.2400	0.0576
D_j	11	8	8	8	8	8	8	8	3.1143	1.0278
B_j	3.1143	−0.4904	−0.4773	−0.4610	−0.1896	0.2542	0.5806	0.1512		
b_j	0.2831	−0.0613	−0.0597	−0.0576	−0.0237	0.0318	0.0726	0.0189		
S_j	0.8817	0.0301	0.0285	0.0266	0.0045	0.0081	0.0421	0.0029		
F_j		50.3492	47.7087	44.4909	7.5274	13.5275	70.5875	4.7893		
α_j		0.05	0.05	0.05	0.25	0.1	0.05	0.25		

凹槽形态与柔性材料耦合仿生试样抗冲蚀多元线性回归方程的统计检验为

$$S = \sum_{i=1}^{8}\sum_{j=1}^{3} y_{ij}^2 - \frac{1}{N}\left(\sum_{i=1}^{8}\sum_{j=1}^{3} y_{ij}\right)^2 = 1.0278 - \frac{1}{11}\times 3.1143^2 = 0.1461 \tag{7.33}$$

$$f = 11 - 1 = 10 \tag{7.34}$$

$$S_{回} = S_1 + S_2 + S_3 + S_4 + S_5 + S_6 = 0.0301 + 0.0285 + 0.0266 + 0.0045 \\ + 0.0081 + 0.0421 = 0.1398 \tag{7.35}$$

$$f_{回} = 6 \tag{7.36}$$

$$S_R = S - S_{回} = 0.0063 \tag{7.37}$$

$$f_R = f - f_{回} = 10 - 6 = 4 \tag{7.38}$$

$$F_{回} = \frac{S_{回}/f_{回}}{S_R/f_R} = \frac{0.1398/6}{0.0063/4} = 14.79 > F_{0.05}(6,4) = 6.16 \tag{7.39}$$

凹槽形态与柔性材料耦合仿生试样抗冲蚀多元线性回归方程的失拟检验为

$$S_e = \sum_{i=1}^{8}(y_{i0} - \bar{y}_0)^2 = 0.0012 \tag{7.40}$$

$$f_e = 3 - 1 = 2 \tag{7.41}$$

$$S_{lf} = S_R - S_e = 0.0051 \tag{7.42}$$

$$f_{lf} = f_R - f_e = 4 - 2 = 2 \tag{7.43}$$

$$F_{lf} = \frac{S_{lf}/f_{lf}}{S_e/f_e} = \frac{0.0051/2}{0.0012/2} = 4.25 > F_{0.25}(2,2) = 3 \tag{7.44}$$

$$\beta = \frac{S_{lf} - \dfrac{S_e}{f_e} f_{lf}}{S_e/f_e} \times 100\% = 2.6\% < 5\% \tag{7.45}$$

5)对比试验结果分析

在最优试验点和最差试验点，四种试样中，耦合仿生试样耐冲蚀性能均优于其他三种试样，光滑表面试样均劣于其他三种试样。在最优试验点，光滑表面与柔性材料表面抗冲蚀性能优于凹槽表面；而在最差试验点，凹槽表面形态抗冲蚀性能优于柔性与光滑表面，出现了相反的结果。分析原因如下：由表 7.29 可知，最优试验点攻角为 90°，当粒子垂直撞击试样表面时，仿生形态表面对材料抗冲蚀性能影响很小，柔性材料对抗冲蚀性影响显著。因此，柔性与光滑表面抗冲蚀性能优于凹槽表面形态。最差试验点攻角为 30°，仿生表面对材料抗冲蚀性能影响显著，柔性材料对抗冲蚀性能影响很小，因此凹槽表面形态抗冲蚀性能优于柔性与光滑表面。

　　通过对比试验，得出凹槽形态与柔性材料耦合仿生试样可以改善材料的抗冲蚀性能。在最优试验点，抗冲蚀性能顺序依次为耦合仿生试样、光滑表面与柔性材料表面试样、凹槽表面试样、光滑表面试样，耦合仿生试样与其余三种试样相比抗冲蚀性能提高率依次为 16.03%、28.86%和 32.8%；在最差试验点，抗冲蚀性能顺序依次为耦合仿生试样、凹槽表面试样、光滑表面与柔性材料表面试样、光滑表面试样，耦合仿生试样与其余三种试样相比抗冲蚀性能提高率依次为 5.59%、25.53%和 35.74%。

2. 复合形态-材料耦合仿生功能表面冲蚀试验

1)试验材料表面的性能评价

　　一般情况下，材料表面的冲蚀损伤程度与磨料的粒径、材质和形状密切相关。选取与自然界中风沙材质相同的 120~180 目的石英砂颗粒进行冲蚀试验，砂粒的粒径范围为 80~120μm，石英砂实物如图 7.72 所示。另外，气-固两相流入射角度是影响材料抗冲蚀性能的重要因素。不同气-固两相流入射角度下，材料表面的冲蚀率有明显区别，并且它们与冲蚀率之间为复杂的函数关系。为了研究不同气-固两相流入射角度情况下，复合形态-材料耦合仿生抗冲蚀功能表面对抗冲蚀性能的影响，需要分析尽可能多的气-固两相流入射角度情况下，复合形态-材料耦合仿生抗冲蚀功能表面与光滑表面冲蚀率的区别。因此，取气-固两相流入射角度为 10°、20°、30°、40°、50°、60°、70°、80°和 90°九个水平，其他的冲蚀试验参数见表 7.31。

图 7.72　石英砂照片

表 7.31　复合形态-材料耦合仿生功能表面冲蚀试验的其他参数

试验参数	数值
空压机压力/MPa	0.5±0.05
入射速度/(m/s)	30±3
粒子进给速率/(g/s)	20±1
试验温度	室温
喷嘴直径/mm	8

冲蚀试验过程中，首先，在精度为 0.1mg 的电子分析天平上测量试样的初始质量并记录；接着，将冲蚀试样固定后，根据不同工况调整试样角度调节装置，使试样表面的气-固两相流入射角度为 10°、20°、30°、40°、50°、60°、70°、80°和 90°；最后，接通电源，打开空气压缩机，设定空气压力为 0.5MPa，操控控制面板开始冲蚀试验。每次冲蚀试验完成后，先使用毛刷仔细刷去试样表面残留的砂粒。接着，将试样没入无水乙醇中，采用超声波清洗器超声清洗 15min，再用吹风机吹干试样。最后，测量试样冲蚀后的质量。为了降低测量误差，每种工况均进行 5 次重复试验。为达到模拟真实工况的试验效果，冲蚀试验需要达到一定的冲蚀粒子进给量。同时，为了减小误差，控制每次冲蚀试验过程中石英砂进给总量均为 100g。另外，复合形态-材料耦合仿生抗冲蚀功能表面的表层为镍，对比的光滑表面试样的表面为不锈钢，两种材料的密度不同，采用冲蚀失重量计算它们的冲蚀率会有一定的误差。因此，采用冲蚀体积来表征光滑表面试样和仿生试样各自的冲蚀率，冲蚀率的计算公式为

$$\varepsilon = \frac{\Delta m}{\rho m} \tag{7.46}$$

式中，ε 为冲蚀率，mm^3/g；Δm 为试样上的材料损失质量，g；ρ 为试样表面材料密度，g/mm^3；m 为参与冲蚀磨损的石英砂总质量，g。

2) 冲蚀试验结果

具有复合形态-材料耦合仿生抗冲蚀功能表面的仿生试样与对比的光滑表面试样的冲蚀试验结果如图 7.73 所示。随着气-固两相流入射角度的改变，两种试样的冲蚀体积也会发生改变，说明气-固两相流入射角度的改变会影响两种试样的冲蚀率。光滑表面试样具有平整的光滑表面且没有多层结构，其他特征参数与具有复合形态-材料耦合仿生抗冲蚀功能表面的仿生试样相同。光滑表面试样的冲蚀体积随气-固两相流入射角度的变化规律与经典冲蚀理论相似，在气-固两相流入射角度为 30°时，其冲蚀体积达到最大值。对于具有复合形态-材料耦合仿生抗冲蚀功能表面的仿生试样，由于仿生表面形态和异质材料的存在，冲蚀体积与气-固两

相流入射角度的关系曲线却与经典冲蚀理论不同。首先，在气-固两相流入射角度为 10°～30°时，随着气-固两相流入射角度的上升，冲蚀体积呈上升的趋势；接着，在气-固两相流入射角度为 30°～70°时，冲蚀体积变化量较小，而且在这段气-固两相流入射角度范围内，冲蚀体积较大；最后，在气-固两相流入射角度为 70°～90°时，冲蚀体积为先下降再回升的趋势。但是，无论在何种气-固两相流入射角度下，复合形态-材料耦合仿生抗冲蚀功能表面的冲蚀体积均小于光滑表面试样，说明复合形态-材料耦合仿生抗冲蚀功能表面可以明显提升材料表面的抗冲蚀性能。而在不同气-固两相流入射角度情况下，复合形态-材料耦合仿生抗冲蚀功能表面与光滑表面试样之间的冲蚀体积差值也不同。这是由于在不同气-固两相流入射角度下，仿生表面形态和异质材料对材料表面的冲蚀过程的影响规律也不尽相同。因此，造成不同气-固两相流入射角度下，复合形态-材料耦合仿生抗冲蚀功能表面与光滑表面试样之间冲蚀体积差值不同。

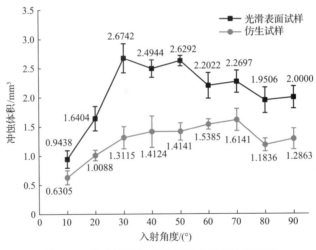

图 7.73　仿生试样与光滑表面试样的冲蚀体积

　　接着，分析复合形态-材料耦合仿生抗冲蚀功能表面的抗冲蚀性能提升率。如图 7.74 所示，具有复合形态-材料耦合仿生抗冲蚀功能表面的仿生试样在不同气-固两相流入射角度下，均可以提升材料表面的抗冲蚀性能，其对材料表面抗冲蚀性能的提升范围为 28.88%～50.96%，最大提升率出现在气-固两相流入射角度为30°时，最小提升率出现在气-固两相流入射角度为 70°时。不同气-固两相流入射角度下，复合形态-材料耦合仿生抗冲蚀功能表面的平均提升率为28.88%。另外，当气-固两相流入射角度在经典冲蚀理论的高冲击角度附近时，复合形态-材料耦合仿生抗冲蚀功能表面的抗冲蚀性能的提升效果会更显著。复合形态-材料耦合仿生抗冲蚀功能表面在不同气-固两相流入射角度下，其抗冲蚀性能的提升效率也会有一定的区别。这主要是由于在不同气-固两相流入射角度时，仿生表面形态和异质材料提升材料抗冲蚀性能的效率也会发生改变，它们提升材料表面抗冲蚀性能的效果相互叠加，进而造成不同气-固两相流入射角度下复合形态-材料耦合仿生抗冲蚀功能表面的抗冲蚀性能提升率不同的情况。

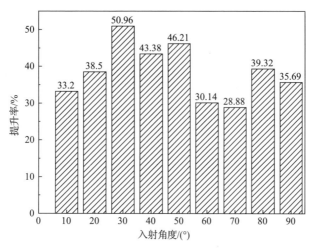

图 7.74　复合形态-材料耦合仿生抗冲蚀功能表面的抗冲蚀性能提升率

3) 冲蚀后表面微观形貌分析

为了进一步分析复合形态-材料耦合仿生抗冲蚀功能表面对材料表面冲蚀过程的影响，采用型号为 S-4800 的场发射扫描电子显微镜对试样冲蚀后的表面微观形貌进行观察。对微观形貌观察前需要对试样进行预处理：首先，将试样切割成边长为 8mm 大小；然后，用无水乙醇清洗，再用吹风机吹干。不同气-固两相流入射角度时光滑表面试样和仿生试样冲蚀后的表面微观形貌分别如图 7.75 和图 7.76 所示。为了分析复合形态-材料耦合仿生抗冲蚀功能表面对材料表面冲蚀后微观形貌的影响规律，需要先对不同气-固两相流入射角度时光滑表面试样冲蚀后微观形貌的变化规律进行观察分析，以光滑表面试样为参照来分析复合形态-材料耦合仿生抗冲蚀功能表面对材料表面冲蚀后微观形貌的影响规律。

图 7.75 为不同气-固两相流入射角度时光滑表面试样冲蚀后的表面微观形貌。可以看出，随着气-固两相流入射角度的不断上升，光滑表面试样冲蚀后的表面微观形貌发生明显的变化。在气-固两相流入射角度较低时，光滑表面试样冲蚀后的损伤形式以冲蚀粒子对材料切削造成的划痕为主；随着气-固两相流入射角度的上升，光滑表面试样冲蚀后表面的划痕逐渐变短，同时出现冲蚀粒子对材料挤压锻造造成的变形唇片；当气-固两相流入射角度达到一定值后，光滑表面试样冲蚀后的损伤形式完全转变为冲蚀粒子对材料挤压锻造造成的变形唇片。从图 7.75 可以看出，在气-固两相流入射角度为 10°～30°时，光滑表面试样冲蚀后的微观形貌为划痕为主的形式；在气-固两相流入射角度为 40°～60°时，光滑表面试样冲蚀后的

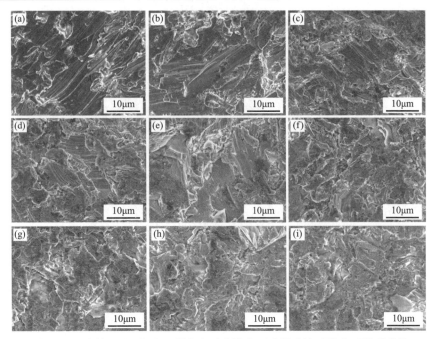

图 7.75　不同气-固两相流入射角度时光滑表面试样冲蚀后的表面微观形貌

(a) 10°；(b) 20°；(c) 30°；(d) 40°；(e) 50°；(f) 60°；(g) 70°；(h) 80°；(i) 90°

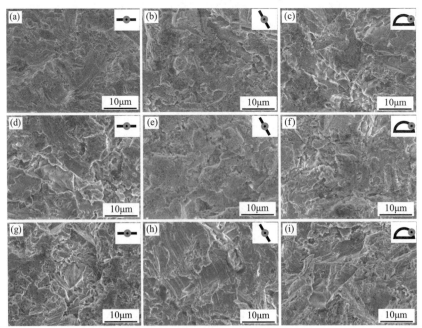

图 7.76　不同气-固两相流入射角度时仿生试样冲蚀后的表面微观形貌

(a) 30°时平面部分；(b) 30°时凹槽斜面部分；(c) 30°时凸包中间部分；(d) 60°时平面部分；(e) 60°时凹槽斜面部分；

(f) 60°时凸包中间部分；　(g) 90°时平面部分；　(h) 90°时凹槽斜面部分；　(i) 90°时凸包中间部分

微观形貌为划痕向变形唇片过渡的形式；在气-固两相流入射角度为 70°～90°时，光滑表面试样冲蚀后的微观形貌转变为以变形唇片为主的形式。

由不同气-固两相流入射角度时光滑表面试样冲蚀后的表面微观形貌的分析结果可知，其主要分为划痕为主、划痕与变形唇片共存、变形唇片为主三种形式，每种形式对应的气-固两相流入射角度区间分别为 10°～30°、40°～60° 和 70°～90°，且冲蚀后不同的表面微观形貌对应冲蚀过程中不同的材料损失形式，可以反映材料的冲蚀规律。因此，为了分析复合形态-材料耦合仿生抗冲蚀功能表面对冲蚀过程的影响，分别取上述三个阶段中一个典型的气-固两相流入射角度来进行表面微观形貌观察分析，分别取气-固两相流入射角度为 30°、60° 和 90°。

如图 7.76 所示，为不同气-固两相流入射角度时仿生试样冲蚀后的表面微观形貌，将仿生试样表面分为平面、凹槽斜面和凸包弧面三个部分，以便更好地分析复合形态-材料耦合仿生抗冲蚀功能表面对材料表面损伤形式的影响。另外，凹槽斜面和凸包弧面均取其迎风区域，防止两种结构的遮挡效应造成材料表面未被冲蚀的情况出现。从图中可以看出，在平面位置，仿生试样冲蚀后表面微观形貌的形式与光滑表面试样相类似，在 30°时以划痕为主，在 60°时为划痕与变形唇片共存的形式，在 90°时则以变形唇片为主。而在凹槽斜面和凸包弧面位置，冲蚀后的表面微观形貌与平面位置具有明显区别。在 30°时凹槽斜面的表面微观形貌为以变形唇片为主的形式，在 60°时凹槽斜面的表面微观形貌为划痕与变形唇片共存的形式，在 90°时凹槽斜面的表面微观形貌则为以划痕为主的形式。在 30°时凸包弧面的表面微观形貌为以变形唇片为主的形式，在 60°时凸包弧面的表面微观形貌同样为以变形唇片为主的形式，在 90°时凸包弧面的表面微观形貌则为划痕与变形唇片共存的形式。因此，在仿生试样上，由于凹槽和凸包仿生表面形态的存在，在气-固两相流入射角度不改变的情况下，其上凹槽和凸包部位的材料表面损伤形式会发生改变，这是由于仿生表面形态的存在改变了凹槽和凸包部位处冲蚀粒子的冲击角度，从而导致损伤形式发生改变，进而影响材料表面的抗冲蚀性能。

通过上述分析可知，复合形态-材料耦合仿生抗冲蚀功能表面上的凹槽和凸包表面形态可以改变材料表面冲蚀后的微观形貌，即它们可以改变冲蚀过程中材料的损失形式，而材料表面的材料损失形式与其冲蚀率有直接关系。不同的材料损失形式下造成的冲蚀率不同，即复合形态-材料耦合仿生抗冲蚀功能表面会影响材料的抗冲蚀性能。但是，需要特别指出的是，材料表面的损伤形式主要受冲蚀粒子入射角度的影响。而复合形态-材料耦合仿生抗冲蚀功能表面上有仿生表面形态和异质材料两类耦元，异质材料不会改变冲蚀粒子的入射角度，进而无法影响表面微观形貌的形式。异质材料对材料表面冲蚀后表面微观形貌的影响主要体现在划痕和变形唇片的尺寸上，而微观形貌观察的结果无法定量分析划痕和变形唇片的尺寸。因此，冲蚀后表面微观形貌的分析结果只能用于分析仿生表面形态对材料表面冲蚀过程的影响。

7.4　仿生抗冲蚀功能表面典型应用

叶片是一种的应用极为广泛的部件，在风机、涡轮机、螺旋桨和发动机等机械装备中都起到了至关重要的作用。但是，冲蚀对叶片性能和寿命都有巨大影响。所以根据前面的研究成果，将仿生抗冲蚀功能表面应用在离心风机叶片的加工设计上，并对其抗冲蚀性能进行试验研究。

7.4.1　单元仿生风机叶片

离心风机由叶轮、蜗壳和集流器三部分组成，如图 7.77 所示。采用三相异步电动机作为离心风机运转的动力设备，该电动机由上海上阳电机有限公司制造，功率为 1.5kW。

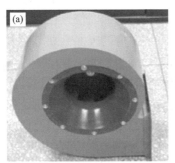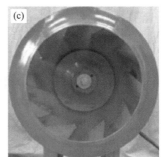

图 7.77　离心风机

(a)蜗壳；(b)电动机；(c)叶轮

1. 仿生叶片设计与测试设置

生活在沙漠地区的红柳，长期遭受风沙的冲蚀，其体表形成了一些特殊的形态，这些形态对红柳的抗冲蚀性能起重要的作用，为离心风机抗冲蚀叶片的仿生设计提供了指导思想。对红柳体表形态特征进行提取，得到了方形槽、V 形槽、弧形槽和凸包四种仿生形态。通过对这四种表面仿生模型进行冲蚀数值模拟，发现方形槽表面仿生模型、V 形槽表面仿生模型和弧形槽表面仿生模型的抗冲蚀性能明显优于凸包表面仿生模型。因此，本试验选用方形槽、V 形槽和弧形槽作为表面形态，结合实验室现有加工条件，设计出了九种仿生叶片，具体参数见表 7.32。

表 7.32　仿生叶片设计参数

仿生叶片	单元形态			间距/mm
	截面特征	特征参数	特征值/mm	
方形槽表面仿生叶片	正方形	边长	2	2
方形槽表面仿生叶片	正方形	边长	3	3
方形槽表面仿生叶片	正方形	边长	4	4
V 形槽表面仿生叶片	正三角形	边长	2	3
V 形槽表面仿生叶片	正三角形	边长	3	4
V 形槽表面仿生叶片	正三角形	边长	4	2
弧形槽表面仿生叶片	半圆形	半径	2	4
弧形槽表面仿生叶片	半圆形	半径	3	2
弧形槽表面仿生叶片	半圆形	半径	4	3

离心风机叶片冲蚀可视化研究结果表明，叶片的冲蚀部位主要发生在叶片压力面靠近后盘进风口处和叶片压力面靠近前盘出风口处，而在叶片压力面的中间部位几乎没有发生磨损。因此，在考察仿生叶片的抗冲蚀性能时应该将靠近进风口和出风口的叶片表面充分暴露，故螺栓孔应选在叶片的中部。为了尽量减小螺栓对气流的扰动，螺栓孔应尽量位于叶片的两侧(叶轮前盘附近和叶轮后盘附近)，本节将螺栓孔定位在叶片中部与纵轴相距 24mm 处。该离心风机具有 10 个叶片，其形状相同，且在叶轮上对称分布。为了减小由风机振动造成的试验误差，装载过程中在叶轮对称部位装配相同形状的叶片，装载后叶轮如图 7.78 所示。风机叶片冲蚀试验装置如图 7.38 所示。管道为 3m 长的塑料管，喷嘴用铁架支撑，用布口袋来除尘。测试过程设定空压机工作压力为 0.55MPa，并启动预热 10min，以保证输出压力的稳定性。然后，将清洗、干燥后的叶片置于 JA3003A 电子天平内，

图 7.78　仿生叶片的安装

称重并记录叶片的质量，单位为 mg。接着，将称重后的叶片装载到叶轮上，装载过程中采用 M8 的螺栓连接仿生叶片和原始叶片。测试过程中采用石英砂作为冲蚀粒子，颗粒粒径为 40～70 目，质量流速为 25g/s。

每次测试结束后，取出叶片，置于超声波清洗器内清洗、吹干后，再次称重并记录叶片的质量，单位为 mg。试验前后叶片的质量之差即为叶片的冲蚀失重量。为对比分析，仿生叶片冲蚀测试方案见表 7.33。为了避免其他因素对冲蚀试验产生不良影响，保证试验结果的准确性，试验前应将仿生叶片置于离心风机冲蚀试验系统内预冲蚀 2h，以使其达到稳定冲蚀状态；然后设定冲蚀试验装置的工作时间为 1h，对仿生叶片再次进行冲蚀试验，并记录仿生叶片冲蚀 1h 所产生的冲蚀磨损，每种仿生叶片重复 3 次试验，取其平均值。

表 7.33　仿生叶片冲蚀测试方案

试验号	试验方案			
	A 单元形态	B 特征尺寸/mm	C 间距/mm	D 误差
1	1(方形槽)	1(2)	1(2)	1
2	1(方形槽)	2(3)	2(3)	2
3	1(方形槽)	3(4)	3(4)	3
4	2(V 形槽)	1(2)	2(3)	3
5	2(V 形槽)	2(3)	3(4)	1
6	2(V 形槽)	3(4)	1(2)	2
7	3(弧形槽)	1(2)	3(4)	2
8	3(弧形槽)	2(3)	1(2)	3
9	3(弧形槽)	3(4)	2(3)	1

2. 测试结果与分析

1)叶片冲蚀形貌分析

利用超声波清洗器对冲蚀试验后的风机叶片进行清洗，干燥后置于 SteREO Discovery V12 型体视显微镜的载物台上，观察其表面遭受冲蚀后的形貌。如图 7.79 所示，为叶片冲蚀后的体视显微镜图，可以观察到叶片表面出现了大量麻点型凹坑，这是由于石英砂颗粒冲击叶片表面时，产生了切削作用，使其表面金属材料流失，而导致叶片表面形貌发生了变化。

2)极差分析

本试验主要研究单元形态、特征尺寸及间距对离心风机叶片抗冲蚀性能的影响，故可用仿生叶片的冲蚀量作为本试验的试验指标。冲蚀量越大，表明该仿生叶片抗冲蚀性能越差；反之，冲蚀量越小，仿生叶片的抗冲蚀性能越好。按照表 7.33 所示方案进行冲蚀试验，测试结果见表 7.34。

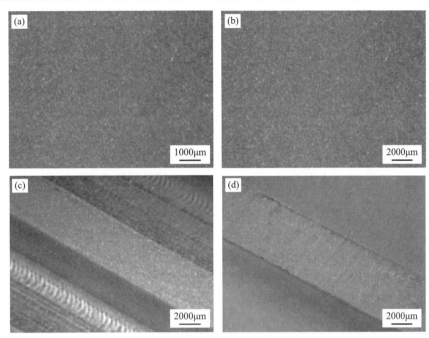

图 7.79　冲蚀后叶片表面体视显微镜形貌

(a)光滑表面叶片；(b)弧形槽表面叶片；(c)V 形槽表面叶片；(d)方形槽表面叶片

表 7.34　仿生叶片冲蚀测试结果分析

试验号	试验方案				y_i 冲蚀量/mg
	A 单元形态	B 特征尺寸/mm	C 间距/mm	D 误差	
1	1(方形槽)	1(2)	1(2)	1	93
2	1(方形槽)	2(3)	2(3)	2	97
3	1(方形槽)	3(4)	3(4)	3	99
4	2(V 形槽)	1(2)	2(3)	3	84
5	2(V 形槽)	2(3)	3(4)	1	88
6	2(V 形槽)	3(4)	1(2)	2	75
7	3(弧形槽)	1(2)	3(4)	2	91
8	3(弧形槽)	2(3)	1(2)	3	84
9	3(弧形槽)	3(4)	2(3)	1	83
y_{j1}	289	268	252	264	
y_{j2}	247	269	264	263	主次因素顺序：
y_{j3}	258	257	278	267	A、C、B
R_j	42	12	26	4	最优组合：$A_2B_3C_1$

为了确定单元形态、特征尺寸和间距的变化对试验指标的影响，以及仿生叶片的最佳设计方案，本节对试验结果进行极差分析。由表 7.34 可知，仿生叶片的单元形态发生变化时试验指标的变动幅度最大，且方形槽对应的试验指标（y_{A1}）>弧形槽对应的试验指标（y_{A3}）>V 形槽对应的试验指标（y_{A2}），所以单元形态为试验指标的主要影响因素，且 V 形槽具有较优的抗冲蚀性能。仿生叶片单元形态之间的间距发生变化时试验指标的变动幅度较大，且间距为 4mm 对应的试验指标（y_{C3}）>间距为 3mm 对应的试验指标（y_{C2}）>间距为 2mm 对应的试验指标（y_{C1}），所以间距为试验指标的次要影响因素，且间距为 2mm 的槽具有较优的抗冲蚀性能。仿生叶片单元形态的特征尺寸发生变化时试验指标的变动幅度不大，且尺寸为 3mm 对应的试验指标（y_{B2}）>尺寸为对应 2mm 的试验指标（y_{B1}）>尺寸为 4mm 对应的试验指标（y_{B3}），所以特征尺寸对试验指标的影响不大，且尺寸为 4mm 的槽具有较优的抗冲蚀性能。D 列为误差估计项，R_D 小于 R_B，说明试验误差较小，试验结果可靠。因此，影响仿生叶片冲蚀量的主次因素依次为：单元形态（A）、单元形态之间的间距（C）、单元形态的特征尺寸（B），最优组合为 $A_2B_3C_1$；仿生叶片的最佳设计参数为：V 形槽单元形态，单元形态的特征尺寸为 4mm，单元形态之间的间距为 2mm。

3）回归分析

在分析过程中，各因素通常取至二次多项式，即能满足试验要求，没有必要考虑更高次项；同时单元形态、特征尺寸和间距之间的交互作用对试验指标的影响较小，也可以忽略不计。因此，本节在现有冲蚀试验的基础上，对部分正交多项式回归设计进行编排，见表 7.35。

表 7.35 仿生叶片冲蚀试验回归设计方案

| 试验号 | 试验方案 | | | X_0 | (1) $X_1(z_1)$ | (2) $X_2(z_1)$ | (3) $X_1(z_2)$ | (4) $X_2(z_2)$ | (5) $X_1(z_3)$ | (6) $X_2(z_3)$ | y_i | y_i^2 |
	$A(z_1)$	$B(z_2)$	$C(z_3)$									
1	1	1	1	1	−1	1	−1	1	−1	1	93	8649
2	1	2	2	1	−1	1	0	−2	0	−2	97	9409
3	1	3	3	1	−1	1	1	1	1	1	99	9801
4	2	1	2	1	0	−2	−1	1	0	−2	84	7056
5	2	2	3	1	0	−2	0	−2	1	1	88	7744
6	2	3	1	1	0	−2	1	1	−1	1	75	5625
7	3	1	3	1	1	1	−1	1	1	1	91	8281
8	3	2	1	1	1	1	0	−2	−1	1	84	7056
9	3	3	2	1	1	1	1	1	0	−2	83	6889

极差分析的结果表明，单元形态（回归分析中记为 z_1）、特征尺寸（回归分析中记为 z_2）和间距（回归分析中记为 z_3）这三个因素的最优水平组合为 V 形槽、4mm 和 2mm，即仿生叶片冲蚀试验方案中的试验 6 条件。为了计算本试验的误差，对

回归多项式的系数和方程进行显著性检验，本节对试验 6 条件下的仿生叶片进行了 3 次重复性试验，重复试验的数据见表 7.36。

表 7.36　6 号仿生叶片的重复试验

试验号	试验因素			y_{i0} 冲蚀量/mg
	z_1	z_2 /mm	z_3 /mm	
1	V 形槽	4	2	74
2	V 形槽	4	2	75
3	V 形槽	4	2	79

表 7.36 中 6 号仿生叶片重复试验数据可求得试验平均值 $\overline{y_0}$、误差偏差平方 S_e 和自由度 f_e 为

$$\overline{y_0} = \sum_{i_0=1}^{3} \frac{y_{i0}}{3} = 76 \tag{7.47}$$

$$S_e = \sum_{i=1}^{3} \left(y_{i0} - \overline{y_0} \right) = 14 \tag{7.48}$$

$$f_e = 3 - 1 = 2 \tag{7.49}$$

对试验数据进行处理，可得到正交多项式的回归系数，各项偏差平方和以及回归系数的 F 检验见表 7.37。由表可知，单元形态 z_1 的一次项效应和二次项效应均显著；特征尺寸 z_2 的一次项显著性水平约为 0.25，在实际工程应用中可以予以保留，而特征尺寸 z_2 的二次项显著性水平 $\alpha > 0.25$，故不考虑其二次项效应；间距 z_3 的一次项效应显著，而二次项显著性水平 $\alpha > 0.25$，故其二次项效应也不予以考虑。因此多项式回归方程为

$$y = 88.22 - 5.17 X_1(z_1) + 2.94 X_2(z_1) - 1.835.17 X_1(z_2) + 4.33 X_1(z_3) \tag{7.50}$$

表 7.37　表回归系数计算列表

计算项目	X_0	(1) $X_1(z_1)$	(2) $X_2(z_1)$	(3) $X_1(z_2)$	(4) $X_2(z_2)$	(5) $X_1(z_3)$	(6) $X_2(z_3)$	$\sum y_i$	$\sum y_i^2$
D_j	9	6	18	6	18	6	18	794	70510
B_j	794	−31	53	−11	−13	26	2	$S = \sum_1^9 y_i^2 - \frac{1}{9}\left(\sum_1^9 y_i\right)^2 = 461.56$	
b_j	88.22	−5.17	2.94	−1.83	−0.72	4.33	0.11	$f = 9 - 1 = 8$	
S_j		160.17	156.06	20.17	9.39	112.67	0.22	$f_{回} = 4$	
								$S_{回} = S_1 + S_2 + S_3 + S_5 = 449.07$	
F_j		22.88	22.29	2.88	1.34	16.10	0.03	$S_R = S - S_{回} = 12.49$	
								$f_R = 4$	
α_j		0.05	0.05	0.25		0.1			

回归系数统计检验结果表明，z_2 和 z_3 的二次项效应不显著。因此，在对回归方程进行显著性检验时剔除这两项，则

$$F_{回} = \frac{S_{回} / f_{回}}{S_R / f_R} = \frac{449.07 / 4}{12.49 / 4} = 35.95 > F_{0.01}(4.4) = 15.98 \tag{7.51}$$

由于在 6 号仿生叶片重复试验点处有

$$X_1(z_1) = 0 , \quad X_2(z_1) = 2 , \quad X_1(z_2) = 1 , \quad X_1(z_3) = 1 \tag{7.52}$$

则

$$y_0 = 88.22 - 5.17 \times 0 + 2.94 \times (-2) - 1.83 \times 1 + 4.33 \times (-1) = 76.18 \tag{7.53}$$

显然，$b_0 = 88.22 \neq y_0 = 76.18$，所以 S_{lf} 应由下式计算得到：

$$S_{lf} = \left(y_0 - \overline{y_0}\right)^2 = (76.18 - 76)^2 = 0.0324 , \quad f_{lf} = 1 \tag{7.54}$$

于是有

$$F_{lf} = \frac{S_{lf} / f_{lf}}{S_e / f_e} = \frac{0.0324}{14 / 2} = 0.0046 < 1 \tag{7.55}$$

上述统计检验表明，多项式回归方程 (7.50) 拟合较好，回归方程的显著性水平为 0.01，即式 (7.50) 的置信度为 99%。

在回归分析的过程中，常将自然因素 z 进行编码，使求解 y 对 z 的回归方程转化为求解 y 对于 x 的回归方程；因素经过编码后，无论自然因素在自然空间如何变动，编码因素的变动范围总是相对固定的。仿生形态 (方形槽、V 形槽和 U 形槽) 为离散项，因此，在回归方程由编码空间向真实空间转化过程中，不对仿生形态进行转换，只对形态尺寸和形态间距进行转换。

编码空间回归方程为

$$\begin{cases} y_{方} = 96.33 - 1.82X_1(z_2) + 4.33X_1(z_3), & X_1(z_1) = 1, X_2(z_1) = 1 \\ y_V = 82.34 - 1.83X_1(z_2) + 4.33X_1(z_3), & X_1(z_1) = 0, X_2(z_1) = 2 \\ y_U = 85.99 - 1.83X_1(z_2) + 4.33X_1(z_3), & X_1(z_1) = 1, X_2(z_1) = 1 \end{cases} \tag{7.56}$$

将编码公式 $\begin{cases} X_1(z_2) = \Psi_1(z_2) = \dfrac{z_2 - \overline{z_2}}{\Delta_2} = z_2 - 3 \\ X_1(z_3) = \Psi_1(z_3) = \dfrac{z_3 - \overline{z_3}}{\Delta_3} = z_3 - 3 \end{cases}$ 代入式 (7.56)，整理即得所求的多项

式回归方程:

$$\hat{y}_{方} = 88.33 - 1.83z_2 + 4.33z_3 \tag{7.57}$$

$$\hat{y}_{V} = 74.84 - 1.83z_2 + 4.33z_3 \tag{7.58}$$

$$\hat{y}_{U} = 78.49 - 1.83z_2 + 4.33z_3 \tag{7.59}$$

以 V 形槽为例,将其回归方程转化为图形,如图 7.80 所示。可以直观地发现仿生叶片的冲蚀失重量在本设计尺寸下,随着形态间距的增大而增加,随着形态尺寸的增大而减小。

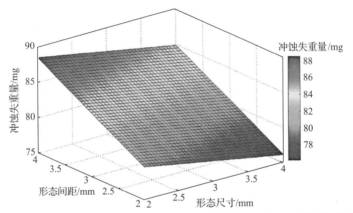

图 7.80　V 形槽表面仿生叶片冲蚀失重量与槽的尺寸和间距的关系图

7.4.2　耦合仿生风机叶片

1. 耦合仿生抗冲蚀模型及其叶片的制备

1)耦合仿生抗冲蚀模型

对条斑钳蝎背部体表进行体视显微镜观察后发现,其背部共有 7 条背板,且背板的宽度按从蝎子头部到其尾部的顺序依次增大,背板的宽度范围为 2.04～3.98mm。背板之间由 V 形槽结构连接,由此建立图 7.81(a)所示的仿蝎子 V 形槽结构模型(下文称仿生 V 形槽结构模型)。

对条斑钳蝎背部进行切片观察后发现,其背部由两种硬度不同的组织构成,即位于背部表层的硬质层组织及位于表层下部的柔性体组织。对蝎子活体冲蚀试验的观察发现,蝎子背部可进行蜷缩的动作。考虑到蝎子背部的 V 形槽结构及背部组织为两个耦元,且蝎子背部表层及其下部的组织均能实现纵向蜷缩的动作。据此,建立如图 7.81(b)所示的无曲率仿蝎子耦合模型(下文称无曲率耦合仿生模型)。无曲率耦合仿生模型由两部分组成:一部分为位于上层的若干个独立的硬质

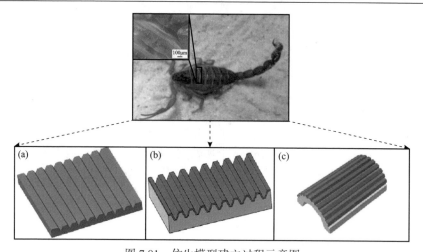

图 7.81　仿生模型建立过程示意图

(a)仿生 V 形槽结构模型；(b)无曲率耦合仿生模型；(c)有曲率耦合仿生模型

层；另一部分为位于下层的柔性体，其结构尺寸继承了优选出的仿生 V 形槽结构模型的特征，且能够通过外力作用实现纵向弯曲动作。

对蝎子背部体表进行逆向工程分析后可知，蝎子背部不同位置横纵向轮廓具有弧度，且均具有一定的曲率。在无曲率耦合仿生模型的基础上，再将蝎子背部纵向的曲率纳入考量。据此，建立如图 7.81(c)所示的有曲率仿蝎子耦合模型(下文称有曲率耦合仿生模型)，本节将无曲率耦合仿生模型及有曲率耦合仿生模型统称为耦合仿生模型。此模型的结构尺寸继承了无曲率耦合仿生模型的特征，且具有纵向的曲率。

用 7.2 节的方法对耦合仿生试样进行试验研究，包括无曲率耦合仿生试样及有曲率耦合仿生试样。无曲率耦合仿生试样的冲蚀试验结果表明，在 10min 的冲蚀试验过程当中，无曲率耦合仿生试样的抗冲蚀性能较光滑表面试样提高了约 74.7%，而仿生 V 形槽结构试样的抗冲蚀性能较光滑表面试样提高了约 57.4%。因此，本节选择曲率为零的耦合仿生叶片。

2)耦合仿生叶片的设计与制备

由于离心风机叶片的冲蚀部位主要集中在叶片压力面的前缘与后缘部位，为了将叶片前后缘部位进行充分暴露，考虑将螺栓固定在叶片的中间部位。如图 7.82 所

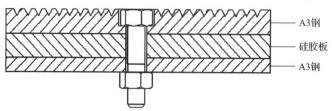

图 7.82　仿生离心风机叶片结构示意图

示，为了尽量减小螺栓对气流的扰动，螺栓孔尽量位于叶片的两侧(叶轮前盘附近和叶轮后盘附近)，本节将螺栓孔定位在叶片中部与纵轴相距 24mm 处。为了保证试验过程所选螺栓具备足够的强度，校核后选取 M8 螺栓。

风机叶片仿生结构由具有仿生图案的 A3 钢以及室温硫化硅橡胶(硅胶板)组成，如图 7.83 所示，图 7.83(a)为冲蚀试验用叶片仿生结构，图 7.83(b)为表面具有仿生结构的 A3 钢，图 7.83(c)为仿生结构底层的硅胶板。其中，上层的 A3 钢与底层的硅胶板由 "吕氏胶王(LUSHI ADHENSIVE KING)" 胶接。在对两者进行胶接之前，用 1000 目的砂纸对 A3 钢及硅胶板进行打磨处理，以便达到较好的胶接效果，待打磨完毕后，将上述胶水均匀涂抹于 A3 钢表面，并与硅胶板进行胶接，用重物对胶接而成的仿生结构进行压实，待 24h 后，达到最佳结合效果。其中，表面具有仿生结构的 A3 钢与底层的硅胶板均事先打有孔径为 10mm 的螺栓孔。

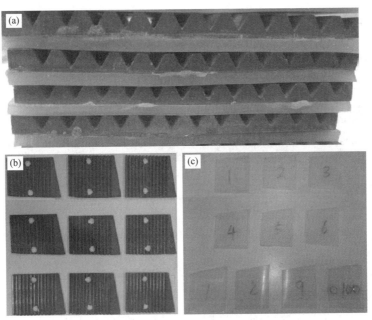

图 7.83　离心风机叶片仿生结构及其组成部分

(a)叶片仿生结构；(b)仿生结构上层硬质层(A3 钢)；(c)仿生结构底层柔性体(硅胶板)

2. 测试结果与分析

本节的仿生结构与原始叶片之间为螺栓连接，并且所述的叶片仿生结构是具有弹性的。因此，螺栓的拧紧扭矩势必对仿生结构的弹性体作用产生影响，本节将螺栓的拧紧扭矩作为试验因素进行考察。此次试验包括两个试验因素，分别为硅胶板的厚度和螺栓的拧紧扭矩。其中，硅胶板的厚度包括 3 个水平，分别为

0mm、2mm 和 5mm，见表 7.38。螺栓的拧紧扭矩包括 3 个水平，分别为 20N·m、30N·m 和 40N·m。为了更加全面地考察硅胶板及螺栓拧紧扭矩对仿生结构抗冲蚀性能的影响，针对这两个试验因素进行 9 组全面试验。

表 7.38　试验因素水平表

硅胶板厚度/mm	螺栓拧紧扭矩/(N·m)
0	20
2	30
5	40

1)叶片冲蚀形貌分析

为了更加直观地了解普通离心风机叶片及仿生离心风机叶片的冲蚀部位，每组试验进行前均对离心风机叶片进行喷漆处理，待试验完成后观察其磨损部位。图 7.84 为普通离心风机叶片及其仿生结构的冲蚀形貌图，如图 7.84(a)和(b)所示，普通离心风机叶片压力面的冲蚀部位主要集中在前缘部位。其中，压力面前缘靠

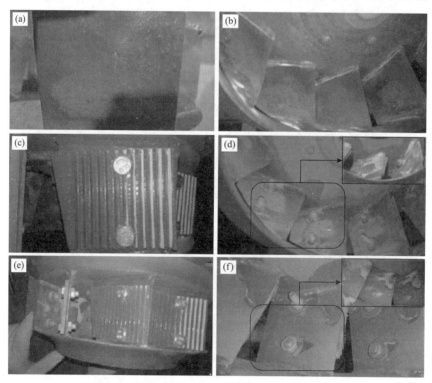

图 7.84　普通离心风机叶片及其仿生结构冲蚀形貌

(a)普通离心风机叶片压力面冲蚀形貌；(b)普通离心风机叶片吸力面冲蚀形貌；(c)硅胶板厚度为 2mm 的叶片仿生结构压力面冲蚀形貌；(d)硅胶板厚度为 2mm 的叶片仿生结构吸力面冲蚀形貌；(e)硅胶板厚度为 5mm 的叶片仿生结构压力面冲蚀形貌；(f)硅胶板厚度为 5mm 的叶片仿生结构吸力面冲蚀形貌

近叶轮后盘的部位冲蚀较为严重,吸力面的冲蚀部位主要集中在叶片的前缘部位,前缘部位靠近叶轮前盘及后盘的部位均有不同程度的冲蚀。如图 7.84(c)和(d)所示,对于硅胶板厚度为 2mm 的叶片仿生结构,其压力面后缘部位的仿生结构中与其吸力面后缘靠近叶轮后盘的部位均产生了冲蚀粒子沉积的现象,沉积的粒子形成了一种保护层,阻碍冲蚀粒子对材料的冲蚀作用,如图 7.84(c)所示,冲蚀粒子沉积的部位确实为叶片冲蚀程度较低的部位。由此可知,硅胶板厚度为 2mm 的压力面前缘部位及其吸力面的前缘(尤其是靠近叶轮前后盘的部位)冲蚀较为严重。如图 7.84(e)和(f)所示,对于硅胶板厚度为 5mm 的叶片仿生结构,同样由于粒子沉积现象的存在,其压力面的前缘部位冲蚀较为严重,吸力面的冲蚀几乎贯穿于整个叶片。其中,压力面后缘靠近叶轮后盘的部位冲蚀程度较轻。

2)叶片冲蚀失重研究

(1)不同硅胶板厚度的仿生叶片抗冲蚀性能。

为了研究在相同螺栓拧紧扭矩下硅胶板厚度对离心风机仿生叶片抗冲蚀性能的影响,对三种厚度硅胶板组成的仿生叶片进行冲蚀试验,以比较在特定螺栓拧紧扭矩作用下三种仿生叶片的抗冲蚀性能。

如图 7.85 所示,为螺栓拧紧扭矩 40N·m 时三种厚度硫化硅橡胶板的风机叶片平均失重量随冲蚀时间的变化曲线。在仿生叶片的冲蚀达到稳态时,硅胶板厚度为 0mm 叶片失重量随时间的增加,呈现出先增大,后减小,再增大,最后趋于稳定的趋势;硅胶板厚度为 2mm 仿生结构失重量随着时间的延长,呈现先增大,后减小并趋于稳定的趋势;硅胶板厚度为 5mm 的仿生叶片失重量随着随时间的延长,呈现出先增大,后减小并趋于稳定的趋势。当螺栓拧紧扭矩为 40N·m 时,扭

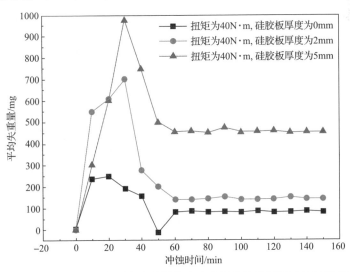

图 7.85　扭矩 40N·m 时,三种厚度硅胶板仿生叶片平均失重量随冲蚀时间的变化曲线

矩过大，仿生结构硅胶板被压实，其所起到的能量缓释效果有限，而叶片仿生结构的硅胶板恶化了风机的内部流场，使得冲蚀粒子对于仿生叶片的冲蚀作用增强，且硅胶板厚度越大，对于流场的恶化作用越大，从而使得三种仿生叶片的抗冲蚀性能强弱次序为：硅胶板厚度为 0mm 的仿生叶片>硅胶板厚度为 2mm 的仿生叶片>硅胶板厚度为 5mm 的仿生叶片。

图 7.86 为螺栓拧紧扭矩为 30N·m 时，三种厚度硅胶板的叶片平均失重量随冲蚀时间的变化曲线。硅胶板厚度为 0mm 叶片失重量随时间的延长，呈现出先增大，后减小，再增大，再减小，最后趋于稳定的趋势；硅胶板厚度为 2mm 仿生叶片失重量随着时间的延长，呈现出先增大，后减小并趋于稳定的趋势；硅胶板厚度为 5mm 的仿生叶片失重量随着时间的延长，呈现出先增加，后减小，再增大，最后趋于稳定的趋势。三个曲线具有相似的变化趋势，仿生叶片平均失重量均随时间延长先增加后减小，最后基本维持稳定。

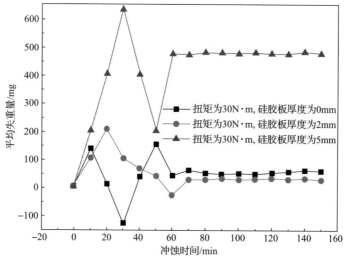

图 7.86　扭矩为 30N·m 时，三种厚度硅胶板仿生叶片平均失重量随冲蚀时间的变化曲线

当螺栓拧紧扭矩为 30N·m 时，硅胶板所起到的能量缓释效果显现，对于适当厚度的硅胶板，其能量缓释效果强于其对风机内部流场的恶化效果，从而使硅胶板厚度为 2mm 的叶片仿生叶片具备最优的抗冲蚀性能。而过大的硅胶板厚度对于风机内部流场的恶化效果强于其产生的能量缓释效果，从而使得硅胶板厚度为 5mm 的仿生叶片的抗冲蚀效果不佳。

图 7.87 为螺栓拧紧扭矩为 20N·m 时，三种厚度硅胶板的仿生叶片平均失重量随冲蚀时间的变化曲线。硅胶板厚度为 0mm 叶片失重量随时间的延长，呈现出先增大，后减小，再增大，最后趋于稳定的趋势；硅胶板厚度为 2mm 仿生结构失重量随时间的延长，呈现出先增大，后减小，再增大，最后趋于稳定的趋势；硅胶

板厚度为 5mm 的仿生结构失重量随时间的延长，呈现出先增加，后减小并趋于稳定的趋势。

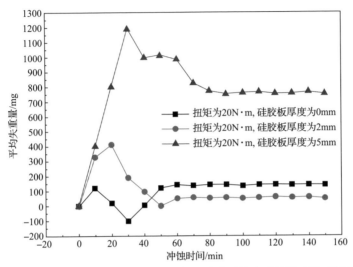

图 7.87 扭矩 20N·m 时，三种厚度硅胶板仿生叶片平均失重量随冲蚀时间变化曲线

当螺栓拧紧扭矩为 20N·m 时，硅胶板的能量缓释效果开始变弱，因而使得三种仿生叶片的稳态失重量较扭矩为 30N·m 时大。但对于硅胶板厚度为 2mm 的仿生叶片，其能量缓释效果仍然强于其对流场的恶化作用，从而使得硅胶板厚度为 2mm 的仿生叶片具备最优的抗冲蚀性能。但是，过厚的硅胶板对流场的恶化作用仍然强于其产生的能量缓释效果，使得硅胶板厚度为 5mm 的仿生叶片的抗冲蚀性能最弱。

(2) 不同螺栓拧紧扭矩下叶片仿生结构抗冲蚀性能。

图 7.88 为硅胶板厚度 0mm 时，三种螺栓拧紧扭矩下的仿生叶片平均失重量随冲蚀时间的变化曲线。可以看出，当硅胶板厚度为 0mm 时，仿生叶片的抗冲蚀性能的强弱顺序为：扭矩 30N·m>扭矩 40N·m>扭矩 20N·m。对于硅胶板厚度为 0mm 的仿生叶片，螺栓拧紧扭矩过大，使得仿生叶片被压实，螺栓拧紧扭矩过小，使得仿生叶片可能产生较大振动，均会加剧冲蚀粒子对仿生叶片的冲蚀作用，从而使仿生叶片在较大与较小的螺栓拧紧扭矩作用下，其抗冲蚀性能较拧紧扭矩为 30N·m 的仿生叶片弱。

图 7.89 为硅胶板厚度为 2mm 时，三种螺栓拧紧扭矩下的仿生叶片平均失重量随冲蚀时间的变化曲线。由图可知，硅胶板厚度为 2mm 时，仿生叶片的抗冲蚀性能的强弱顺序为：扭矩 30N·m>扭矩 20N·m>扭矩 40N·m。对于硅胶板厚度为 2mm 的仿生叶片，扭矩过大或过小，均会影响硅胶板的能量缓释效果，从而造成仿生叶片的抗冲蚀性能降低，从而使得在螺栓拧紧扭矩为 30N·m 的作用下，

硅胶板厚度为 2mm 的仿生叶片具备较优的抗冲蚀性能。

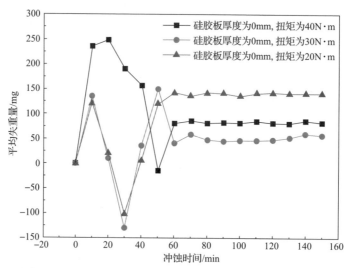

图 7.88　硅胶板厚度为 0mm 时，三种螺栓拧紧扭矩下仿生叶片平均失重量随冲蚀
时间变化曲线

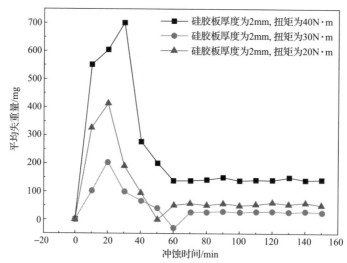

图 7.89　硅胶板厚度为 2mm 时，三种螺栓拧紧扭矩下仿生叶片平均失重量随冲蚀
时间变化曲线

　　图 7.90 为硅胶板厚度为 5mm 时，三种螺栓拧紧扭矩下的仿生叶片平均失重量随冲蚀时间的变化曲线。可以看出，硅胶板厚度为 5mm 时，仿生叶片的抗冲蚀性能的强弱顺序为：扭矩 40N·m>扭矩 30N·m>扭矩 20N·m。对于硅胶板厚度为 5mm 的仿生叶片，在螺栓拧紧扭矩为 30N·m 和 20N·m 时，仿生叶片可能会产生微振动，恶化风机内部流场，加剧冲蚀粒子对仿生叶片的冲蚀作用，从而使得在螺栓拧紧

扭矩为 40N·m 时，仿生叶片具备较优的抗冲蚀性能。

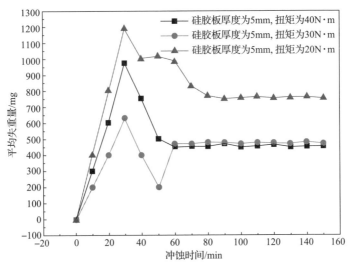

图 7.90　硅胶板厚度为 5mm 时，三种螺栓拧紧扭矩下仿生叶片平均失重量随冲蚀
时间变化曲线

总结上述 9 组试验结果可知，在硅胶板厚度为 2mm，螺栓的拧紧扭矩为 30N·m
时，叶片仿生结构具备最优的抗冲蚀性能。

参 考 文 献

[1] 张德远, 蔡军, 李翔, 等. 仿生制造的生物成形方法[J]. 机械工程学报, 2010, 46(5): 88-92.

[2] 任露泉, 梁云虹. 仿生学导论[M]. 北京: 科学出版社, 2016.

[3] Han Z W, Yin W, Zhang J Q, et al. Erosion-resistant surfaces inspired by tamarisk[J]. Journal of Bionic Engineering, 2013, 10(4): 479-487.

[4] Han Z W, Feng H L, Yin W, et al. An efficient bionic anti-erosion functional surface inspired by desert scorpion carapace[J]. Tribology Transactions, 2015, 58(2): 357-364.

[5] Zhang J Q, Chen W N, Yang M K, et al. The ingenious structure of scorpion armor inspires sand-resistant surfaces[J]. Tribology Letters, 2017, 65(3): 110.

[6] Buchwalder A, Klose N, Zenker R, et al. Utilisation of PVD hard coating after electron beam surface treatment for cast iron[J]. HTM Journal of Heat Treatment and Materials, 2016, 71(6): 258-264.

[7] Matsumoto T, So Y G, Kohno Y, et al. Stable magnetic skyrmion states at room temperature confined to corrals of artificial surface pits fabricated by a focused electron beam[J]. Nano Letters, 2018, 18(2): 754-762.

[8] Zhang P P, Li F H, Zhang X F, et al. Effect of bionic unit shapes on solid particle erosion

resistance of ZrO_2-7wt%Y_2O_3 thermal barrier coatings processed by laser[J]. Journal of Bionic Engineering, 2018, 15(3): 545-557.

[9] Zhao G P, Yuan Y H, Zhang P, et al. Influence of orientations biomimetic units processed by laser on wear resistance of 6082 aluminium alloy[J]. Optics & Laser Technology, 2020, 127: 106196.

[10] Sieczkarek P, Wernicke S, Gies S, et al. Wear behavior of tribologically optimized tool surfaces for incremental forming processes[J]. Tribology International, 2016, 104: 64-72.

[11] Yu H Y, Lyu Y S, Wang J, et al. A biomimetic engineered grinding wheel inspired by phyllotaxis theory[J]. Journal of Materials Processing Technology, 2018, 251: 267-281.

[12] Du W, Bai Q, Zhang B. A novel method for additive/subtractive hybrid manufacturing of metallic parts[J]. Procedia Manufacturing, 2016, 5: 1018-1030.

[13] 林建忠, 吴法理, 余钊圣. 一种减轻固粒对壁面冲蚀磨损的新方法[J]. 摩擦学学报, 2003, 23(3): 231-235.

[14] 孙雅洲, 梁迎春, 程凯. 微米和中间尺度机械制造[J]. 机械工程学报, 2004, 40(5): 1-6.

[15] 王振龙, 等. 微细加工技术[M]. 北京: 国防工业出版社, 2005.

[16] Stamp R, Fox P, O'Neill W, et al. The development of a scanning strategy for the manufacture of porous biomaterials by selective laser melting[J]. Journal of Materials Science: Materials in Medicine, 2009, 20(9): 1839-1848.

[17] Wohlers T T, Caffrey T, Wohlerss I. Wohlers Report 2013: Additive Manufacturing and 3D Printing State of the Industry: Annual Worldwide Progress Report[M]. Fort Collins Wohlers Associates, 2013.

[18] 杨明康. 不同生境下蝎子体表抗冲蚀特性的比较仿生研究[D]. 长春: 吉林大学, 2017.

[19] Porter M M, Ravikumar N, Barthelat F, et al. 3D-printing and mechanics of bio-inspired articulated and multi-material structures[J]. Journal of the Mechanical Behavior of Biomedical Materials, 2017, 73: 114-126.

[20] Degtyar E, Harrington M J, Politi Y, et al. The mechanical role of metal ions in biogenic protein-based materials[J]. Angewandte Chemie International Edition, 2014, 53(45): 12026-12044.

[21] 吴娜. 面向仿生应用的金龟子外形测量及量化分析[D]. 长春: 吉林大学, 2006.

[22] 黎润伟. 面向复杂曲面加工的工业机器人离线编程系统研究[D]. 广州: 华南理工大学, 2014.

[23] 尹维. 红柳抗冲蚀特性与机理的仿生研究[D]. 长春: 吉林大学, 2014.

[24] Krella A. Resistance of PVD coatings to erosive and wear processes: A review[J]. Coatings, 2020, 10(10): 921.

[25] Lins V F C, Branco J R T, Diniz F R C, et al. Erosion behavior of thermal sprayed, recycled polymer and ethylene-methacrylic acid composite coatings[J]. Wear, 2007, 262(3-4): 274-281.

[26] Lee H B, Wu M Y. A study on the corrosion and wear behavior of electrodeposited Ni-W-P coating[J]. Metallurgical and Materials Transactions A, 2017, 48(10): 4667-4680.

[27] Wang L W, Tian W P, Guo Y Q, et al. Effects of CVD carbon on the erosion behavior of 5D carbon-carbon composite in a solid rocket motor[J]. Applied Composite Materials, 2020, 27(4): 391-405.

[28] Park I C, Kim S J. Cavitation erosion damage characteristics of electroless nickel plated gray cast iron[J]. Acta Physica Polonica A, 2019, 135: 1018-1022.

[29] 陈宏涛. 奥氏体不锈钢低温稀土氮碳共渗层相结构及其性质研究[D]. 哈尔滨: 哈尔滨工业大学, 2014.

[30] Han Z W, Zhu B, Yang M K, et al. The effect of the micro-structures on the scorpion surface for improving the anti-erosion performance[J]. Surface and Coatings Technology, 2017, 313: 143-150.

[31] Levy A V, Chik P. The effects of erodent composition and shape on the erosion of steel[J]. Wear, 1983, 89(2): 151-162.

[32] Ballout Y, Mathis J A, Talia J E. Solid particle erosion mechanism in glass[J]. Wear, 1996, 196(1-2): 263-269.

[33] Bahadur S, Badruddin R. Erodent particle characterization and the effect of particle size and shape on erosion[J]. Wear, 1990, 138(1-2): 189-208.

[34] 张俊秋. 耦合仿生抗冲蚀功能表面试验研究与数值模拟[D]. 长春: 吉林大学, 2011.

[35] Uzi A, Ben Ami Y, Levy A. Erosion prediction of industrial conveying pipelines[J]. Powder Technology, 2017, 309: 49-60.

[36] Ben Ami Y, Uzi A, Levy A. Modelling the particles impingement angle to produce maximum erosion[J]. Powder Technology, 2016, 301: 1032-1043.

[37] Levy A V. The platelet mechanism of erosion of ductile metals[J]. Wear, 1986, 108(1): 1-21.

[38] Bellman Jr R, Levy A. Erosion mechanism in ductile metals[J]. Wear, 1981, 70(1): 1-27.

[39] Finnie I. Some reflections on the past and future of erosion[J]. Wear, 1995, 186: 1-10.

[40] Qin X J, Guo X L, Lu J Q, et al. Erosion-wear and intergranular corrosion resistance properties of AISI 304L austenitic stainless steel after low-temperature plasma nitriding[J]. Journal of Alloys and Compounds, 2017, 698: 1094-1101.

[41] Zhang T Q, Yu S Y, Peng W, et al. Resuspension of multilayer graphite dust particles in a high temperature gas-cooled reactor[J]. Nuclear Engineering and Design, 2017, 322: 497-503.

[42] Fang M H, Liu F J, Yin L, et al. Study of erosion wear behavior of MgO stabilized ZrO_2 ceramics due to solid particles impact at elevated temperature[J]. Journal of the Ceramic Society of Japan, 2015, 123(1442): 933-936.

[43] Wang F J, Shen T H, Li C Q, et al. Low temperature self-cleaning properties of

superhydrophobic surfaces[J]. Applied Surface Science, 2014, 317: 1107-1112.

[44] Li X C, Ding H, Huang Z H, et al. Solid particle erosion-wear behavior of SiC-Si₃N₄ composite ceramic at elevated temperature[J]. Ceramics International, 2014, 40(10): 16201-16207.

[45] Yang J Z, Fang M H, Huang Z H, et al. Solid particle impact erosion of alumina-based refractories at elevated temperatures[J]. Journal of the European Ceramic Society, 2012, 32(2): 283-289.

[46] 任露泉. 试验优化设计与分析[M]. 2 版. 北京: 高等教育出版社, 2001.

[47] 戈超. 离心风机叶片抗冲蚀磨损仿生研究[D]. 长春: 吉林大学, 2011.

[48] Han Z W, Zhang J Q, Ge C, et al. Erosion resistance of bionic functional surfaces inspired from desert scorpions[J]. Langmuir, 2012, 28(5): 2914-2921.

[49] Han Z W, Zhang J Q, Ge C, et al. Gas-solid erosion on bionic configuration surface[J]. Journal of Wuhan University of Technology-Materials Science Edition, 2011, 26(2): 305-310.

[50] Han Z W, Zhang J Q, Ge C, et al. Anti-erosion function in animals and its biomimetic application[J]. Journal of Bionic Engineering, 2010, 7(4): S50-S58.

[51] 李诗卓, 董祥林. 材料的冲蚀磨损与微动磨损[M]. 北京: 机械工业出版社, 1987.

[52] Finnie I. Erosion of surfaces by solid particles[J]. Wear, 1960, 3(2): 87-103.

[53] Bitter J G A. A study of erosion phenomena[J]. Wear, 1963, 6(3): 169-190.

[54] 刘祖斌. 仿生非光滑轧辊模型耐磨性试验及磨损过程有限元模拟[D]. 长春: 吉林大学, 2003.

[55] 任莹. 钢结构涂层受风沙环境冲蚀机理和损伤程度评价研究[D]. 呼和浩特: 内蒙古工业大学, 2014.

[56] 郝贠洪, 邢永明, 赵燕茹, 等. 风沙环境下钢结构涂层侵蚀机理及评价方法[J]. 建筑材料学报, 2011, 14(3): 345-349, 361.

[57] Yin W, Han Z W, Feng H L, et al. Gas-solid erosive wear of biomimetic pattern surface inspired from plant[J]. Tribology Transactions, 2017, 60(1): 159-165.

[58] Kumar S, Satapathy B K, Patnaik A. Thermo-mechanical correlations to erosion performance of short glass/carbon fiber reinforced vinyl ester resin hybrid composites[J]. Computational Materials Science, 2012, 60: 250-260.

[59] Sharma M, Bijwe J, Singh K, et al. Exploring potential of Micro-Raman spectroscopy for correlating graphitic distortion in carbon fibers with stresses in erosive wear studies of PEEK composites[J]. Wear, 2011, 270(11-12): 791-799.

[60] Reif W E, Dinkelacker A. Hydrodynamics of the squamation in fast swimming sharks[J]. Neues Jahrbuch für Geologie und Paläontologie-Abhandlungen, 1982, 164(1-2): 184-187.